工程预算编制快速入门与技巧丛书

装饰装修工程预算快速入门与技巧

（按2013清单规范编写）

吴　锐　主编

中国建筑工业出版社

图书在版编目(CIP)数据

装饰装修工程预算快速入门与技巧（按2013清单规范编写）/吴锐主编. —北京：中国建筑工业出版社，2014.2
（工程预算编制快速入门与技巧丛书）
ISBN 978-7-112-15983-3

Ⅰ.①装… Ⅱ.①吴… Ⅲ.①建筑装饰-工程装修-建筑预算定额-基本知识 Ⅳ.①TU723.3

中国版本图书馆CIP数据核字(2013)第242559号

本书全面介绍了建筑装饰装修工程预算编制方法与快速入门技巧，共4章。书中按新规范的规定，对装饰装修工程预算所涉及的内容一一给予介绍，包括装饰装修工程识图、装饰装修工程定额与预算、装饰装修工程量清单计价方法与实例和预算编制过程中常见问题及编制技巧。其中，装饰装修工程定额的组成与运用、建筑面积计算规定、招标控制价的编制、投标文件编制是预算人员必须掌握的基本知识。书中通过大量工程实例、便于对预算知识的理解和运用，是一本理论和实际相结合的快速入门教材。

本书可作为建筑装饰设计、施工概预算技术人员工作和培训用书，也可作为大专院校相关专业师生教学参考资料。

责任编辑：范业庶　王砾瑶
责任设计：董建平
责任校对：姜小莲　王雪竹

工程预算编制快速入门与技巧丛书
装饰装修工程预算快速入门与技巧
（按2013清单规范编写）
吴　锐　主编
*
中国建筑工业出版社出版、发行（北京西郊百万庄）
各地新华书店、建筑书店经销
北京科地亚盟排版公司制版
廊坊市海涛印刷有限公司印刷
*
开本：787×1092毫米　1/16　印张：16¼　字数：400千字
2014年2月第一版　2019年2月第四次印刷
定价：**39.00**元
ISBN 978-7-112-15983-3
(24776)

前　言

《装饰装修工程预算快速入门与技巧》这本书，是根据2013年7月1日颁发的《建设工程工程量清单计价规范》GB 50500—2013及《房屋建筑与装饰工程工程量计算规范》GB 50854—2013编写的，新的计价规范较旧版计价规范有很多不同之处，在本书中都有讲解。

目前工程造价仍为定额计价模式和工程量清单计价模式并存。清单计价模式经过十年的工程实践，已总结了一些经验，操作上更成熟，但定额计价和清单计价模式仍有着密不可分的联系，本书清晰地介绍了两种模式下工程计量与计价的方法。

本书特点是图文并茂地介绍了装饰装修工程计量与计价的方法，特别适合初学者，讲解内容通俗、易懂、实用。

本书适用面广，既可作为工程造价管理人员、企业管理人员学习工程预算的参考书，也可作为装饰装修预算的培训教材以及装饰工程技术专业的教学用书。

本书由吴锐担任主编；由瞿国华、林必华、王京等企业技术人员担任参编。

本书在编写过程中得到了很多装饰施工企业的设计、技术人员的大力支持和帮助，也参考了相关方面的著作和资料，在此向有关的作者和朋友表示深深的感谢。

由于时间仓促，如有不足之处，真心希望广大读者提出宝贵意见，以便改正和完善。

目 录

第1章　装饰装修工程识图

1.1　装修施工图概述

施工图是表示施工对象的全部尺寸、用料、结构、构造以及施工要求，用于指导施工用的图样。

1.1.1　装饰施工图图例符号及说明

按照《房屋建筑制图统一标准》GB/T 50001—2010 确定装饰施工图图例符号及说明，目的是为了统一装饰制图规则，保证制图质量，提高制图效率，做到图面清晰、简明，符合设计、施工、存档的要求，适应装饰工程施工的需要。

1. 一般规定

(1) 图纸幅面规格与图纸编排顺序

1) 图纸幅面规格

图纸幅面是指图纸的大小及规定布局，见表 1-1，它们之间的关系如图 1-1 所示。

幅面及图框尺寸（mm）　　**表 1-1**

尺寸代号＼幅面	A0	A1	A2	A3	A4
$b\times l$	841×1189	594×841	420×594	297×420	210×297
c	10			5	
a	25				

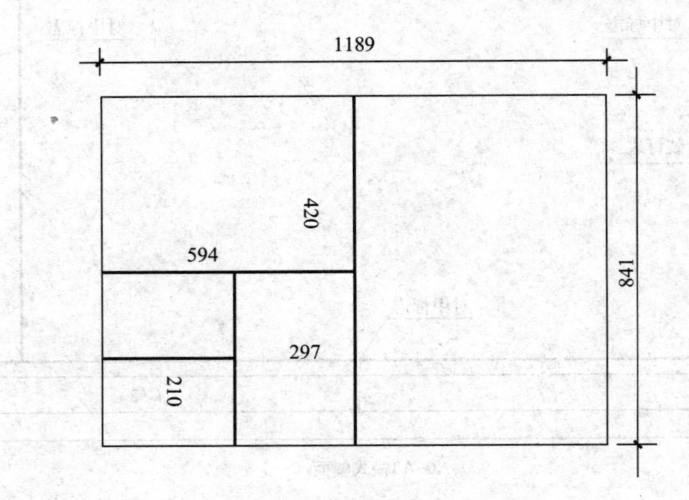

图 1-1　不同幅面图纸之间的关系

一般的，A0～A3 图纸宜横式使用，必要时也可立式使用，如图 1-2 所示。一个专业设计中，每个专业所使用的图纸不宜多于两种图幅，不含目录及表格所采用的 A4 幅面。

2）加长特殊图纸幅面

如果图纸幅面需要加长，那么图纸的短边尺寸不应加长，A0～A3 幅面长边尺寸可加长，见表 1-2。

图纸长边加长尺寸（mm）　　**表 1-2**

幅面代号	长边尺寸	长边加长后的尺寸
A0	1189	1486（A0＋1/4l）　1635（A0＋3/8l）　1783（A0＋1/2l）　1932（A0＋5/8l） 2080（A0＋3/4l）　2230（A0＋7/8l）　2378（A0＋1l）
A1	841	1051（A1＋1/4l）　1261（A1＋1/2l）　1471（A1＋3/4l）　1682（A1＋1l） 1892（A1＋5/4l）　2102（A1＋3/2）
A2	594	743（A2＋1/4l）　891（A2＋1/2l）　1041（A2＋3/4l）　1189（A2＋1l） 1338（A2＋5/4l）　1486（A2＋3/2l）　1635（A2＋7/4l）　1783（A2＋2l） 1932（A2＋9/4l）　2080（A2＋5/2l）
A3	420	630（A3＋1/2l）　841（A3＋1l）　1051（A3＋3/2l）　1261（A3＋2l） 1471（A3＋5/2l）　1682（A3＋3l）　1892（A3＋7/2l）

注：有特殊需要的图纸，可采用 $b \times l$ 为 841mm×891mm 与 1189mm×1261mm 的幅面。

3）标题栏与会签栏

① 标题栏和会签栏布置形式

图纸中应有标题栏、会签栏、图框线、幅面线、装订边线和对中标志，如图 1-2 所示。

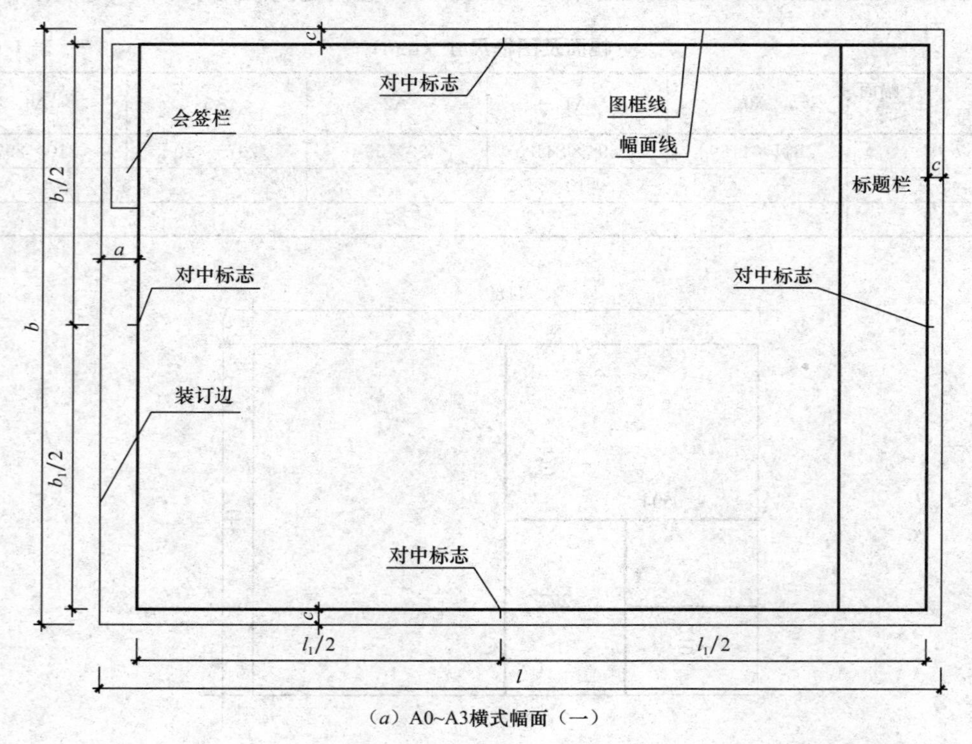

（a）A0~A3横式幅面（一）

图 1-2　（a）、（b）、（c）、（d）、（e）、（f）标题栏及会签栏示意图（一）

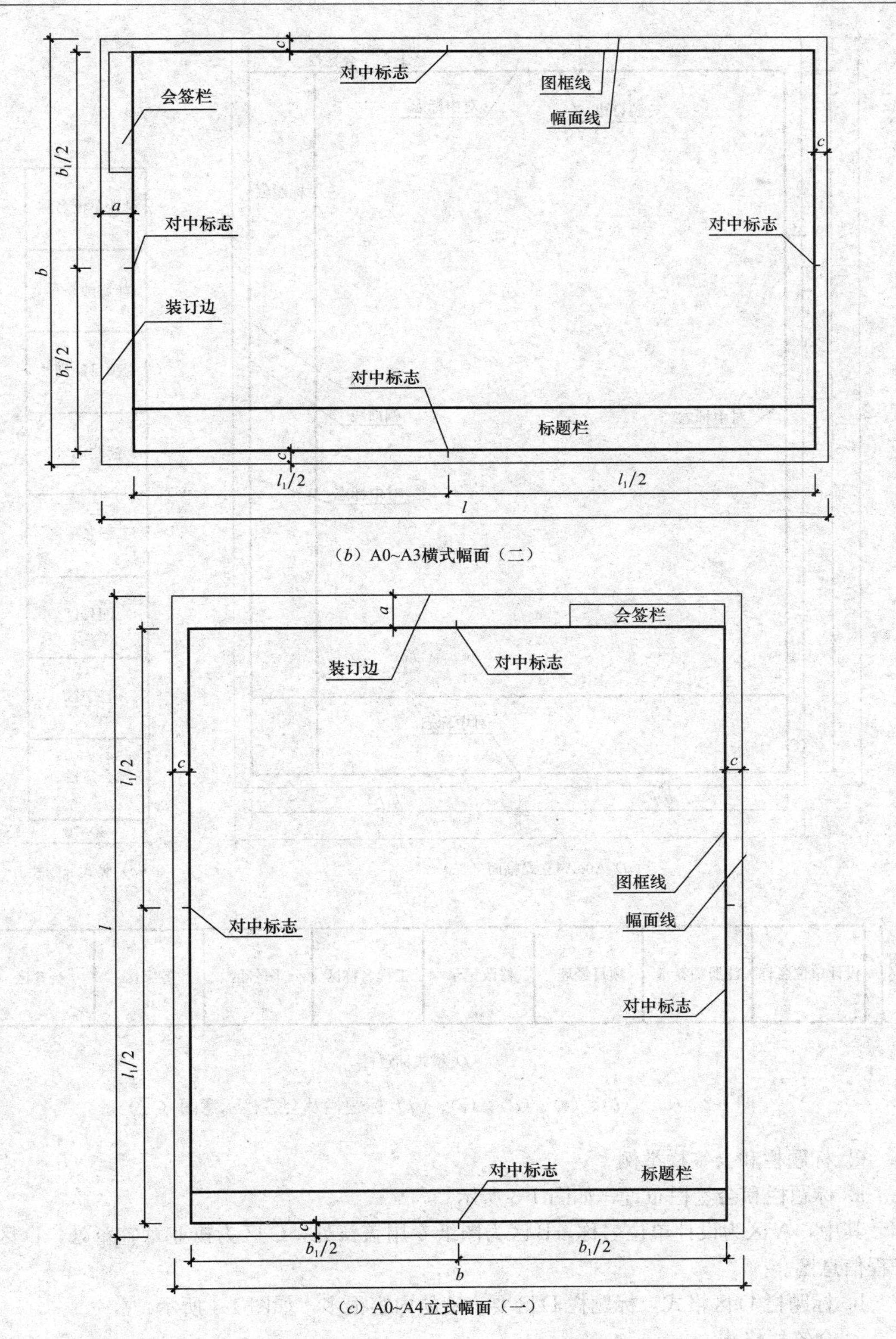

(*b*) A0~A3横式幅面（二）

(*c*) A0~A4立式幅面（一）

图 1-2 (*a*)、(*b*)、(*c*)、(*d*)、(*e*)、(*f*) 标题栏及会签栏示意图（二）

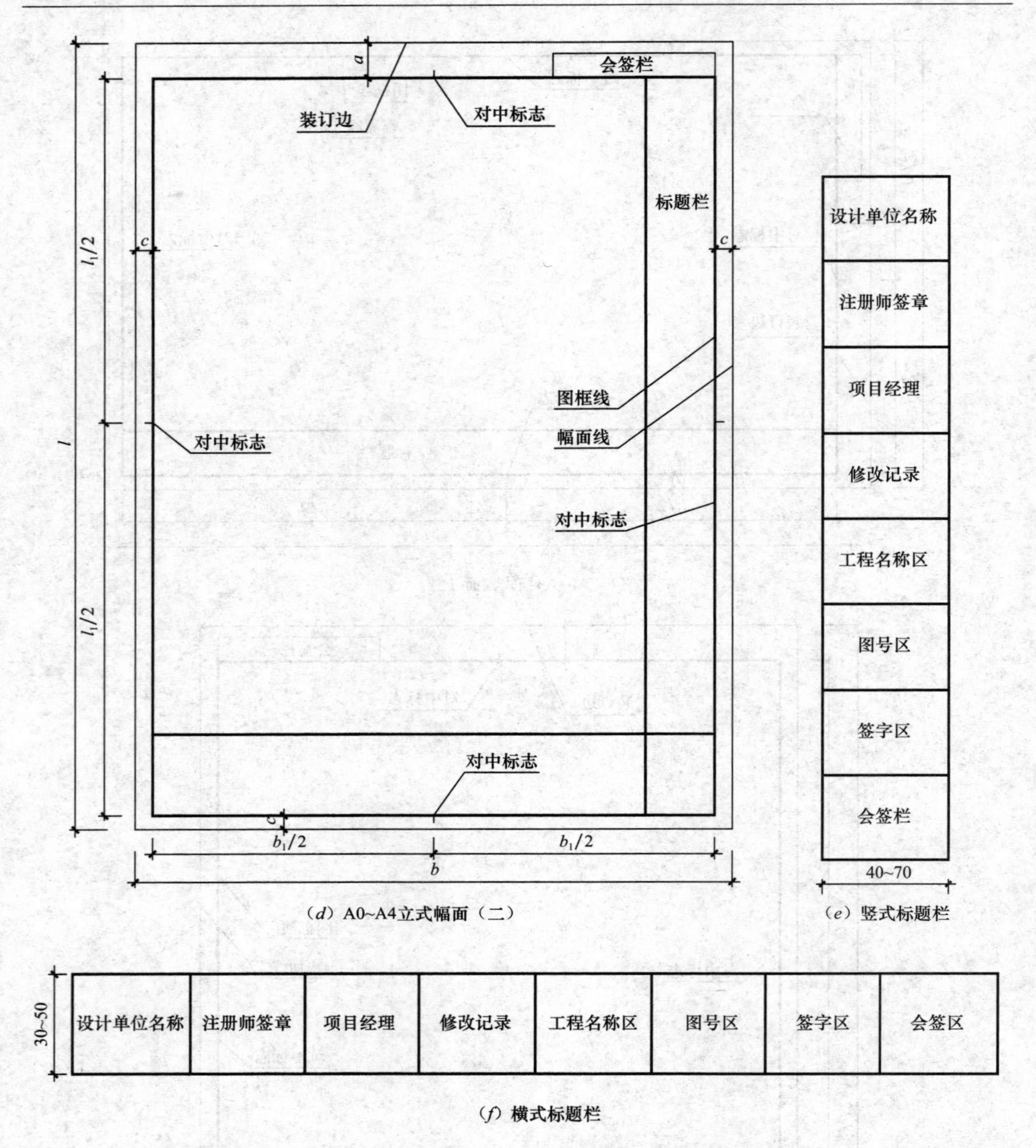

（d）A0~A4立式幅面（二）

（e）竖式标题栏

（f）横式标题栏

图 1-2　（a）、（b）、（c）、（d）、（e）、（f）标题栏及会签栏示意图（三）

② 标题栏和会签栏举例

a. 标题栏和会签栏布置，如图 1-3 所示。

其中，A 区为设计单位名称，B 区为图纸专用盖章处，C 区为执业章签章处，D 区为工程信息区。

b. 标题栏 D 区格式，标题栏 D 区要表达的内容很多，如图 1-4 所示。

c. 会签栏格式

会签栏格式如图 1-5 所示。

图 1-3 标题栏和会签栏布置

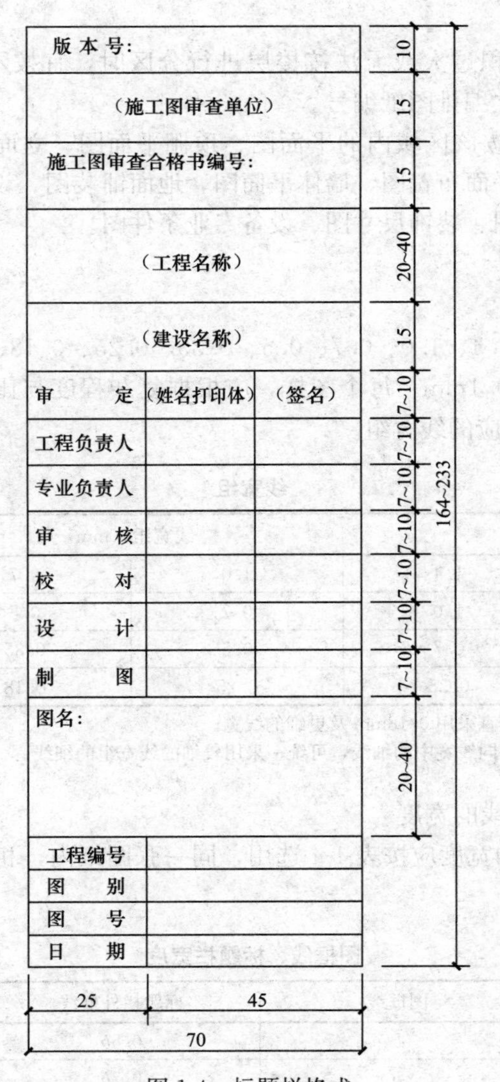

图 1-4 标题栏格式

图 1-5　会签栏格式

4）图纸编排顺序

装饰装修工程图纸的编排一般应为封面、图纸目录、设计说明、建筑装饰装修设计图。当涉及结构、市政给水排水、采暖空调、电气等专业内容时，应由具备相应专业资质的设计单位设计专业图纸，其编排顺序为结构图、给水排水图、暖通空调图、电气图等，应按图纸内容的主次关系、逻辑关系进行分类排序。

建筑装饰工程图纸，除总平面图、总顶平面图外，应优先按照建筑物楼层顺序进行分区，并符合下列规定：

① 如建筑物单层面积过大或无法按楼层进行分区时，宜按不同使用功能进行分区。不同的分区，宜各自独立编排图纸编号。

② 每一分区内，应按该区域内的平面图、顶棚平面图、立面图、详图的顺序编排图号。其中平面图宜包括平面布置图、墙体平面图、地面铺装图、设备专业条件图等。顶棚平面图宜包括顶棚平面图、装饰尺寸图、设备专业条件图。

（2）图线

1）图线的宽度

图线的宽度 b 宜从 1.4、1.0、0.7、0.5、0.35、0.25、0.18、0.13mm 线宽系列中选取。图线宽度不应小于 0.1mm。每个图样，应根据复杂程度与比例大小，先选定基本线宽 b，再选用表 1-3 中相应的线宽组。

线宽组　　**表 1-3**

线宽比	线宽组（mm）			
b	1.4	1.0	0.7	0.5
$0.7b$	1.0	0.7	0.5	0.35
$0.5b$	0.7	0.5	0.35	0.25
$0.25b$	0.35	0.25	0.18	0.13

注：1. 需要缩微的图纸，不宜采用 0.18mm 及更细的线宽。
2. 同一张图纸内，各不同线宽中的细线，可统一采用较细的线宽组的细线。

2）图框线、标题栏线的宽度

图框线、标题栏线的宽度应按表 1-4 选用，同一张图纸内，相同比例的各图样，应选用相同的线宽组。

图框线、标题栏宽度　　**表 1-4**

幅面代号	图框线	标题栏外框线	标题栏分格线
A0、A1	b	$0.5b$	$0.25b$
A2、A3、A4	b	$0.7b$	$0.35b$

3）线型

土建图纸的图形线型有实线、虚线、点画线、双点画线、折断线、波浪线等。除了折断线和波浪线外，其他每种线型又都有粗、中、细三种不同的线宽，建筑制图应选用表 1-5 线型，装饰制图选择线型见表 1-6。

常用图线 **表 1-5**

名称		线型	线宽	用途
实线	粗		b	1. 平、剖面图中被剖切的主要建筑构造（包括构配件）的轮廓线； 2. 建筑立面图或室内立面图的外轮廓线； 3. 建筑构造详图中被剖切的主要部分的轮廓线； 4. 建筑构配件详图中的外轮廓线； 5. 平、立、剖面的剖切符号
	中粗		$0.7b$	1. 平、剖面图中被剖切的次要建筑构造（包括构配件）的轮廓线； 2. 建筑平、立、剖面图中建筑构配件的轮廓线； 3. 建筑构造详图及建筑构配件详图中的一般轮廓线
	中		$0.5b$	小于 $0.7b$ 的图形线、尺寸线、尺寸界限、索引符号、标高符号、详图材料做法引出线、粉刷线、保温层线、地面、墙面的高差分界线等
	细		$0.25b$	图例填充线、家具线、纹样线等
虚线	中粗		$0.7b$	1. 建筑构造详图及建筑构配件不可见的轮廓线； 2. 平面图中的梁式起重机（吊车）轮廓线； 3. 拟建、扩建建筑物轮廓线
	中		$0.5b$	投影线、小于 $0.5b$ 的不可见轮廓线
	细		$0.25b$	图例填充线、家具线等
单点画线	粗		b	起重机（吊车）轨道线
单点长画线	细		$0.25b$	中心线、对称线、定位轴线
折断线	细		$0.25b$	部分省略表示时的断开界线
波浪形	细		$0.25b$	部分省略表示时的断开界线，曲线形构间断开界限构造层次的断开界限

装饰工程常用图线 **表 1-6**

名称	线型	线宽	用途
粗实线		b	1. 平面图、顶棚图、立面图、剖面图、构造详图中被剖切的主要构造（包括构配件）的轮廓线； 2. 建筑立面图或室内立面图的外轮廓线
中实线		$0.5b$	1. 平面图、顶棚图、立面图、剖面图、构造详图中被剖切的次要的构造（包括构配件）的轮廓线； 2. 立面图中的主要构件的轮廓线； 3. 立面图中的转折线
细实线		$0.25b$	1. 平面图、顶棚图、立面图、剖面图、构造详图中一般构件的图形线； 2. 平面图、顶棚图、立面图、剖面图、构造详图中索引符号及其引出线

续表

名称	线型	线宽	用途
超细实线	——————	0.15b	1. 平面图、顶棚图、立面图、剖面图、构造详图中细部装饰线； 2. 平面图、顶棚图、立面图、剖面图、构造详图中尺寸线、标高符号、材料标注引出线； 3. 平面图、顶棚图、立面图、剖面图、构造详图中配景图线
中虚线	- - - - - - -	0.5b	平面图、顶棚图、立面图、剖面图、构造详图不可见的轮廓线、灯带
细虚线	- - - - - - -	0.25b	图例线、小于 0.5b 不可见的轮廓线
细单点长画线	—·—·—·—	0.25b	中心线、对称线、定位轴线
折断线	——\/——	0.25b	不需画全的断开界线

4）图线示例

图线宽度示例如图 1-6～图 1-8 所示。

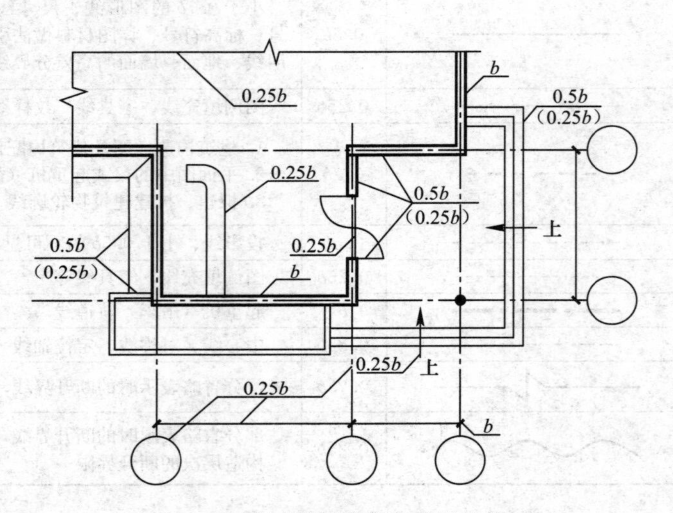

图 1-6　平面图图线宽度选用示例

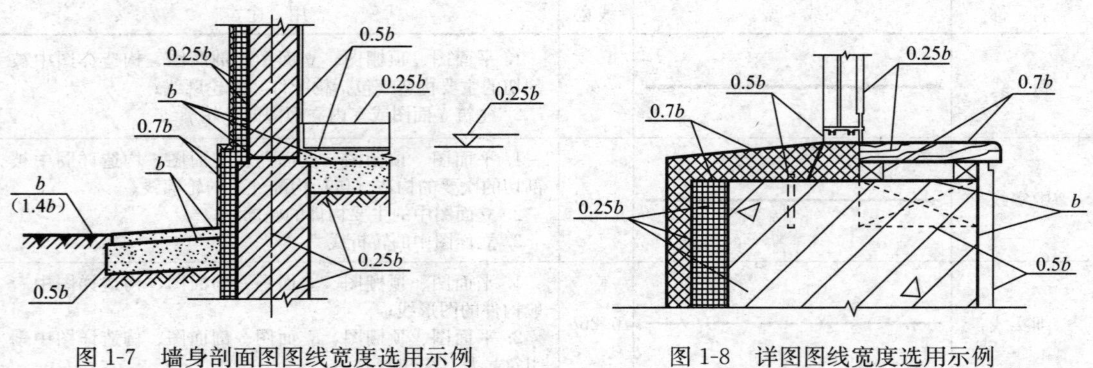

图 1-7　墙身剖面图图线宽度选用示例　　图 1-8　详图图线宽度选用示例

(3) 比例

1) 图纸比例及比例注写

图纸的比例，应为图形与实物相对应的线性尺寸之比。比例的大小，是指其比值的大小，如1∶50大于1∶100。比例的符号为"∶"，比例应以阿拉伯数字表示，如1∶10、1∶30、1∶200等。比例宜注写在图名的右侧，字的基准线应取平；比例的字高，宜比图名的字高小一号或二号，如图1-9所示。绘图所用的比例，应根据图纸的用途与被绘对象的复杂程度选用，并应优先选用表中常用比例。一般情况下，一套图纸应选用一种比例。根据专业制图的需要，同一图纸可选用两种比例。特殊情况下也可自选比例，这时除应注出绘图比例外，还必须在适当位置绘制出相应的比例尺。

底层平面图 1:100　　⑨ 1:30

图1-9 比例的注写

2) 建筑装饰装修制图比例选用（见表1-7）

装饰装修工程制图比例选用表　　**表1-7**

图名	常用比例	可用比例
平面图	1∶20、1∶50、1∶100、1∶200	1∶25、1∶30、1∶40、1∶60、1∶80、1∶150、1∶250、1∶300、1∶400、1∶600、1∶1000
立面图	1∶10、1∶20、1∶30、1∶50、1∶100、1∶200、1∶300	1∶15、1∶25、1∶40、1∶60、1∶80、1∶150、1∶250、1∶300、1∶400
详图	1∶5、1∶10、1∶20、1∶50	1∶15、1∶25、1∶30、1∶40
节点图、大样图	5∶1、2∶1、1∶1、1∶2、1∶5、1∶10	1∶3、1∶4、1∶6

注：详图包括局部放大的平面图、顶棚图、立面图。

(4) 字体

1) 字高

字高可以从表1-8中选择。

① 图纸上所需书写的文字、数字或符号等，均应笔画清晰、字体端正、排列整齐，标点符号应清楚正确。

② 字高大于10mm的文字宜采用TRUETYPE字体，如需书写更大的字，其高度应按字高的倍数递增。

③ 图样及说明中的汉字，宜采用长仿宋体（矢量字体）或黑体，同一图纸字体种类不应超过两种。长仿宋体的宽度与高度的关系应符合表1-9的规定，黑体字的宽度与高度应相同。大标题、图册封面、地形图等的汉字，也可书写成其他字体，但应易于辨认。

文字的字高（mm）　　**表1-8**

字体种类	中文矢量字体	TRUETYPE字体及非中文矢量字体
字高	3.5、5、7、10、14、20	3、4、6、8、10、14、20

长仿宋字高宽关系（mm）　　**表1-9**

字高	20	14	10	7	5	3.5
字宽	14	10	7	5	3.5	2.5

④ 图样及说明中的拉丁字母、阿拉伯数字与罗马数字，宜采用单线简体或 ROMAN 字体。拉丁字母、阿拉伯数字与罗马数字的书写规则，应符合表 1-10 的规定。

拉丁字母、阿拉伯数字与罗马数字的书写规则　　**表 1-10**

书写格式	字　体	窄字体
大写字母高度	h	h
小写字母高度（上下均无延伸）	$7/10h$	$10/14h$
小写字母伸出的头部或尾部	$3/10h$	$4/14h$
笔画宽度	$1/10h$	$1/14h$
字母间距	$2/10h$	$2/14h$
上下行基准线的最小间距	$15/10h$	$21/14h$
词间距	$6/10h$	$6/14h$

2）CAD 工程图中的字体选用范围规定（见表 1-11）

CAD 工程图中的字体选用范围　　**表 1-11**

字体名称	汉字字型	国家标准号	字体文件名	应用范围
长仿宋体	长仿宋体	GB/T 13362.4～13362.5	HZCF. * （HZTXT. *）	图中标注及说明的汉字、标题栏、明细栏等
单线宋体	单线宋体	GB/T 13844	HZDX. *	大标题、小标题、图册封面、目录清单、标题栏中设计单位名称、图样名称、工程名称、地形图等
宋体	宋体	GB/T 13845	HZST. *	
仿宋体	仿宋体	GB/T 13846	HZFS. *	
楷体	楷体	GB/T 13847	HZKT. *	
黑体	黑体	GB/T 13848	HZHT. *	

（5）尺寸标注

建筑装饰装修工程制图中，尺寸标注应符合现行国家标准《房屋建筑制图统一标准》GB/T 50001—2010 中第 10 章的相关规定。

1）尺寸界线、尺寸线及尺寸起止符号

① 图样上的尺寸，包括尺寸界线、尺寸线、尺寸起止符号和尺寸数字如图 1-10 所示。

② 尺寸界线应用细实线绘制，一般应与被注长度垂直，其一端应离开图样轮廓线不应小于 2mm，另一端宜超出尺寸线 2～3mm。图样轮廓线可用作尺寸界线，如图 1-11 所示。

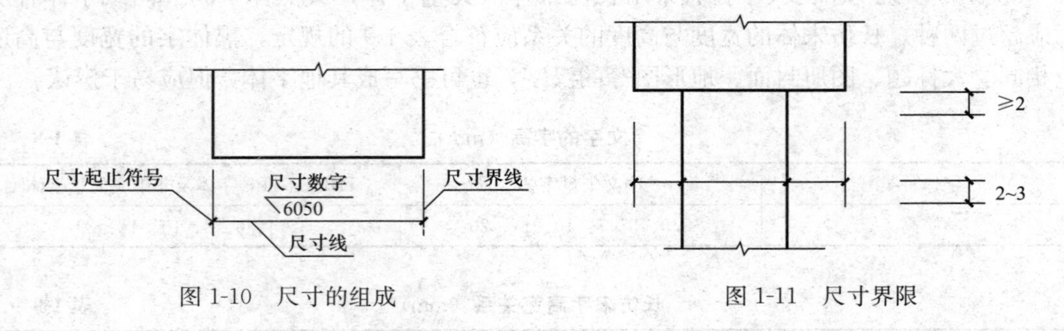

图 1-10　尺寸的组成　　　　图 1-11　尺寸界限

③ 尺寸线应用细实线绘制，应与被注长度平行。图样本身的任何图线均不得用作尺寸线。

④ 尺寸起止符号一般用中粗斜短线绘制，其倾斜方向应与尺寸界线成顺时针 45°角，长度宜为 2～3mm。半径、直径、角度与弧长的尺寸起止符号，宜用箭头表示，如图 1-12 所示。

2）尺寸数字

① 图样上的尺寸，应以尺寸数字为准，不得从图上直接量取。

② 图样上的尺寸单位，除标高及总平面以米为单位外，其他必须以毫米为单位。

③ 尺寸数字的方向，应按图 1-13（*a*）的规定注写。若尺寸数字在 30°斜线区内，也可按图 1-13（*b*）的形式注写。

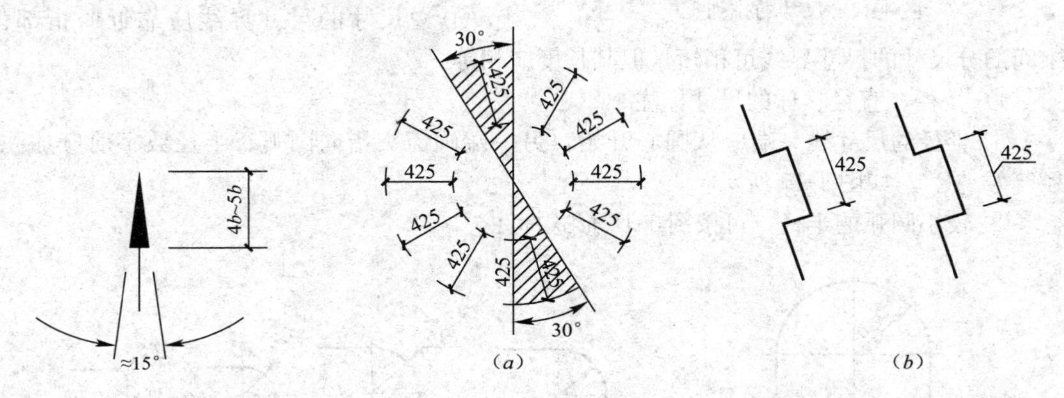

图 1-12　箭头尺寸起止符号　　图 1-13　尺寸数字的注写方向

④ 尺寸数字一般应依据其方向注写在靠近尺寸线的上方中部。如没有足够的注写位置，最外边的尺寸数字可注写在尺寸界线的外侧，中间相邻的尺寸数字可上下错开注写，引出线端部用圆点表示标注尺寸的位置，如图 1-14 所示。

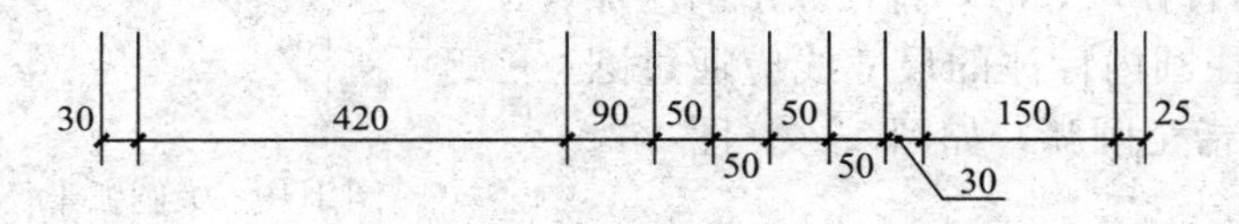

图 1-14　尺寸数字的注写位置

3）尺寸的排列与布置

① 尺寸宜标注在图样轮廓以外，不宜与图线、文字及符号等相交，如图 1-15 所示。

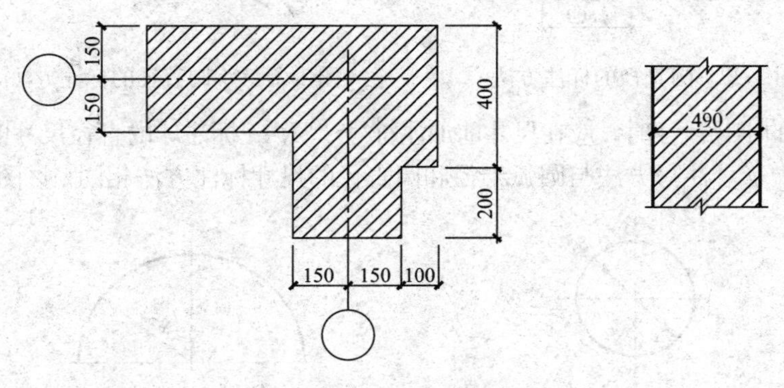

图 1-15　尺寸数字的注写

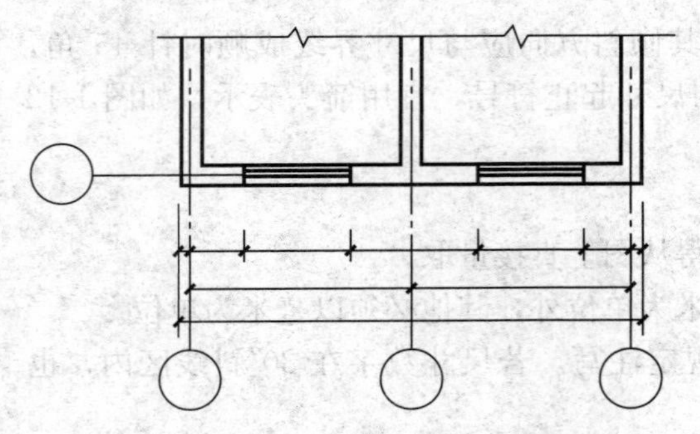

图 1-16　尺寸的排列

② 互相平行的尺寸线，应从被注写的图样轮廓线由近向远整齐排列，较小尺寸应离轮廓线较近，较大尺寸应离轮廓线较远，如图 1-16 所示。

③ 图样轮廓线以外的尺寸界线，距图样最外轮廓之间的距离，不宜小于 10mm。平行排列的尺寸线的间距，宜为 7～10mm，并应保持一致。

④ 总尺寸的尺寸界线应靠近所指部位，中间的分尺寸的尺寸界线可稍短，但其长度应相等。

4）半径、直径、球的尺寸标注

① 半径的尺寸线一端应从圆心开始，另一端画箭头指向圆弧。半径数字前应加注半径符号“R”。如图 1-17 所示。

② 较小圆弧的半径，可按图 1-18 形式标注。

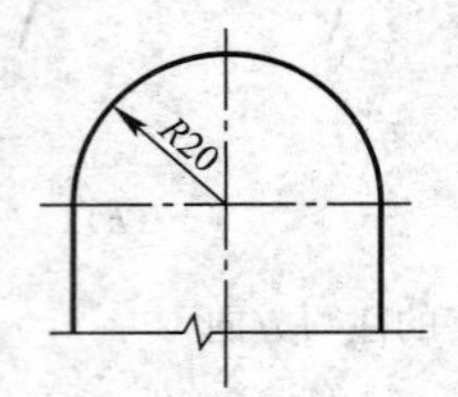

图 1-17　半径标注方法

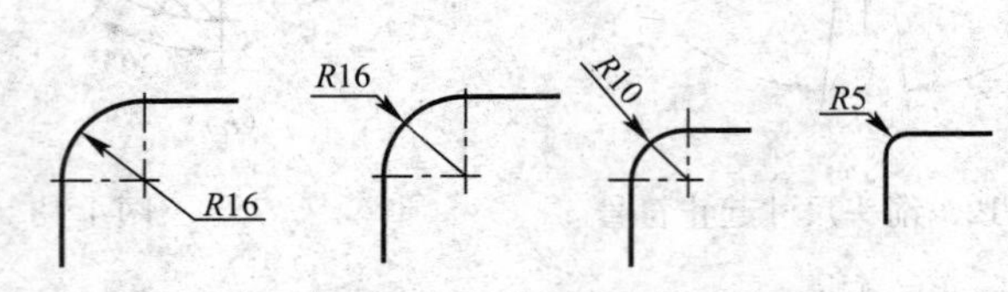

图 1-18　小圆弧半径的标注方法

③ 较大圆弧的半径，可按图 1-19 形式标注。

④ 标注圆的直径尺寸时，直径数字前应加直径符号“ϕ”。在圆内标注的尺寸线应通过圆心，两端画箭头指至圆弧，如图 1-20、图 1-21 所示。

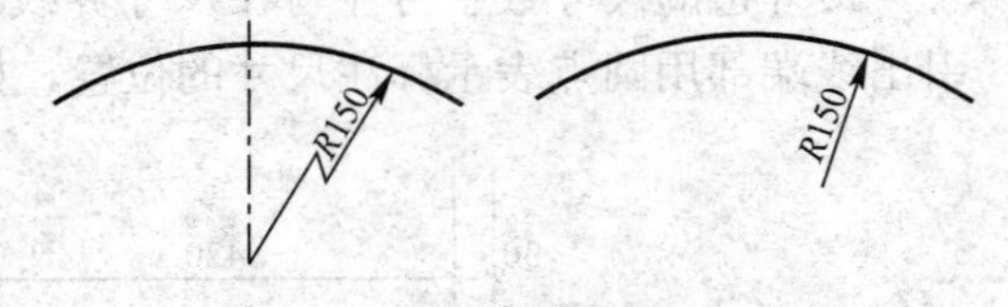

图 1-19　大圆弧半径的标注方法

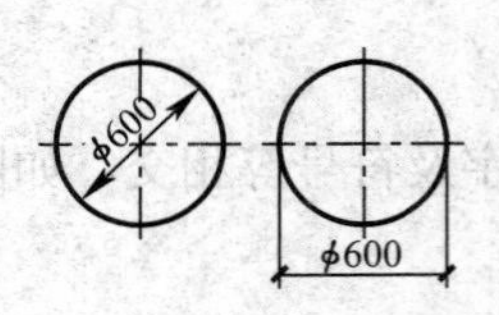

图 1-20　圆直径的标注方法

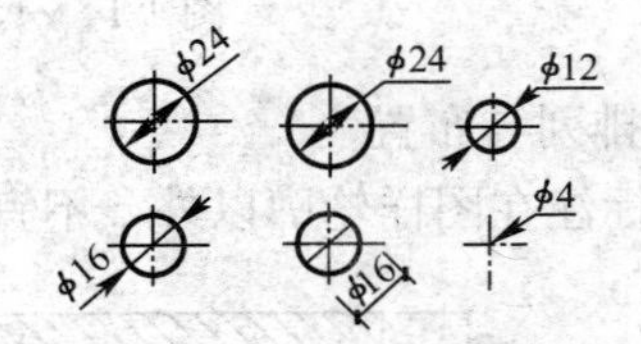

图 1-21　小圆直径的标注方法

⑤ 标注球的半径尺寸时，应在尺寸前加注符号“*SR*”。标注球的直径尺寸时，应在尺寸数字前加注符号“*S*ϕ”。注写方法与圆弧半径和圆直径的尺寸标注方法相同。见图 1-22、图 1-23。

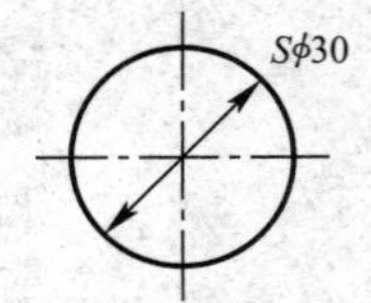

图 1-22　球直径的标注方法

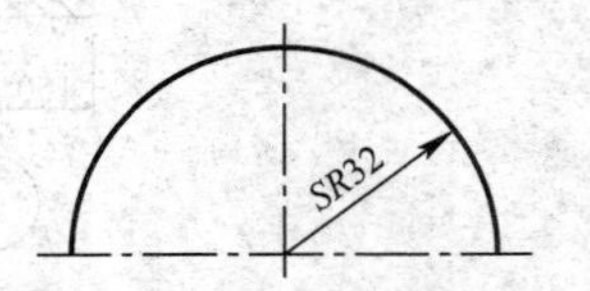

图 1-23　球半径的标注方法

5）角度、弧度、弧长的标注

① 角度的尺寸线应以圆弧表示。该圆弧的圆心应是该角的顶点，角的两条边为尺寸界线。起止符号应以箭头表示，如没有足够位置画箭头，可用圆点代替，角度数字应沿尺寸线方向注写，如图 1-24 所示。

② 标注圆弧的弦长时，尺寸线应以平行于该弦的直线表示，尺寸界线应垂直于该弦，起止符号用中粗斜短线表示，如图 1-25 所示。

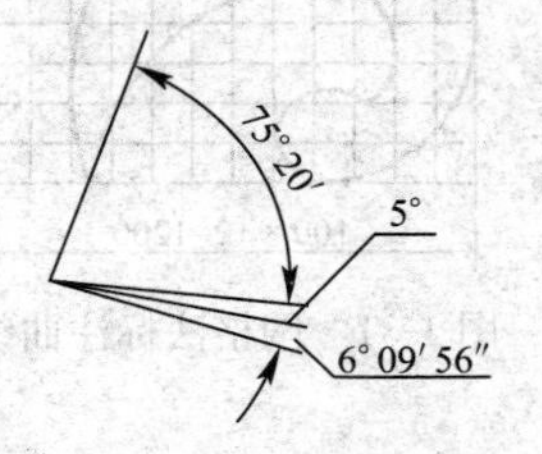

图 1-24　角度标注方法图

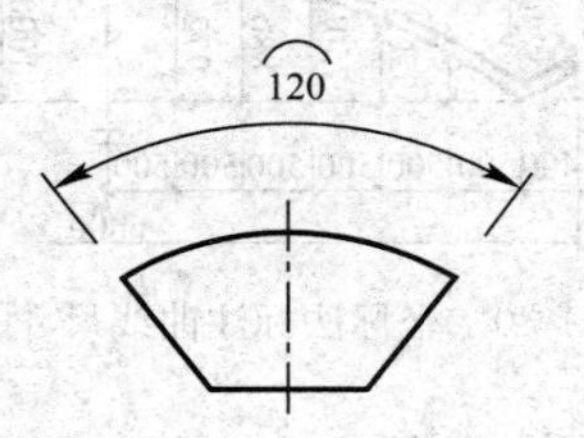

图 1-25　弧长标注方法

③ 标注圆弧的弦长时，尺寸线应以平行于该弦的直线表示，尺寸界线应垂直于该弦，起止符号用中粗斜短线表示，如图 1-26 所示。

6）薄板厚度、正方形、坡度、非圆曲线等尺寸标注

① 在薄板板面标注板厚尺寸时，应在厚度数字前加厚度符号“t”，如图 1-27 所示。

② 标注正方形的尺寸，可用“边长×边长”的形式，也可在边长数字前加正方形符号“□”，如图 1-28 所示。

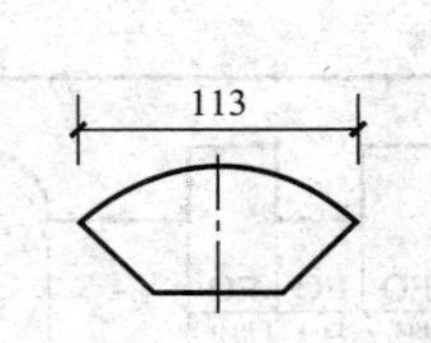

图 1-26　弦长标注方法

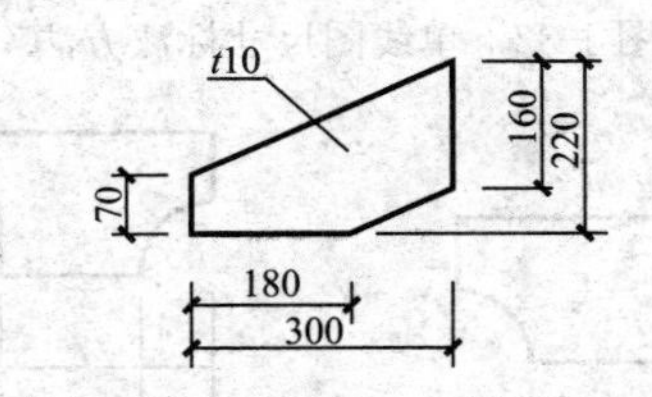

图 1-27　薄板厚度标注方法图

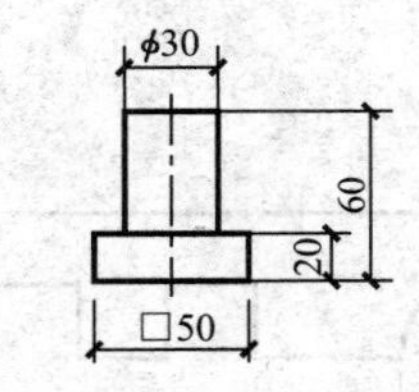

图 1-28　标注正方形尺寸

③ 标注坡度时，应加注坡度符号“　”，如图 1-29（a）、（b）所示，该符号为单面箭头，箭头应指向下坡方向。坡度也可用直角三角形形式标注，如图 1-29（c）所示。

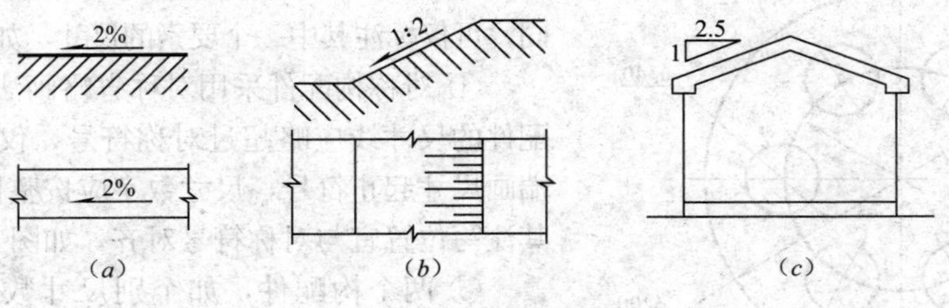

图 1-29　坡度标注方法

④ 外形为非圆曲线的构件，可用坐标形式标注尺寸，如图 1-30 所示。

⑤ 复杂的图形，可用网格形式标注尺寸，如图 1-31 所示。

7）尺寸的简化标注

① 杆件或管线的长度，在单线图（桁架简图、钢筋简图、管线简图）上，可直接将

尺寸数字沿杆件或管线的一侧注写，如图 1-32 所示。

② 建筑装饰装修工程制图中，连续排列的等长尺寸，可用“等长尺寸×个数＝总长”的形式标注，如图 1-33 所示，也可在总尺寸的控制下，定位尺寸用“EQ”或“均分”的标注方法表示，如图 1-34 所示。

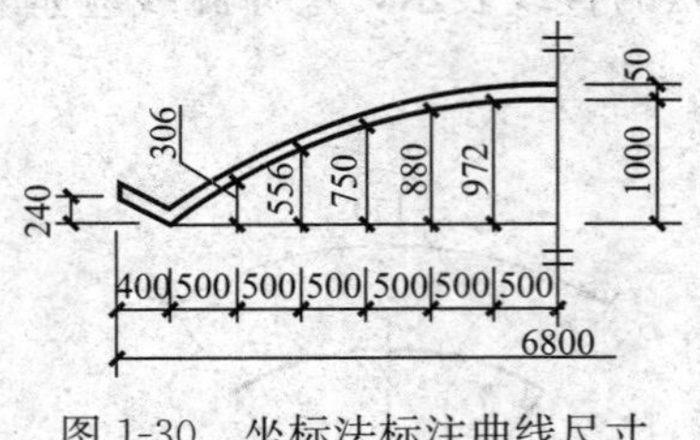

图 1-30　坐标法标注曲线尺寸

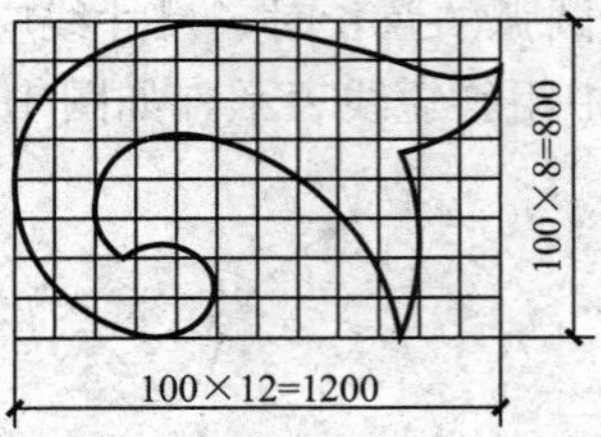

100×8=800
100×12=1200

图 1-31　网格法标注曲线尺寸

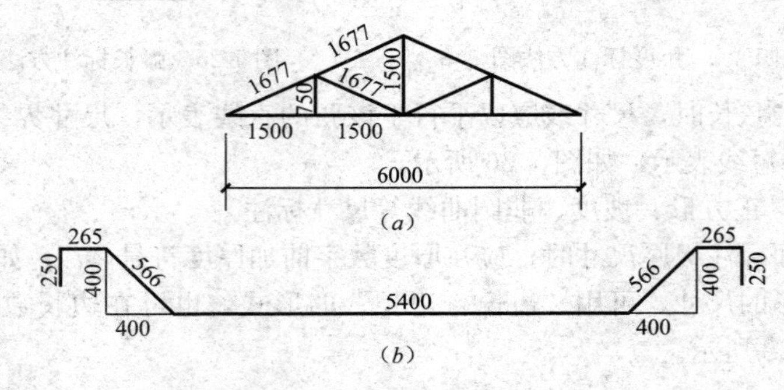

图 1-32　单线图尺寸标注方法

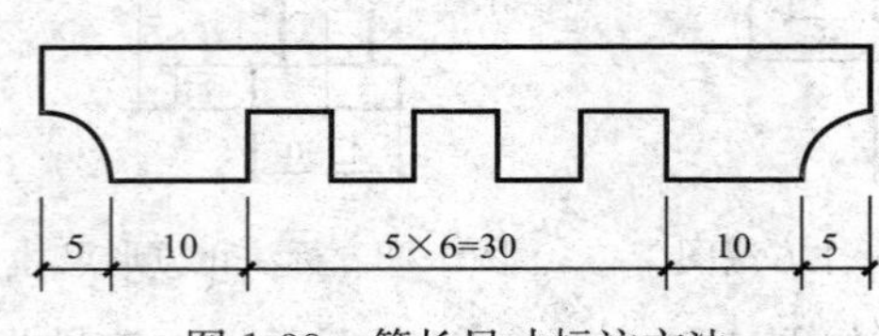

图 1-33　等长尺寸标注方法

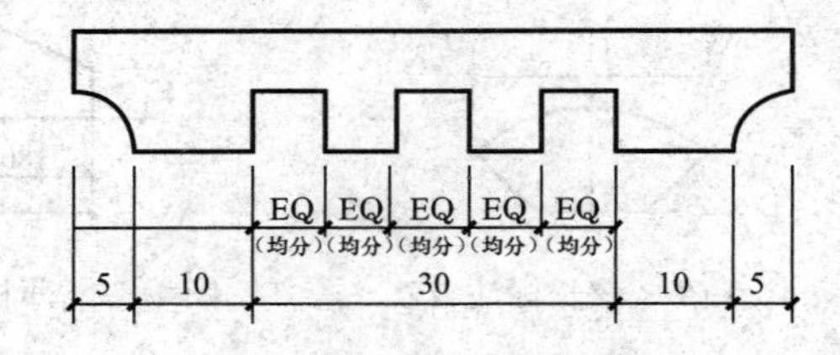

图 1-34 “EQ”或“均分”标注方法

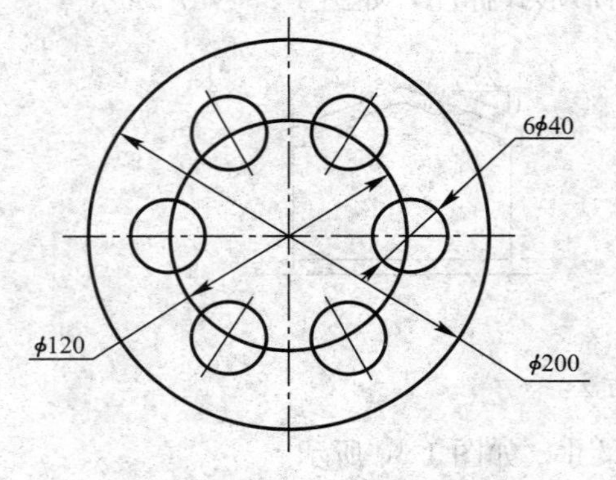

图 1-35　相同要素尺寸标注方法

③ 构配件内的构造因素（如孔、槽等）如相同，可仅标注其中一个要素的尺寸，如图 1-35 所示。

④ 对称构配件采用对称省略画法时，该对称构配件的尺寸线应略超过对称符号，仅在尺寸线的一端画尺寸起止符号，尺寸数字应按整体全尺寸注写，其注写位置宜与对称符号对齐，如图 1-36 所示。

⑤ 两个构配件，如个别尺寸数字不同，可在同一图样中将其中一个构配件的不同尺寸数字注写在括号内，该构配件的名称也应注写在相应的括号内，如图 1-37 所示。

⑥ 数个构配件，如仅某些尺寸不同，这些有变化的尺寸数字，可用拉丁字母注写在同一图样中，另列表格写明其具体尺寸，如图 1-38 所示。

8）标高

① 标高符号应以直角等腰三角形表示，按图 1-39（*a*）所示形式用细实线绘制，如标注位置不够，也可按图 1-39（*b*）所示形式绘制。标高符号的具体画法如图 1-39（*c*）、（*d*）所示。

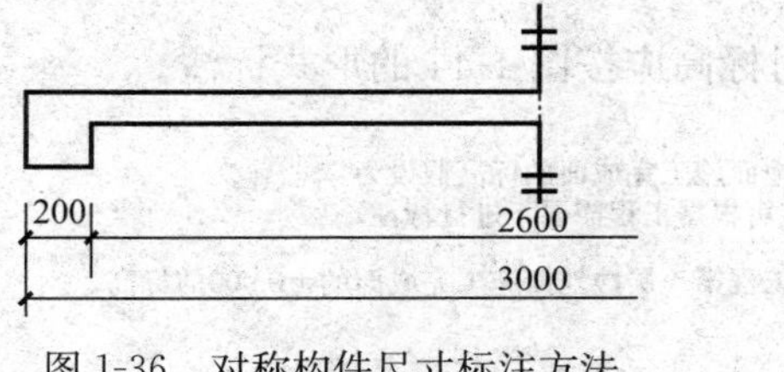

图 1-36　对称构件尺寸标注方法

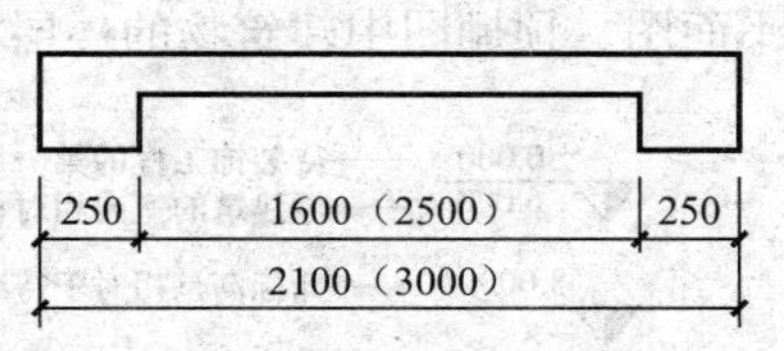

图 1-37　相似构件尺寸标注方法

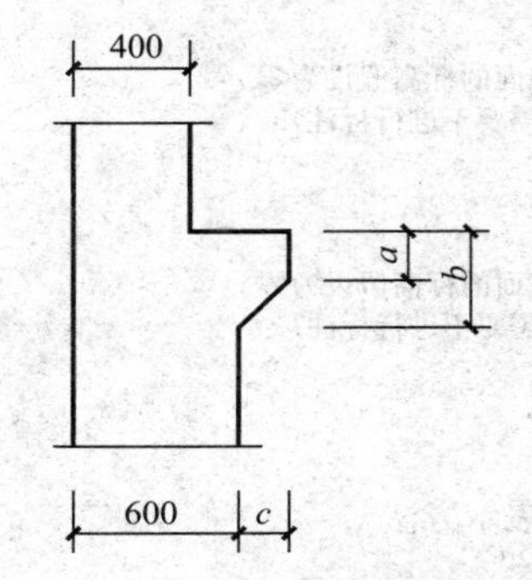

构件编号	*a*	*b*	*c*
Z-1	200	200	200
Z-2	250	450	200
Z-3	200	450	250

图 1-38　相似构配件尺寸表格式标注方法

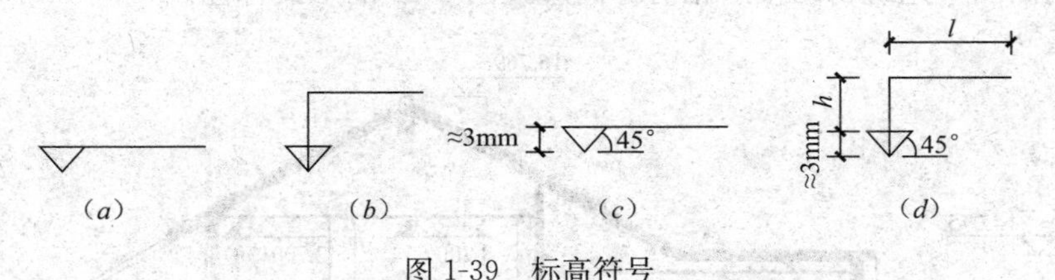

图 1-39　标高符号

l—取适当长度注写标高数字；*h*—根据需要取适当高度

② 总平面图室外地坪标高符号，宜用涂黑的三角形表示，具体画法如图 1-40 所示。

③ 标高符号的尖端应指至被注高度的位置。尖端宜向下，也可向上。标高数字应注写在标高符号的上侧或下侧，如图 1-41 所示。

图 1-40　总平面图室外地坪标高符号　　　　图 1-41　标高的指向

④ 标高数字应以米为单位，注写到小数点以后第三位。在总平面图中，可注写到小数字点以后第二位。

⑤ 零点标高应注写成±0.000，正数标高不注“+”，负数标高应注“-”，例如 3.000、-0.600。

⑥ 在图样的同一位置需表示几个不同标高时，标高数字可按图 1-42 的形式注写。

9）装饰装修工程制图中标高的表示方法

① 标高符号应以直角等腰三角形表示，其高度为 3mm，如图 1-43 所示。

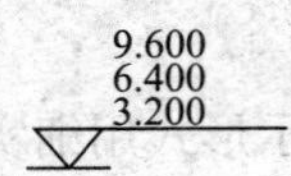

图 1-42　同一位置注写多个标高数字

图 1-43　楼层相对标高符号绘制图

② 平面图、顶棚图中建筑物的楼层相对标高应按图 1-44 的形式标注。

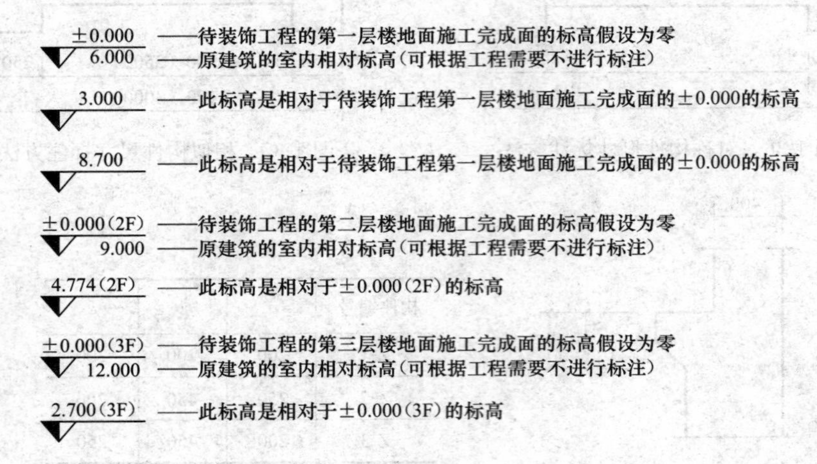

图 1-44　楼层相对标高的表示方法

③ 立剖面图中建筑物的楼层相对标高应按图 1-45 的形式标注。

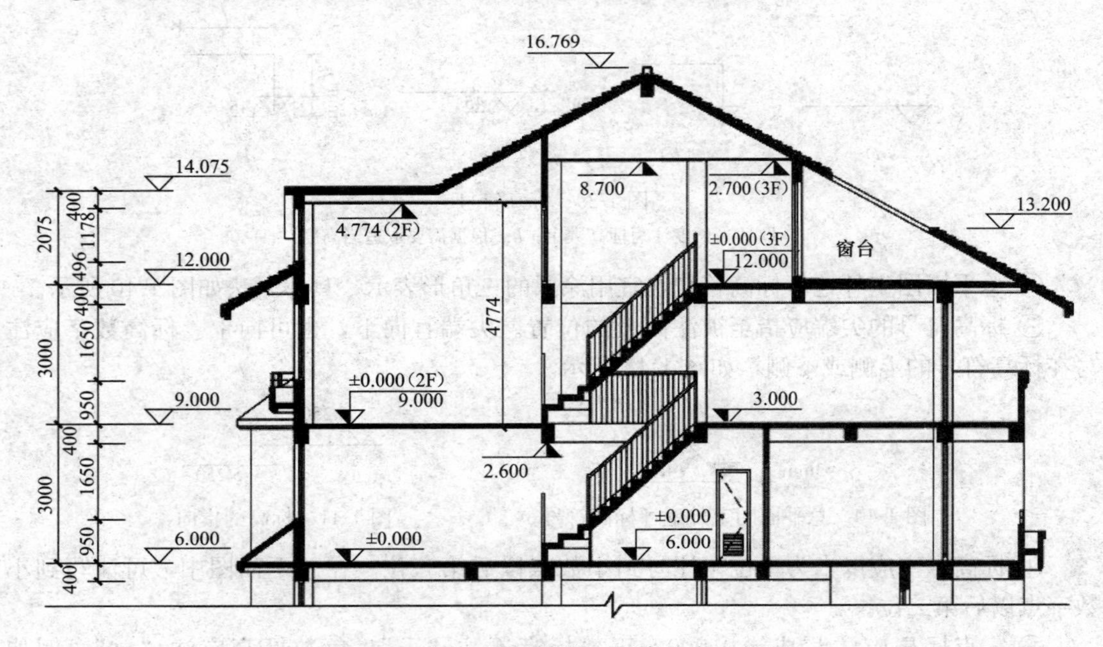

图 1-45　立剖面图楼层相对标高的表示方法

2. 符号

（1）剖切符号

1）剖视的剖切符号应由剖切位置线及剖视方向线组成，均应以粗实线绘制。剖视的剖切符号应符合下列规定：

① 剖切位置线的长度宜为6～10mm；剖视方向线应垂直于剖切位置线，长度应短于剖切位置线，宜为4～6mm，见图1-46（*a*），也可采用国际统一和常用的剖视方法，如图1-46（*b*）所示。绘制时，剖视剖切符号不应与其他图线相接触。

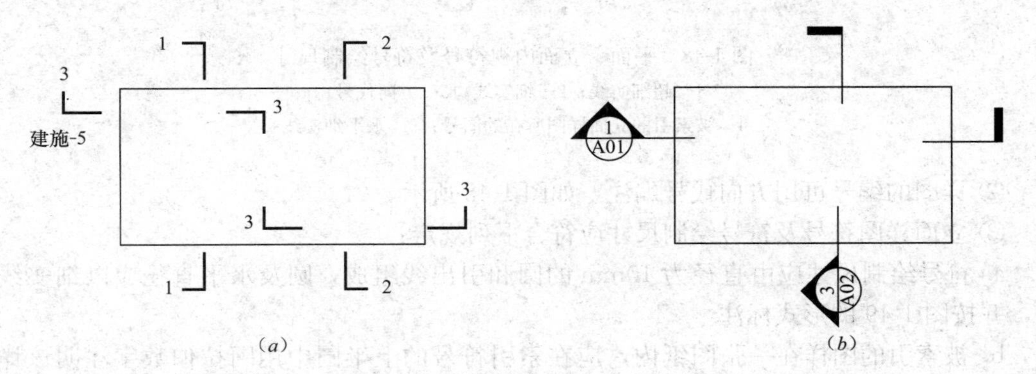

图1-46 剖视的剖切符号

② 剖视剖切符号的编号宜采用粗阿拉伯数字，按剖切顺序由左至右、由下向上连续编排，并应注写在剖视方向线的端部。

③ 需要转折的剖切位置线，应在转角的外侧加注与该符号相同的编号。

④ 建（构）筑物剖面图的剖切符号应注在±0.000标高的平面图或首层平面图上。

⑤ 局部剖面图（不含首层）的剖切符号应注写在包含剖切部位的最下面一层的平面图上。

2）断面的剖切符号应符合下列规定：

① 断面的剖切符号应只用剖切位置线表示，并应以粗实线绘制，长度宜为6～10mm。

② 断面剖切符号的编号宜采用阿拉伯数字，按顺序连续编排，并应注写在剖切位置线的一侧；编号所在的一侧应为该断面的剖视方向，如图1-47所示。

3）剖面图或断面图，如与被剖切图样不在同一张图内，应在剖切位置线的另一侧注明其所在图纸的编号，也可以在图上集中说明。

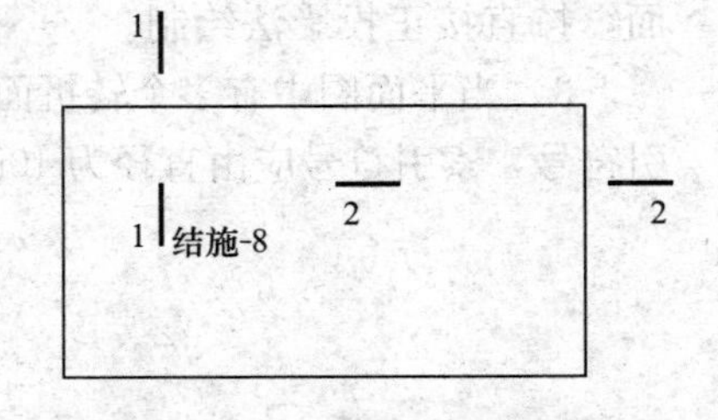

图1-47 断面的剖切符号

(2) 内视符号、索引符号与详图符号

1）平面图、立面图的内视符号和详图符号标注应符合下列规定：

① 内视符号的绘制尺寸和编写应符合下列规定：

图纸中的绘制尺寸应由直径为8mm的圆和引出线组成，圆及水平直径应以细实线绘制，并按图1-48（*a*）的形式标注。

索引出的详图，如与被索引的详图不在同一张图纸内，应在索引符号的上半圆中用阿拉伯数字注明该详图的编号，在索引符号的下半圆用阿拉伯数字注明该详图所在图纸的编号，如图1-48（*b*）所示。数字较多时，可加文字标注，如1-48（*d*）所示。

索引出的详图，如与被索引的详图同在一张图纸内，应在索引符号的上半圆中用阿拉伯数字注明该详图的编号，并在下半圆中间画一段水平细实线，如图1-48（*c*）所示。

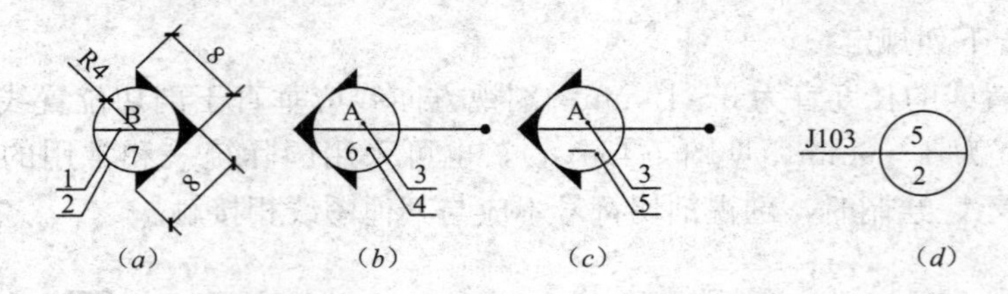

图 1-48　平面、立面内视符号及符号绘制尺寸

1—超细实线；2—细实线；3—方向代号；

4—被索引的立面详图所在的图号；5—水平细实线

② 详图的编号可用方向代号编注，如图 1-48 所示。

③ 立面详图符号及符号绘制尺寸应符合下列规定：

a. 符号绘制尺寸应由直径为 10mm 的圆和引出线组成，圆及水平直径应以细实线绘制，并按图 1-49 的形式标注。

b. 被索引的图样在一张图纸内，应在索引符号的上半圆中用阿拉伯数字注明该详图的编号，并在下半圆中间画一段水平细实线，如图 1-49 所示。

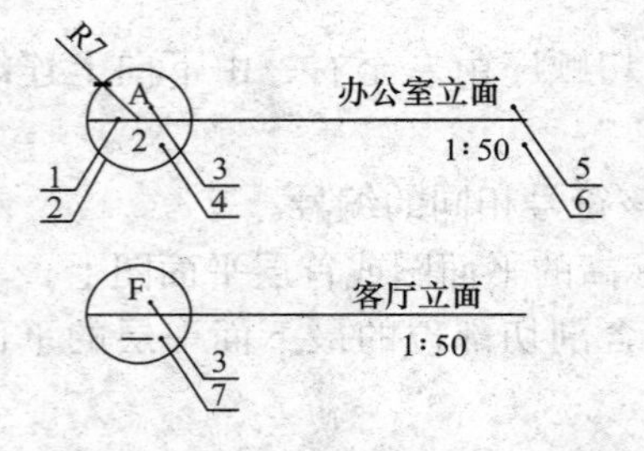

图 1-49　立面内视符号及符号绘制尺寸

1—中粗实线；2—粗实线；3—详图编号；

4—被索引的图样所在的图号；5—图样名称；

6—图样比例；7—被索引的图样在本页

2）内视符号在平面图中的使用应符合下列规定：

① 在平面图中，进行立面内视符号标注，应注明房间名称并在标注上表示出代表立面投影的 A、B、C、D 四个方向，其索引点的位置应为立面图的视点位置。

② A、B、C、D 四个方向应按顺时针方向间隔 90°排列，当出现同方向、不同视点的立面索引时，应以 A1、B1、C1、D1 表示以示区别，以此类推：当同一空间中出现 A、B、C、D 以外的立面索引时，应采用 A、B、C、D 英文字母表示。

③ 平面图中 A、B、C、D 等方向所对应的立面，按直接正投影法绘制。

3）当平面图中有多个转折面且不适宜逐个标识箭头方向时，宜采用图 1-50 所采用的索引符号，索引符号应由直径为 10mm 的圆和引出线组成，圆及水平直径应以细实线绘制。

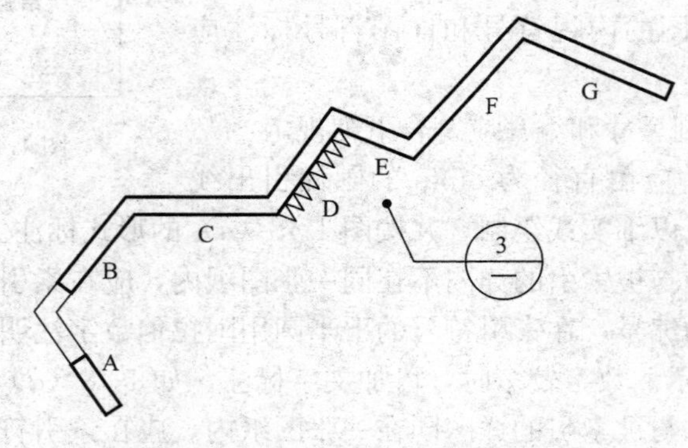

图 1-50　多个转折面索引符号

（3）立面图专用符号

1）立面转折符号的绘制应符合下列规定：

① 当平面图中有多个转折面（图 1-50），且不适宜单独绘制立面图时，应采用立面展开绘制。

② 每个展开面均采用各自独立方向的正投影法绘制，如图 1-51（*a*）所示：同时展开面分界线处应采用立面转折符号。并可注明转折几度，符号绘制尺寸应按图 1-51（*b*）的形式标注。

③ 立面转折符号上的角度可根据需要进行注写。

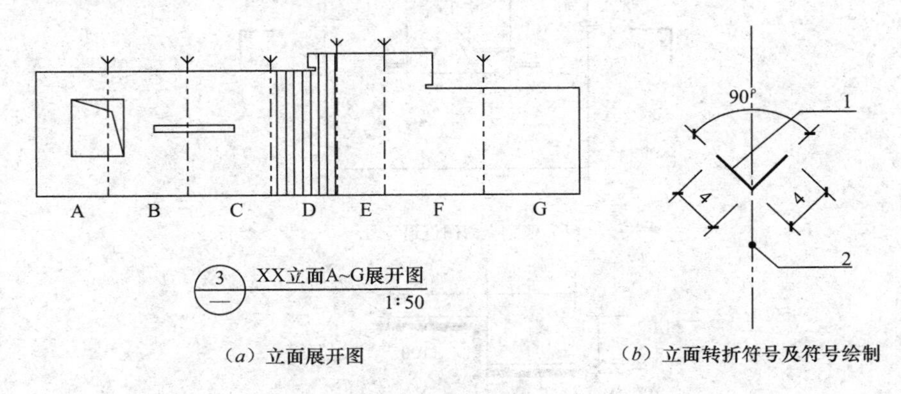

（*a*）立面展开图　　（*b*）立面转折符号及符号绘制

图 1-51　立面图

1—中实线；2—细长画双短画线

2）壁龛进退符号的绘制应符合下列规定：

① 当立面图需绘制壁龛时，可省去绘制平面剖切示意图，如图 1-52（*a*）所示，采用壁龛立面图进退符号表示立面的进退关系，如图 1-52（*b*）所示。

② 壁龛进退符号的尺寸单位为毫米，图线应按图 1-52（*c*）的形式标注。

（4）洞口符号

1）当墙体、柜子、楼板等有穿透性的洞口时，应采用穿透性洞口符号，如图 1-53 所示。

2）平面门窗洞口符号的标注应按图 1-54 标注。

（5）其他符号

1）对称符号由对称线和两端的两对平行线组成。对称线用细单点长画线绘制；平行线用细实线绘制，其长度宜为 6～10mm，每对的间距宜为 2～3mm；对称线垂直平分于两对平行线，两端超出平行线宜为 2～3mm，如图 1-55 所示。

2）连接符号应以折断线表示需连接的部位。两部位相距较远时，折断线两端靠图样一侧应标注大写拉丁字母表示连接编号。两个被连接的图样应用相同的字母编号，如图 1-56 所示。

3）指北针的形状符合图 1-57 的规定，其圆的直径宜为 24mm，用细实线绘制；指针尾部的宽度宜为 3mm，指针头部应注“北”或“N”字。需用较大直径绘制指北针时，指针尾部的宽度宜为直径的 1/8。

4）对图纸中局部变更部分宜采用云线，并宜注明修改版次，如图 1-58 所示。

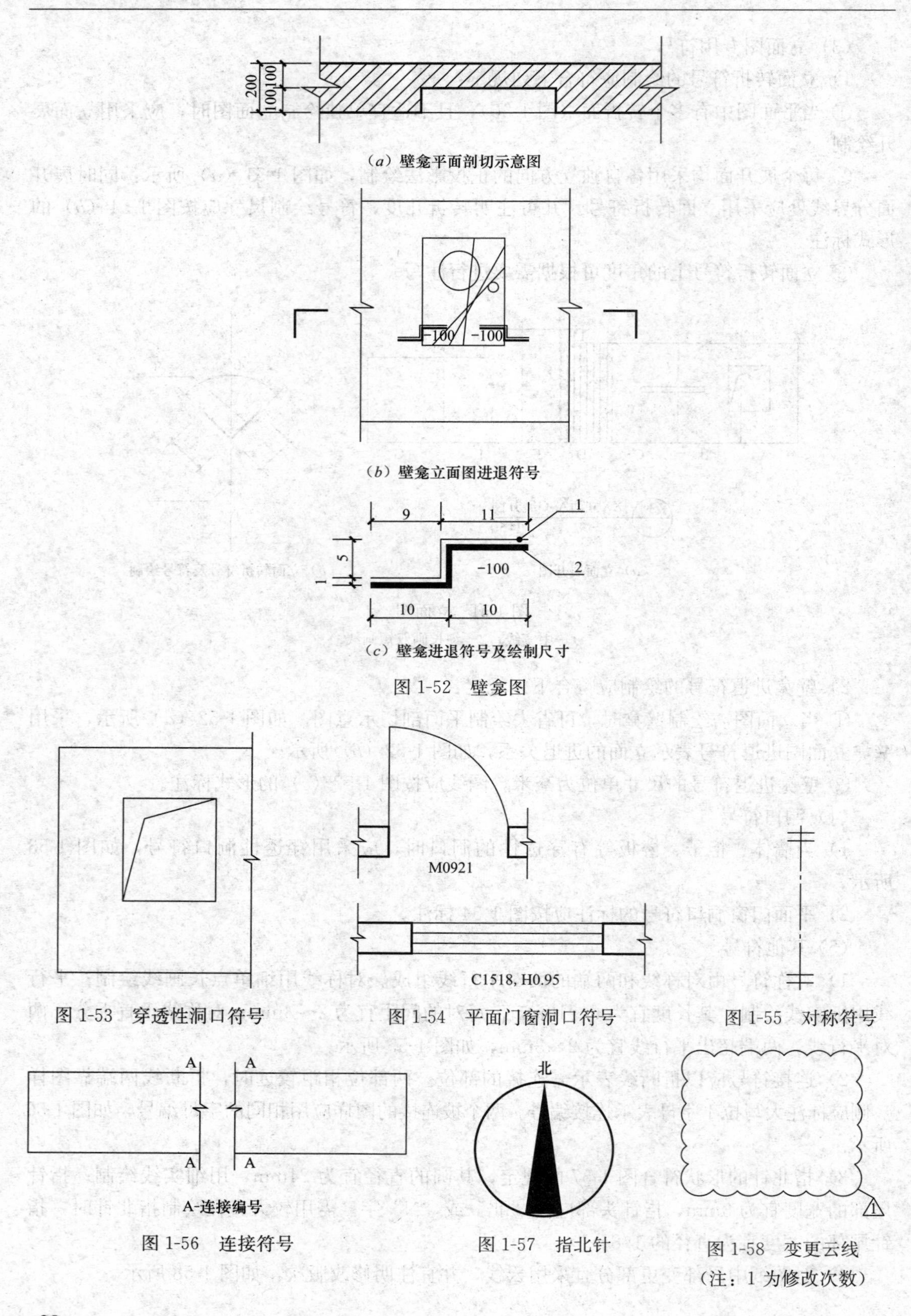

（a）壁龛平面剖切示意图

（b）壁龛立面图进退符号

（c）壁龛进退符号及绘制尺寸

图 1-52　壁龛图

图 1-53　穿透性洞口符号

图 1-54　平面门窗洞口符号

图 1-55　对称符号

图 1-56　连接符号

图 1-57　指北针

图 1-58　变更云线
（注：1 为修改次数）

（6）内视图示例

房屋内视图如图 1-59、图 1-60 所示。

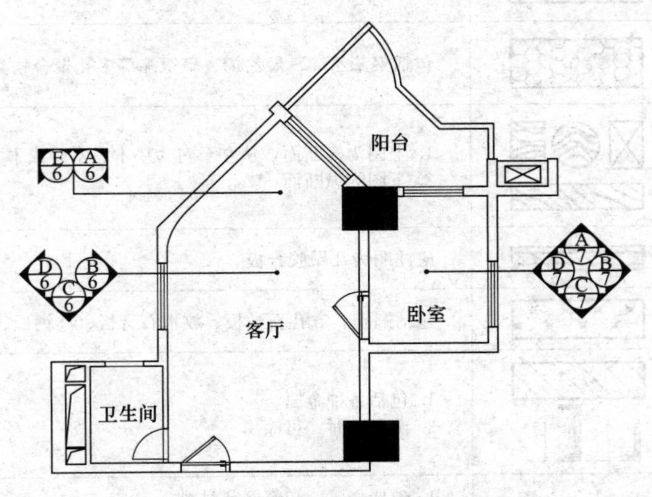

图 1-59 平面图内视符号示例

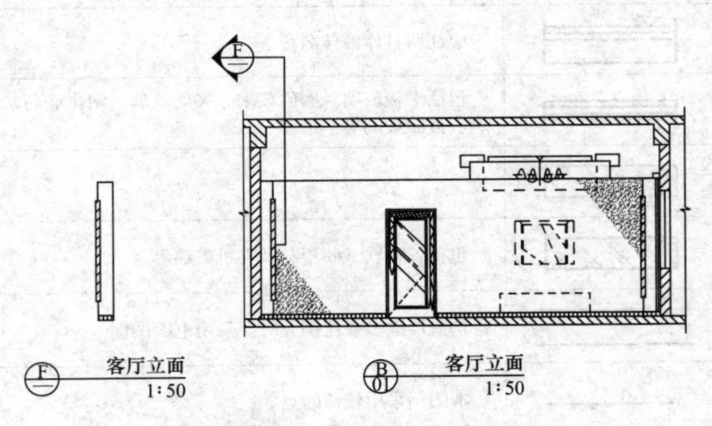

图 1-60 立面图内视符号示例

3. 图例

（1）常用建筑材料设备图例

建筑装饰装修工程设计制图中，常用建筑材料设备图例应符合现行国家标准《房屋建筑制图统一标准》GB/T 50001、《总图制图标准》GB/T 50103、《建筑制图标准》GB/T 50104 及相关专业标准的有关图例部分的规定。常用建筑材料图例见表 1-12。

常用建筑材料设备图例 **表 1-12**

序号	名称	图例	说明
1	混凝土		1. 本图例指能承重的混凝土 2. 包括各种强度等级、骨料、添加剂的混凝土 3. 在剖面图上画出钢筋时，不画图例线 4. 断面图形小，不易画出图例线时，可涂黑
2	钢筋混凝土		
3	多孔材料		包括水泥珍珠岩、沥青珍珠岩、泡沫混凝土、非承重加气混凝土、软木、蛭石制品等

续表

4	纤维材料		包括矿棉、岩棉、玻璃棉、麻丝、木丝板、纤维板等
5	泡沫塑料材料		包括聚苯乙烯、聚乙烯、聚氨酯等多孔聚合物类材料
6	木材		1. 上图为横断面，从左至右为垫木、木砖或木龙骨 2. 下图为纵断面
7	胶合板		应注明为几层胶合板
8	石膏板		包括圆孔、方孔石膏板、放水石膏板、硅钙板、防火板等
9	金属		1. 包括各种金属 2. 圆形小时，可涂黑
10	网状材料		1. 包括金属、塑料网状材料 2. 应注明具体材料名称
11	液体		应注明具体液体名称
12	玻璃		包括平板玻璃、磨砂玻璃、夹丝玻璃、钢化玻璃、中空玻璃、夹层玻璃、镀膜玻璃等
13	橡胶		
14	塑胶		包括各种软、硬塑料及有机玻璃等
15	防水材料		构造层次多或比例大时，采用上面图例
16	粉刷		本图例采用较稀的点

（2）常用建筑装饰装修材料图例

1）常用建筑装饰装修材料的图例画法，对其尺寸比例不作具体规定。使用时应根据图样大小确定，并应符合下列规定：

① 图例应完整、清晰，并应做到图例正确，表达清楚，方便理解图纸。

② 图例只表示相应的材料种类，使用时应用文字表达出具体的材料名称，并且应附加必要的材料工艺要求说明。

③ 应按比例在图纸上表达出相应材料的实际规格尺寸或用文字表述，不应以度量图例线的尺寸确定材料的实际规格尺寸。

④ 图例线应间隔均匀，疏密适度，和图样线宜层次分明，不应影响对图样线的理解。

⑤ 图例线不宜和图样线重叠，重叠时，应层次分明，必要时应对图样线附加说明。

⑥ 不同类材料图例线线型宜一致统一。

⑦ 不同品种的同类材料使用同一图例时（如不同品种的石材、木材、金属等或如某

些特定部位的石膏板必须注明是防水石膏板时），应在图上附加必要的说明。

⑧ 不同类材料相接时，应在相接处用表示此类材料的图例区分。

⑨ 两个相同的图例相接时，图例线宜错开或使倾斜方向相反，如图 1-61 所示。

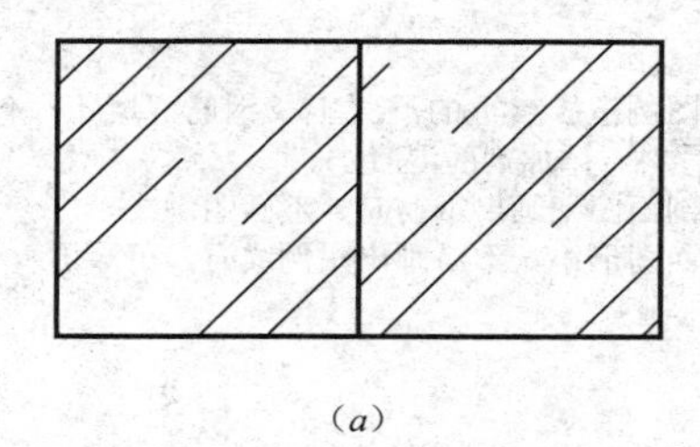

（a）

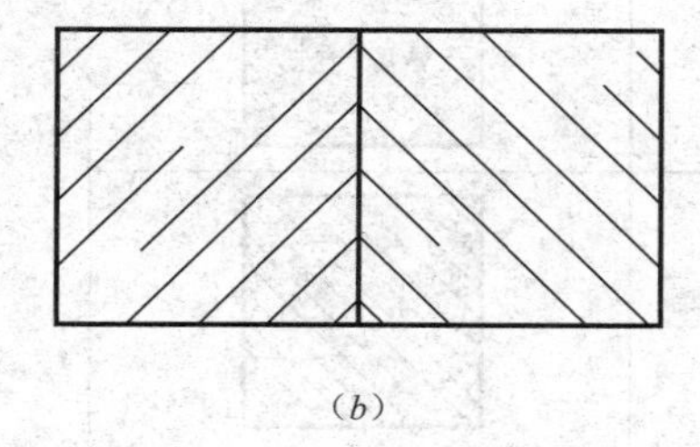

（b）

图 1-61　相同图例相接时的画法

⑩ 两个相邻的涂黑图例（如混凝土构件、金属件）间，应留有空隙，其宽度不得小于 0.7mm，如图 1-62 所示。

⑪ 图例线影响到图样线时，应留有空隙，其宽度不得小于 0.7mm，如图 1-63 所示。

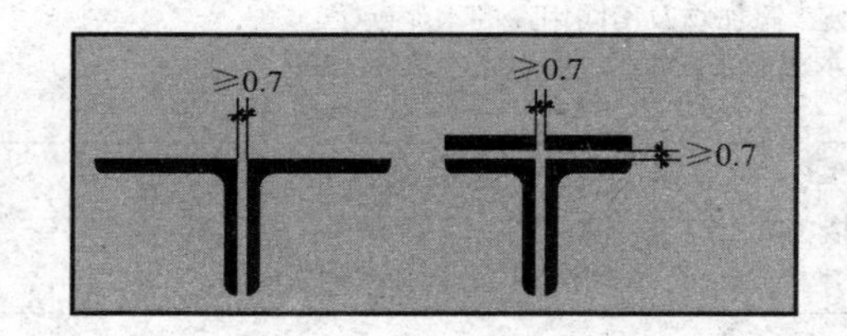

图 1-62　相邻涂黑图例的画法

图 1-63　图例线与图样线的间隙

⑫ 一张图纸内同时出现两种及以上图样时，应保持同类图例的统一。

2）绘制时下列情况可不采用建筑装饰装修材料图例，但应加文字说明：

① 一张图纸内的图样只用一种图例。

② 图形较小，无法画出建筑装饰装修图例影响图纸理解。

③ 图形较复杂，画出建筑装饰装修材料图例影响图纸理解。

④ 不同品种的同类材料搭配使用时，占比例较多的品种。

3）需画出的建筑材料图例面积过大时，可在断面轮廓线内，沿轮廓线作局部表示，如图 1-64 所示。

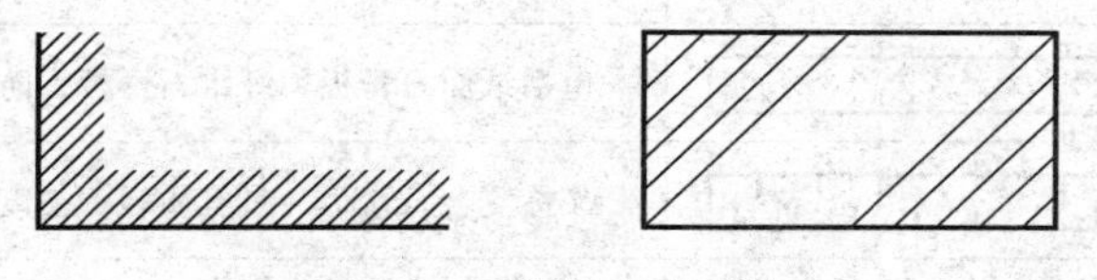

图 1-64　局部表示图例

4）当选用的建筑装修材料不在标准的图例中，可自编图例，自编图例不得与标准的图例重复，绘制时应在适当位置画出该材料图例，并加以说明。

5）常用建筑装饰装修材料图例的绘制应符合表 1-13 的规定。

常用建筑装饰装修材料图例表　　**表 1-13**

序号	名　称	图　例	说　明
1	混凝土	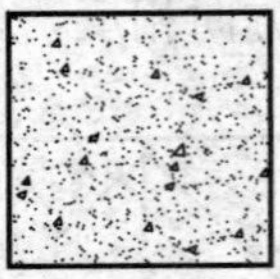	1. 本图例指能承重的混凝土及钢筋混凝土，包括各种强度等级、骨料、添加剂的混凝土。 2. 在剖面图上画出钢筋时，不画图例线 3. 断面图形小，不易画出图例线时，可涂黑
2	钢筋混凝土	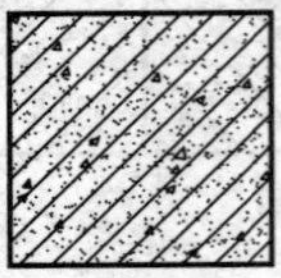	
3	加气混凝土	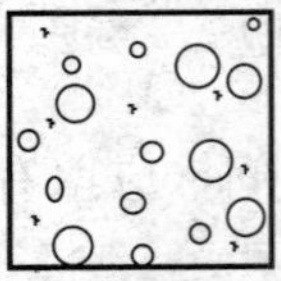	包括非承重砌块、承重砌块、保温块、墙板与屋面板等
4	水泥砂浆	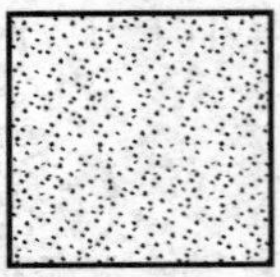	1. 本图例指素水泥浆及含添加物的水泥砂浆，包括各种强度等级、添加物及不同用途的水泥砂浆 2. 水泥砂浆配比及特殊用途应另行说明
5	石材	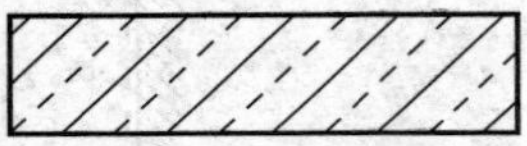	包括各类石材
6	普通砖	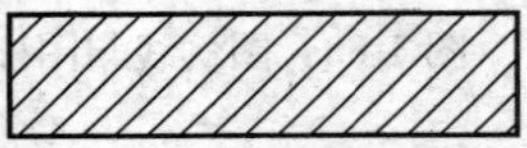	包括实心砖、多孔砖、砌筑用砖
7	饰面砖	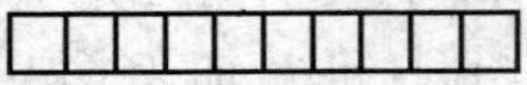	包括墙砖、地砖、马赛克（锦砖）、人造石等
8	木材	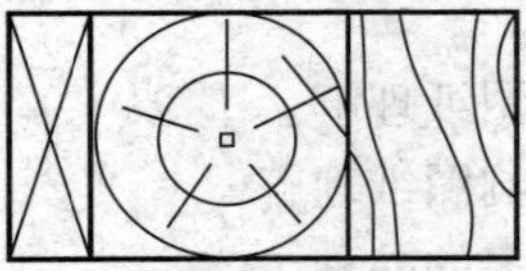	粗线分割区域左边为木砖、垫木或木龙骨，中间和右边为横断面
9	胶合板	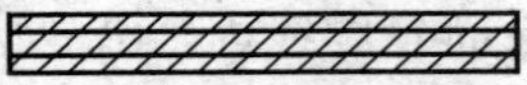	人工合成的多层木制板材
10	细木工板		上下为夹板，中间为小块木条组成的人工合成的木制板材
11	石膏板		包括纸面石膏板、纤维石膏板、防水石膏板等
12	硅钙板	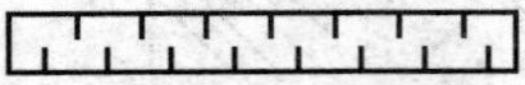	又称复合石膏板、具有质轻、强度高等特点
13	矿棉板		由矿物纤维为原料制成的轻质板材
14	玻璃		1. 包括各类玻璃制品 2. 安全类玻璃应另行说明
15	地毯		1. 包括各种不同组成成分及做法的地毯 2. 图案、规格及含特殊功能的应另行说明

续表

序号	名 称	图 例	说 明
16	金属		1. 包括各种金属 2. 图形较小，不易画出图例线时，可涂黑
17	金属网		包括各种不同造型、材料的金属网
18	纤维材料		包括岩棉、矿棉、麻丝、玻璃棉、木丝板、纤维板等
19	防水材料		构造层次多或比例大时，采用上面图例

注：图例中的斜线一律为 45°。

（3）常用装饰装修工程设备端口与灯具图例

1）常用建筑装饰装修工程设备端口及灯具图例画法，使用图例时，应符合下列规定：

① 所列图例特指建筑装饰装修界面上的暖通空调、给水排水及电气等专业的图例，界面以外的专业图例应执行各自专业的现行制图标准。

② 采用表 1-14 图例时，应另行标注该图例所指设备的型号、规格等产品信息，否则应按比例在图纸上准确表达清楚。

③ 凡表 1-14 未包含的暖通空调、给水排水及电气等专业图例，应按照各自专业的现行制图标准。

④ 同一项目中，工程设备端口及灯具排布应和各自专业的图纸一致。

⑤ 图例使用时，各专业工程设备端口及灯具图例线和图样线宜层次分明，不应影响专业设备的理解。

⑥ 各专业工程设备端口及灯具宜分项表示，在图纸集中汇总时应有一张表示各专业工程设备端口及灯具的综合图。

⑦ 各专业工程设备端口及灯具定位时，宜以设备、灯具的中心点为准，定位尺寸线应避免和图样线尺寸线冲突，必要时应另行单独表示。

2）当选用表 1-14 图例中未包含的建筑装饰装修设备端口及灯具图例时可自编图例，自编图例不得与表 1-14 所列的图例重复。绘制时，应在适当位置画出该设备端口及灯具图例，并加以说明。

3）常用建筑装饰装修工程设备端口图例的绘制应符合表 1-14 的规定。

常用建筑装饰装修工程设备端口图例　　表 1-14

序号	名 称	图 例	说 明
1	空调方形散流器	（1） （2）	1. （1）——送风状态 2. （2）——回风状态

续表

序号	名　称	图　例	说　明
2	空调圆形散流器	(1) (2)	1.（1）——送风状态 2.（2）——回风状态
3	空调条形散流器	(1) (2)	
4	空调散流器断面	(1) (2)	
5	排气扇		包括各类排气设备
6	消防喷淋头	(1) (2)	1.（1）——垂直喷射（应注明方向） 2.（2）——侧面喷射
7	探测器	(1) (2)	1.（1）——感烟探测器 2.（2）——感温探测器

续表

序号	名　称	图　例	说　明
8	扬声器		包括各类音响设备
9	单控开关	（1） （2） （3） （4）	1. （1）——单联单控开关 2. （2）——双联单控开关 3. （3）——三联单控开关 4. （4）——四联单控开关 5. 左图为立面图例，右图为平面图例
10	双控开关	（1） （2） （3）	1. （1）——单联双控开关 2. （2）——双联双控开关 3. （3）——三联双控开关 4. 左图为立面图例，右图为平面图例
11	延时开关	t	1. 包括各种不同感应方式 2. 左图为立面图例，右图为平面图例
12	调光开关		1. 指控制光源的亮度 2. 左图为立面图例，右图为平面图例
13	插卡取电开关		1. 通过插入专用钥匙卡接通电源的方式 2. 左图为立面图例，右图为平面图例

续表

序号	名称	图例	说明
14	插座	（1） （2） （3） （4）	1. （1）——三极插座 2. （2）——二、三极复合插座 3. （3）——防溅型插座 4. （4）——地面防水型插座 5. 左图为立面图例，右图为平面图例
15	弱电终端	TV（1） PC（2） TP（3）	1. （1）——电视弱电终端 2. （2）——电脑弱电终端 3. （3）——电话弱电终端 4. 左图为立面图例，右图为平面图例

注：1. 序号 9～15 图例中的设备应注明安装高度；
2. 图例中的斜线一律为 45°。

（4）常用装饰装修工程灯具图例

常用装饰装修工程灯具图例的绘制应符合表 1-15 的规定。

常用装饰装修工程灯具图例　　表 1-15

序号	名称	图例	说明
1	筒灯	（1） （2） （3）	1. （1）——表示普通型嵌入式安装 2. （2）——表示普通型明装式安装 3. （3）——表示防雾，防水型嵌入式安装

续表

序号	名 称	图 例	说 明
2	方形筒灯	（1）	
		（2）	
		（3）	
3	射灯	（1）	
		（2）	
		（3）	
4	调向射灯	（1）	1.（1）——表示普通型嵌入式安装 2.（2）——表示普通型明装式安装 3.（3）—— 表示防雾，防水型嵌入式安装 4. 应明确照射方向
		（2）	
		（3）	

续表

序号	名　称	图　例	说　明
5	单头格栅射灯	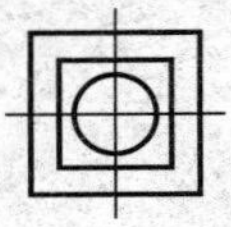 (1)  (2)	1. (1) ——表示普通型嵌入式安装 2. (2) ——表示普通型明装式安装
6	双头格栅灯	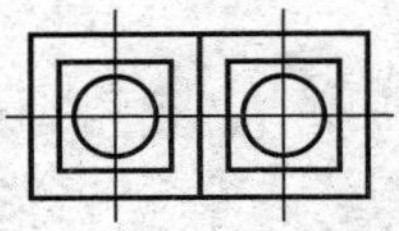 (1) 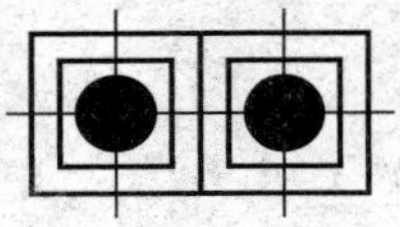 (2)	1. (1) ——表示普通型嵌入式安装 2. (2) ——表示普通型明装式安装
7	导轨射灯		应明确灯具数量
8	方形日光灯盘	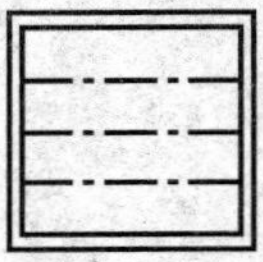	图中点画线为灯具数量及光源排列方向
9	条形日光灯盘	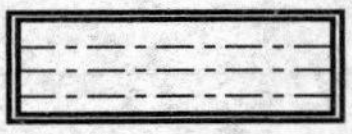	
10	日光灯支架		
11	暗藏发光灯带		1. 上图为平面表示 2. 下图为剖面表示
12	吸顶灯	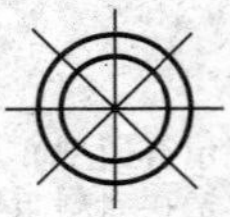	安装在顶面的普通灯具
13	造型吊灯		安装在顶面，以造型为主的灯具
14	壁灯	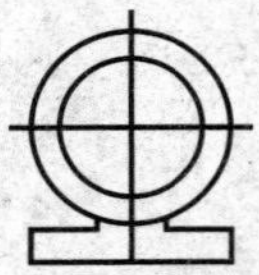	安装在垂直面上的灯具

续表

序号	名称	图例	说明
15	落地灯		地面可移动的灯具
16	地灯	(1) (2)	1. (1) ——表示普通型嵌入式安装 2. (2) ——表示普通型明装式安装

注：1. 光源类型及型号应另行说明。
2. 图例中的斜线一律为45°。

1.1.2 装饰施工图的组成与表达

装饰施工图一般是由图纸目录、设计说明、平面布置图、楼地面装修平面图、顶棚平面图、墙柱装修立面图、装修细部结构节点详图组成的。

1. 图纸目录

图纸目录是整个装饰装修工程设计的明细表，从中可以了解工程的图纸数量、出图大小、工程号、设计单位及整个工程的主要功能等。

2. 设计说明

在施工图纸上无法用线型或者符号表示一些内容（如技术标准、质量要求等）具体要求时，就要用文字形式加以说明，如装修施工工艺说明。设计说明是施工图的纲领，主要有以下内容：

（1）工程概况：工程名称、施工地点、建设单位。

（2）技术指标：如建筑面积、设计使用年限、建筑层数、建筑高度、耐火等级等。

（3）专项设计：如消防、人防、无障碍、节能等。

（4）基本做法：如外墙涂料种类，门窗材质，地面及楼面做法等。

（5）注意事项：如玻璃幕墙，电梯等。

（6）节能保温：外墙及屋顶的保温做法及材料。

3. 平面布置图

平面布置图通常是设计过程中首先接触的内容，包括空间的划分、功能的分区是否合理，这关系到建筑使用效果和精神感受，如图1-65所示。平面布置图表达内容有：

（1）建筑主体结构。

（2）各功能空间的家具的形状和位置。

（3）厨房、卫生间的橱柜、操作台、洗手台、浴缸、大便器等形状和位置。

（4）家电的形状、位置。

（5）隔断、绿化、装饰构件、装饰小品等。

（6）标注建筑主体结构的开间、进深等尺寸、主要装修尺寸、剖面符号、详图索引符号、图例名称。

（7）装修要求等文字说明。

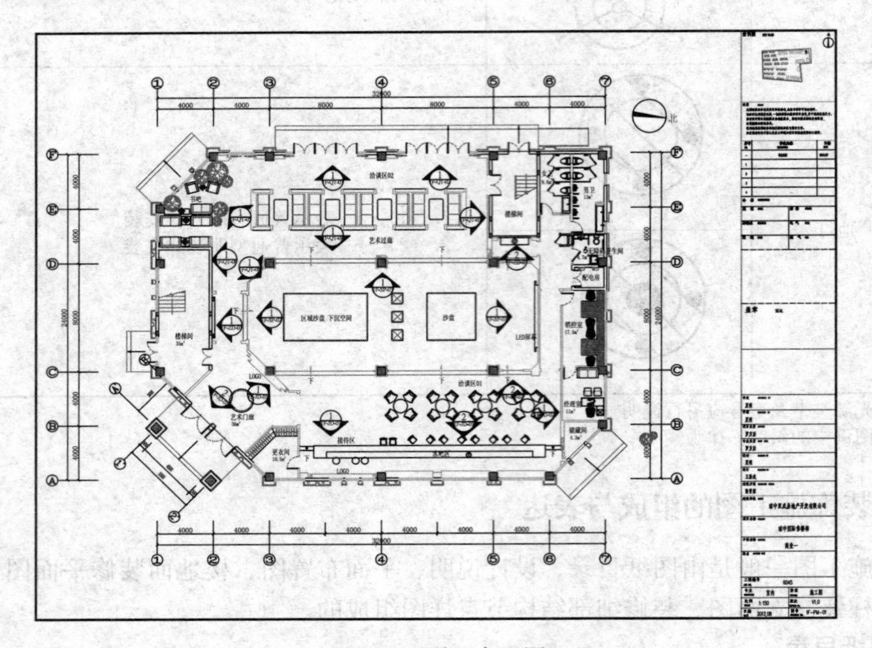

图 1-65 平面布置图

4. 楼地面装修图

楼地面装修图表达的是地面的造型、材料名称和工艺要求，表现各功能空间地面的铺装形式，注明所选用材料的名称、规格；有特殊要求的还要注明工艺做法和详图尺寸标注，如地面材料拼花造型尺寸、地面的标高等，地面装修图是施工的依据，同时也是地面材料采购的参考图样，如图 1-66 所示。

5. 顶棚平面图

顶棚的结构有悬吊式、直接式，为满足装饰、照明、音响、空调和防火等功能而设计，如图 1-67 所示。顶棚平面布置图表达的主要内容有：

（1）建筑主体结构的主要轴线、轴号，主要尺寸。

（2）顶棚造型及各类设施的定型定位尺寸、标高。

（3）顶棚上的各类设施、各部位的饰面材料、规格、名称、工艺说明。

（4）节点详图索引或剖面、断面等符号。

（5）用虚线表示门窗位置，建筑主体结构一般可以不表示。

（6）顶棚造型、灯饰、空调风口、排气扇、消防设施的轮廓线，条块饰面材料的排列方向线。

6. 墙柱面装修图

墙柱面装修图主要表示建筑主体结构中铅垂立面的装修方法，如图 1-68 所示。墙柱面装修图的主要内容有：

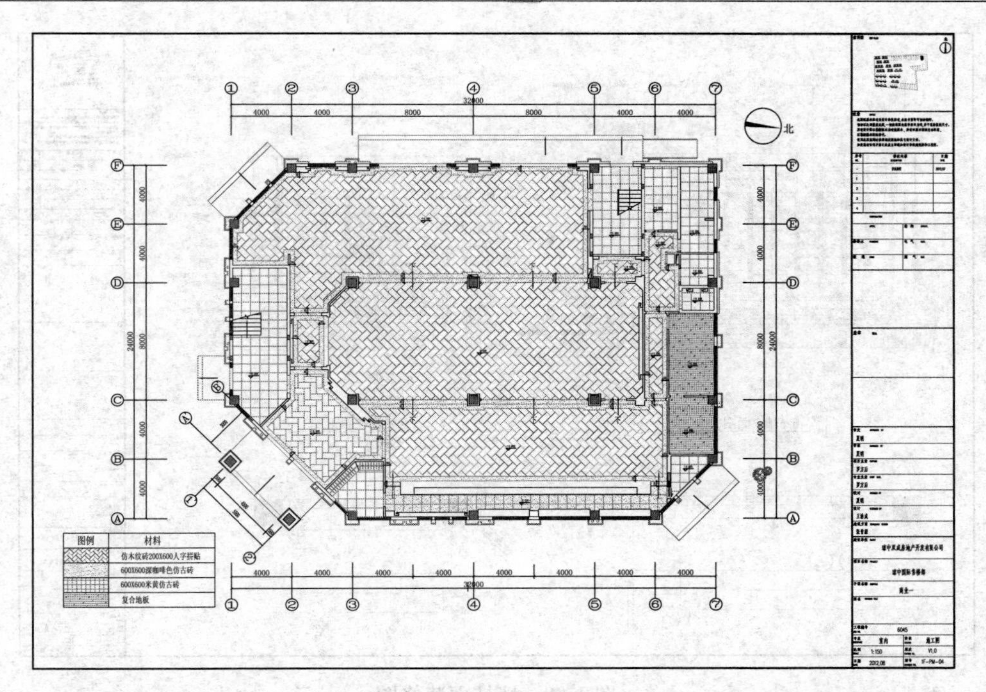

图 1-66 地面铺装示意图

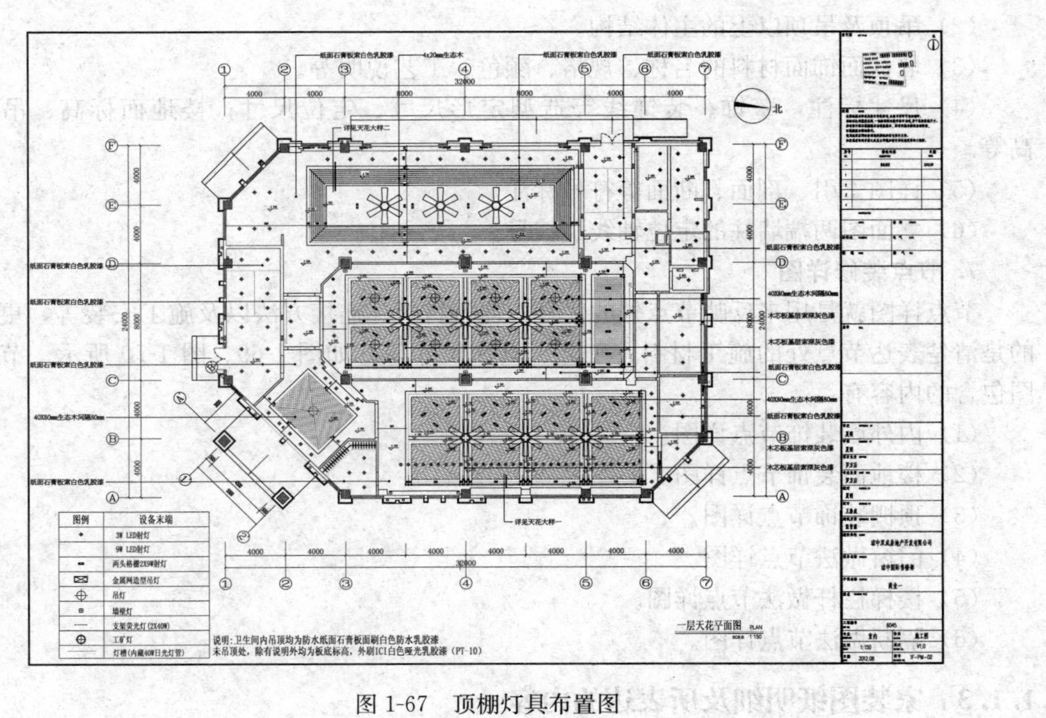

图 1-67 顶棚灯具布置图

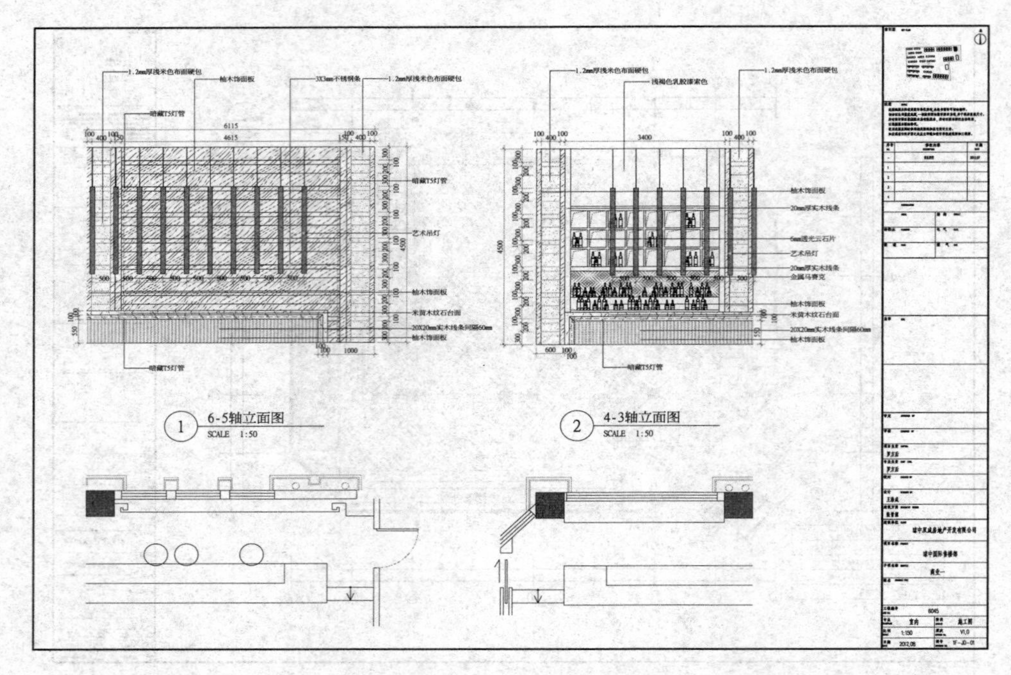

图 1-68　墙柱面装修图

（1）墙柱面造型的轮廓线、壁灯、装饰件等。

（2）吊顶及吊顶以上的主体结构。

（3）墙柱面饰面材料的名称、规格、颜色、工艺说明等。

（4）尺寸标注：壁饰、装饰线等造型定形尺寸、定位尺寸；楼地面标高、吊顶标高等。

（5）详图索引、剖面、断面等符号标注。

（6）立面图两端墙柱的定位轴线、编号。

7. 节点装修详图

节点详图就是用来反映节点处的代号，连接材料、连接方法以及施工安装等，更重要的是清楚表达节点处的施工材料、工艺、具体尺寸等，如图 1-69、图 1-70 所示。节点详图包含的内容有：

（1）内外墙装饰节点详图。

（2）楼地面装饰节点详图。

（3）顶棚装饰节点详图。

（4）门窗做法节点详图。

（5）楼梯栏杆做法节点详图。

（6）隔断做法节点详图。

1.1.3　家装图纸明细及所表达的内容

家装行业占据装饰市场很大的份额，每套家装图纸都是根据客户的要求设计的，图纸及其说明都很详尽，图纸要表达的内容见表 1-16。

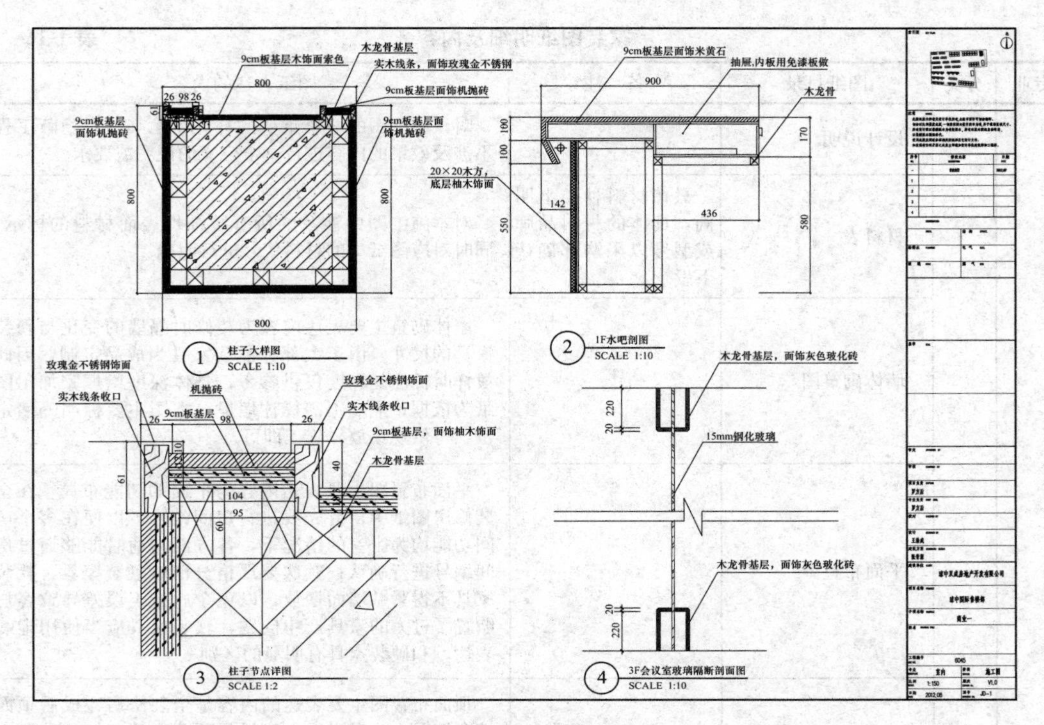

图 1-69　节点大样图

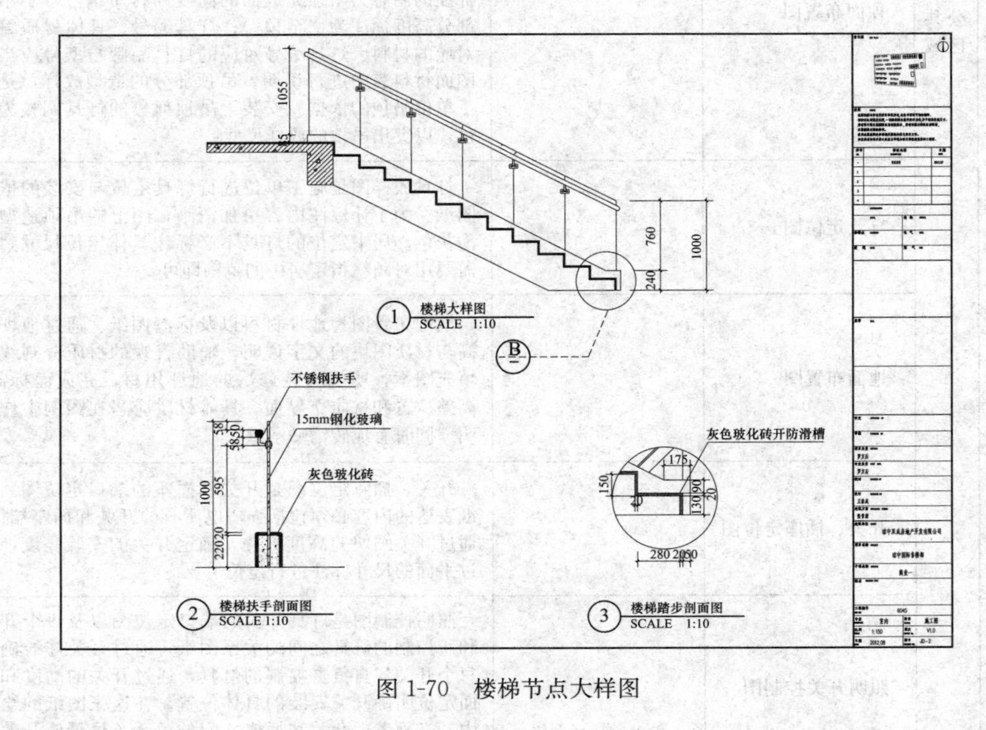

图 1-70　楼梯节点大样图

家装图纸明细及内容　　表1-16

专业	分类	图纸目录	备注	图纸表达的内容
精装修	公共区域	设计说明		对该施工图的一个重要的补充，尤其是对隐蔽工程不涉及效果的内容进行一个广义的说明或要求
		材料表	只在材料种类上明确，具体的材料品牌或型号以采购部确认下发	对本施工图中涉及的所有装饰性表面材料的标示，同时对应图纸中的材料代号进行明确
		墙体砌筑图		墙体砌筑主要表达内容为装修时隔墙的变化与硬装家具的尺寸。由于大部分硬装家具为成品定制，因此放样时标注的深度仅供参考，具体深度以厂家加工图纸为依据；隔墙不需标注墙厚，本图主要标明隔墙定位，可供现场放样施工即可
		平面布置图		平面布置图主要表达内容为平面的功能布局。在全装修房图纸中，首先要进行房间编号，以便在多个房间功能均为卧室的情况下，各方面沟通时能够通过房间编号进行确认；其次要严格分清软硬装家具，软装家具不得紧贴墙面摆放，以免今后施工误差导致客户购置了过大的家具产生问题，软装家具应当使用虚线表达，和硬装家具有明显的区别
		顶面布置图		顶面布置图主要表达的内容是全装修房完成后顶面综合情况，公寓房里一般就是顶面造型和灯具布置之间的配合关系，如果装修标准里有中央空调等其他与吊顶完成面有关的内容，也应当在本图中表达。必须标注的内容为吊顶完成面的高度和材质编号（不吊顶部分高度标注为“至顶”）；灯具编号。具体材质编号对应的材料、灯具编号对应的灯具品牌与型号应当在图面材料表中进行说明。吊顶部分的造型放样，是施工单位吊顶的依据。安装于吊顶部分的灯具调整为灰色，以突出吊顶的放样尺寸
		灯具定位图		灯具放样图是施工单位进行灯具定位与安装的依据图纸。为了让标注内容更加清晰，图上的吊顶造型线为灰色。居中定位的灯具不必标注具体定位尺寸，只需要用对角线指定居中的范围即可
		地面布置图		地坪布置图为地坪材料以及标高图纸。通过地坪标高与材质图块的文字说明，辅助直观的材质分割线和填充图案，明确全装修房的地坪用材，完成面标高，高差位置和材质交界面。具体材质应当在图例中作说明。同时有地砖铺贴示意
		开关、插座定位图		开关、插座定位图是开关和插座的端口定位图。图纸表达的内容必须包括强弱电所有的开关和插座端口，通过开关图块的高度标注，确定开关的安装高度，通过平面的尺寸标注进行定位
		照明开关控制图		照明控制图是灯具开关的端口定位图以及每个开关和所控制的灯具之间的关系图纸。通过开关连线确定每个开关各自负责控制的灯具，通过开关的高度和平面定位明确开关安装的具体位置。在这张图纸的绘制中，必须考虑开关和插座之间的关系，尽量使开关定位和下方附近的插座位于同一条垂直线

续表

专业	分类	图纸目录	备 注	图纸表达的内容
精装修	公共区域	立面索引图		立面索引主要表达内容为每个空间的立面指引。一般而言，厨房与卫生间需要贴面砖的部分，在全装修施工图里必须出立面图（包括干湿分离的盥洗室），其他的厅房可以不用再专门绘制立面，只需要通过本图的完成面标号确定各个完成面的材料即可
		立面图		确定四个空间的立面，明确各装饰面的具体形式、材料和层次之间的关系
		大样图		对所有造型以及效果控制节点均有明确的详细做法
	户内	户型设计说明		对该施工图的一个重要的补充，尤其是对隐蔽工程能不涉及效果的内容进行一个广义的说明或要求
		材料表	只在材料种类上明确，具体的材料品牌或型号以采购部确认下发	对本施工图中涉及的所有装饰性表面材料的标示，同时对应图纸中的材料代号进行明确
		户型墙体砌筑图		墙体砌筑主要表达内容为装修时隔墙的变化与硬装家具的尺寸。由于大部分硬装家具为成品定制，因此放样时标注的深度仅供参考，具体深度以厂家加工图纸为依据；隔墙不需标注墙厚，本图主要标明隔墙定位，可供现场放样施工即可
		户型平面布置图		平面布置图主要表达内容为平面的功能布局。在全装修房图纸中，首先要进行房间编号，以便在多个房间功能均为卧室的情况下，各方面沟通时能够通过房间编号进行确认；其次要严格分清软硬装家具，软装家具不得紧贴墙面摆放，以免今后施工误差导致客户购置了过大的家具产生问题，软装家具应当使用虚线表达，和硬装家具有明显的区别
		户型顶面布置图		顶面布置图主要表达的内容是全装修房完成后顶面综合情况，公寓房里一般就是顶面造型和灯具布置之间的配合关系，如果装修标准里有中央空调等其他与吊顶完成面有关的内容，也应当在本图中表达。必须标注的内容为吊顶完成面的高度和材质编号（不吊顶部分高度标注为“至顶”）；灯具编号。具体材质编号对应的材料、灯具编号对应的灯具品牌与型号应当在图面材料表中进行说明。吊顶部分的造型放样，是施工单位吊顶的依据。安装于吊顶部分的灯具调整为灰色，以突出吊顶的放样尺寸
		户型灯具定位图		灯具放样图是施工单位进行灯具定位与安装的依据图纸。为了让标注内容更加清晰，图上的吊顶造型线为灰色。居中定位的灯具不必标注具体定位尺寸，只需要用对角线指定居中的范围即可
		户型地面布置图		地坪布置图为地坪材料以及标高图纸。通过地坪标高与材质图块的文字说明，辅助直观的材质分割线和填充图案，明确全装修房的地坪用材，完成面标高，高差位置和材质交界面。具体材质应当在图例中做说明。同时有地砖铺贴示意
		户型开关定位图		开关定位图是开关的端口定位图。图纸表达的内容必须包括强弱电所有的开关端口，通过开关图块的高度标注确定开关的安装高度，通过平面的尺寸标注进行定位

续表

专业	分类	图纸目录	备注	图纸表达的内容
精装修	户内	户型插座定位图		插座定位图是插座的端口定位图。图纸表达的内容必须包括强弱电所有的插座端口，通过插座图块的高度标注确定插座的安装高度，通过平面的尺寸标注进行定位。全装修房的橱柜部分为厂家定制，因此厨房的插座在本图中仅供参考，具体定位应当依据橱柜公司的施工图纸进行施作
		户型给水点定位图		给水点定位图是各出水点的端口定位图。通过水点的高度标注确定水点的安装高度，通过平面的尺寸标注进行定位。全装修房的橱柜部分为厂家定制，因此厨房的水点在本图中仅供参考，具体定位应当依据橱柜公司的施工图纸进行施作
		户型照明开关控制图		照明控制图是灯具开关的端口定位图以及每个开关和所控制的灯具之间的关系图纸。通过开关连线确定每个开关各自负责控制的灯具，通过开关的高度和平面定位明确开关安装的具体位置。在这张图纸的绘制中，必须考虑开关和插座之间的关系，尽量使开关定位和下方附近的插座位于同一条垂直线
		户型立面索引图		立面索引主要表达内容为每个空间的立面指引。一般而言，厨房与卫生间需要贴面砖的部分，在全装修施工图里必须出立面图（包括干湿分离的盥洗室），其他的厅房可以不用再专门绘制立面，只需要通过本图的完成面标号确定各个完成面的材料即可
		户型门厅平顶面大样图		在大比例的图面上，进行定位，同时整合所有装饰内容以及相互关系
		户型门厅立面图		确定空间的立面，明确各装饰面的具体形式、材料和层次之间的关系
		户型门厅收纳示意图	提供示意图，最终由专业厂家深化，设计确认	对收纳的主要材质、形式，内部分隔进行示意
		户型客厅立面图		确定空间的四个立面，明确各装饰面的具体形式、材料和层次之间的关系
		户型主卧立面图		确定空间的四个立面，明确各装饰面的具体形式、材料和层次之间的关系
		其他空间户型立面图	根据装饰内容来确定是否需要绘制	确定其他空间的立面，明确各装饰面的具体形式、材料和层次之间的关系
		各空间的收纳示意图	提供示意图，最终有专业厂家深化，设计确认	对收纳的主要材质、形式，内部分隔进行示意
		户型厨房平顶面大样图		在大比例的图面上，进行定位，同时整合所有装饰内容以及相互关系
		厨房立面图及瓷砖铺贴示意图	提供铺贴示意图，最终由施工单位现场放样，提供排版图，设计确认	确定空间的四个立面，明确各装饰面的具体形式、材料和层次之间的关系，以及墙砖的铺贴示意
		厨房橱柜示意图	提供示意图，最终有专业厂家深化，设计确认	对收纳的主要材质、形式，内部分隔进行示意

续表

专业	分类	图纸目录	备　注	图纸表达的内容
精装修	户内	户型卫生间平顶面大样图		在大比例的图面上，进行定位，同时整合所有装饰内容以及相互关系
		卫生间立面图及瓷砖铺贴示意图	提供铺贴示意图，最终由施工单位现场放样，提供排版图，设计确认	确定空间的四个立面，明确各装饰面的具体形式、材料和层次之间的关系，以及墙砖的铺贴示意
		卫生间收纳示意图	提供示意图，最终由专业厂家深化，设计确认	对收纳的主要材质、形式，内部分隔进行示意
		各空间节点大样图	采用通用节点图，同时补充非常规的节点图	对所有造型以及效果控制节点均有明确的详细做法
	竣工图	含以上图纸		
		石材、面砖放样图		
		橱柜施工图		
		收纳施工图（含门厅柜、衣柜、台盆柜）		
		木门施工图		
		材料清单		

1.2　装饰工程施工图识读案例

如何识读施工图，了解装饰装修工程的每项内容，我们就以3.4.1节的图纸为例详细地叙述。

1. 平面布置图识读

从平面图可以看到：

（1）图纸编号为13号。

（2）从平面布置看，有会议桌子、椅子，使用功能是开会和学习的办公场所。

（3）门窗：三樘窗户、一樘双开门、一樘单开门。

（4）轴线尺寸：10.5m×8.1m，装饰面积在$80m^2$左右。

（5）有立面索引符号。

2. 顶棚图识读

从顶棚图可以看到：

（1）图纸编号为14号。

（2）吊顶材料为纸面石膏板、铝塑板。

（3）四周有不同宽边的纸面石膏板，吊顶标为2.8m，中间铝塑板6660mm×5400mm的吊顶，标高为2.9m，在铝塑板的吊顶中有三条灯带，标高为2.92m。

（4）有窗帘盒及暗装的投影屏幕。

（5）纸面石膏板吊顶上布置了14盏孔灯，铝塑板吊顶均匀布置了12盏孔灯、沿周边灯带和三条独立灯带。

（6）附有吊顶平面图1-1。

3. 地面铺装图

从地面铺装图可以看到：

（1）图纸编号为15号。

（2）800mm×800mm玻化砖，增设波打线及踢脚线。

4. 立面图（立面索引符号指示的B、C面）

从立面图可以看到：

（1）图纸编号为16号。

（2）B立面：踢脚线80mm高，中间是5400mm×2800mm木基层墙布硬包，50mm的木基层、砂钢镶边收口，两边为木基层木饰面。C立面：踢脚线80mm高，中间是4900mm×2800mm灰木纹石，50mm的木基层、砂钢镶边收口，两边为木基层木饰面。

（3）有平面图1-1、2-2。

5. 立面图（立面索引符号指示的A、D面）

从立面图可以看到：

（1）图纸编号为17号。

（2）A立面：三樘窗户，木质窗套，窗帘盒。80mm高的踢脚线、墙体贴普通墙纸。B立面：80mm高的踢脚线、墙体贴普通墙纸。

6. 吊顶1-1剖面图

从吊顶1-1剖面图可以看到：

（1）图纸编号为18号。

（2）10＃膨胀头、8＃吊筋、主吊钩、横穿、38龙骨、50U型龙骨组合的吊顶龙骨。

（3）纸面石膏板吊顶与铝塑板处有灯槽。

（4）1500mm宽木基层铝塑板吊顶4条。

（5）木基层铝塑板吊顶与木基层铝塑板吊顶之间有三条220mm×220mm的灯槽。

7. 墙面1-1、2-2剖面图

从墙面1-1、2-2剖面图可以看到：

（1）图纸编号为19号。

（2）墙面有1-1、2-2剖面图，木基层木饰面、木基层砂钢线条、高密板基层墙布饰面硬包。

8. 标准节点大样图

从标准节点大样图可以看到：

（1）图纸编号为19号。

（2）木基层灯槽。

（3）木基层窗帘盒，离墙150mm、高200mm。

（4）80mm高、9cm板基层、红樱桃饰面板踢脚线。

9. 其他说明

（1）木基层刷防火漆。

（2）暗装的投影屏幕的尺寸。

（3）木饰面的颜色。

（4）铝塑板吊顶的分缝的颜色。

第2章　装饰装修工程定额与预算

2.1　编制装饰装修工程预算

本章介绍的是定额计价模式下编制装饰装修工程预算的方法。

2.1.1　装饰装修工程预算概述

2.1.1.1　装饰装修工程

装饰装修工程，是指正常的施工条件下，在工程技术与建筑艺术综合创作的基础上，对建筑物或构筑物的局部或全部进行装饰、装修、装潢的一种再创作的艺术活动。

按部位，一般分为内部装饰和外部装饰，见表2-1。

装饰分类　　表2-1

内部装饰	楼地面
	墙柱面、墙裙、踢脚线
	顶棚
	室内门窗（包括门窗套、贴脸、窗帘盒、窗帘及窗台等）
	楼梯及栏杆（板）
	室内装饰设施（包括给水排水与卫生设备、电气与照明设备、暖通设备、用具、家具以及其他装饰设施）
外部装饰	外墙面、柱面、外墙裙（勒脚）、腰线
	屋面、檐口、檐廊
	阳台、雨篷、遮阳篷、遮阳板
	外墙门窗，包括防盗门、防火门、外墙门窗套、花窗、老虎窗等
	台阶、散水、落水管、花池（或花台）
	其他室外装饰，如楼牌、招牌、装饰条、雕塑等外露部分的装饰

2.1.1.2　装饰装修工程项目划分

装饰装修工程是工程建设项目的一项内容，建设项目是指在一个场地或几个场地上按一个总体设计进行施工的各类房屋建筑、土木工程、设备安装、管道、线路敷设、装饰装修等固定资产投资的新建、改建、扩建等各个单项工程的总和。每一个建设项目其建设单位在行政上具有独立的组织形式和法人资格，都有独立的总体设计、可独立进行经济核算、可独立组织施工。例如，在建的某个工厂、学校等，包含四个层次：单项工程、单位工程、分部工程和分项工程，如图2-1所示。

1. 单项工程

工程建设项目首先分解为单项工程，单项工程是建设项目的组成部分。单项工程是指在一个建设项目中，具有独立的设计文件，竣工后可以独立发挥生产能力或使用效益的项目。例如，生产车间、学生宿舍、办公楼、商住大厦等。

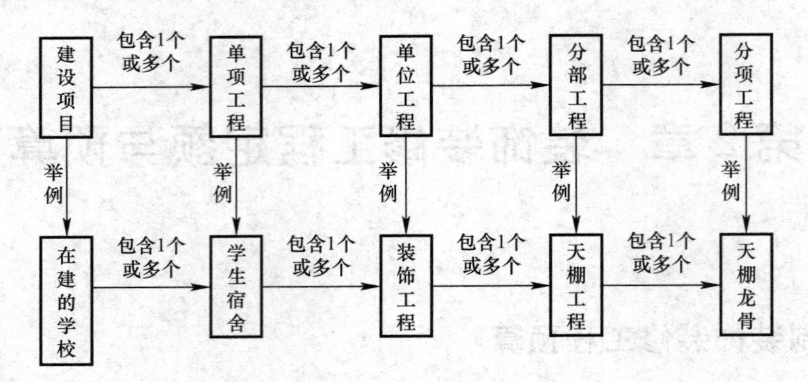

图 2-1　建设项目分解示意图

2. 单位工程

单项工程继续分解为单位工程，单位工程是单项工程的组成部分。单位工程是指具有独立设计文件，可以独立组织施工，但完工后一般不能独立发挥生产能力或使用效益的工程。例如，办公楼的土建工程、建筑装饰装修工程、给水排水工程、电气照明工程等。单位工程可编制独立的施工图预算。

3. 分部工程

单位工程继续分解为分部工程，分部工程是单位工程的组成部分。一般是按单位工程的各个部位、结构形式、使用材料的不同进行划分。例如，一般装饰工程可划分为楼地面工程、墙柱面工程、幕墙工程、天棚工程、门窗工程、油漆涂料工程、柜类等其他工程。

4. 分项工程

分部工程继续分解为分项工程，分项工程是分部工程的组成部分。分项工程是指分部工程中，按照施工方法、使用的材料、结构构件的不同等因素划分的，用较简单的施工过程就能完成，以适当的计量单位就能计算工程消耗的最基本构成项目。一般而言，它没有独立存在的意义，它只是建筑安装工程的一种基本构成要素，是为了确定建筑安装工程造价而设定的一种产品。

例如，建筑装饰装修工程中的楼地面分部可分为块料面层饰面和栏杆、栏板、扶手两大类，其中块料面层又可分为大理石、花岗石、彩釉砖、缸砖、广场砖、木地板、PVC普通地板、地毯、木踢脚线等。

2.1.1.3　装饰装修工程预算

建筑装饰装修工程预算是指根据招标文件（含建筑装饰装修工程设计图纸），地区的装饰装修工程定额，有关行业或主管部门的取费标准，当时当地的人、材、机市场单价，施工组织设计等各种资料，确定装饰装修工程所需费用的造价文件。用定额计价形成的文件是传统的施工图预算。施工图预算编制依据有以下几点：

（1）施工图纸、设计说明和标准图集。

（2）现行消耗量定额和地区单位估价表。

（3）施工组织设计或施工方案。

（4）人工、材料、机械台班预算价格及价格调整文件。

（5）建筑安装工程费用定额。

2.1.1.4 装饰装修工程预算编制的内容

施工图预算一般应由下列内容组成：

1. 装饰工程预算封面

工程预算书的封面形式，一般由各编制单位自行设计，要求以简单明了的形式来显示出整个预算的主要内容，如图 2-2 所示。虽然没有统一规定的格式，但封面上至少包括以下内容：

××装饰装修工程预算书

工程名称：	工程性质：	建筑面积：
建设地点：	工程造价：	单方造价：

建设单位：	施工单位：
负责人：	负责人：
审核单位：	编制单位：
审核人：	编制人：
年　月　日	年　月　日

图 2-2　建筑装饰工程预算书封面

（1）工程名称和建筑面积。

（2）工程造价和单位造价。

（3）建设单位和施工单位。

（4）编制单位、编制人和审核单位、审核人。

（5）编制年月日和审核年月日。

2. 预算编制说明

编制说明是预算文件的一个补充说明书，主要说明所编预算在预算表中无法表达而又需要相关单位或人员必须了解的内容，编制说明没有统一的要求，一般包括以下几个方面内容：

（1）编制依据：

① 本工程预算所依据的设计图纸全称和设计单位名称。

② 所使用的预算定额、地区单位估价表、费用定额的名称及发布时间。

③ 计算中所依据的其他文件名称和编号。

④ 所参考的材料信息价格及发布时间。

⑤ 人工单价、机械单价的采用依据等。

（2）本预算中包括的内容和未包括的内容。

（3）施工图变更：

① 施工图中已列入预算内的变更部位及名称。

② 因某种原因没有计算的项目和待处理的意见。

③ 涉及施工图会审和现场签证等方面需说明的内容。

（4）执行定额方面：

① 按定额要求，本预算已经考虑和未考虑的有关问题。

② 因定额缺项，本预算所作补充或借用定额情况的说明。

③ 甲乙双方协商或协议的有关问题。

3. 装饰装修单位工程费汇总表

装饰装修单位工程费汇总表是根据各省、市建设工程费用标准及地方性造价文件的有关规定，计算构成装饰装修工程造价的各项费用。

4. 材料价差调整表

主要调整编制预算时材料的实际价格或暂定价格与定额估价表中材料预算价格之间的差额。

5. 主要工料汇总表

经工料分析获得的单位工程所需的人工、材料、机械的数量的汇总表。

6. 变更通知单和现场签证单

施工图会审后，经设计单位、建设单位和施工单位均已认可，并已纳入到预算范围内的一切变更单据，需装订在预算书的后面，以便审核和结（决）算时查用。

7. 工程量计算表

工程量是工程报价的主要依据，在定额计价体系中，投标人需要根据图纸和定额计算规则计算出正确的工程量用于投标报价，工程量计算表虽然不作为投标文件提交，但在后期的结算、索赔、审计等工作中都会用到这些数据。

2.1.1.5　装饰装修工程预算的编制方法

装饰装修工程定额计价模式下编制预算的方法和步骤通常有工料单价法和实物法两种，下面分别加以介绍。

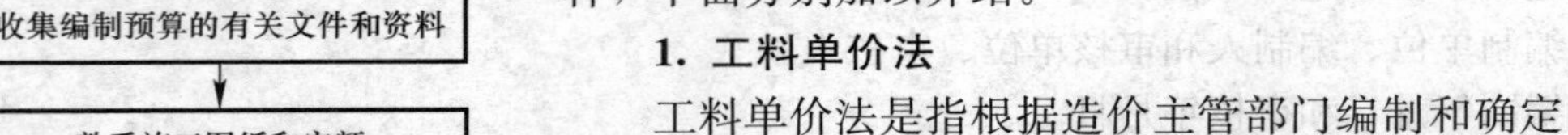

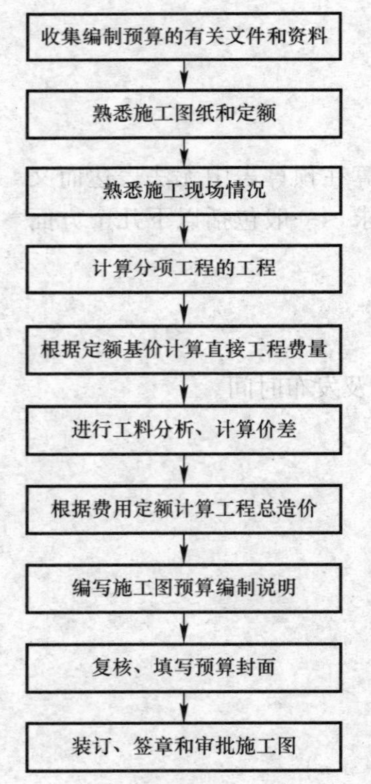

图 2-3　工料单价法编制施工图预算的步骤

1. 工料单价法

工料单价法是指根据造价主管部门编制和确定的分项工程的单价（亦称基价）与分部分项工程的工程量相乘得到分部分项工程的直接工程费，然后汇总形成单位工程的直接工程费，并以此作为基础，按照各省、市造价主管部门颁发的费用定额的相关规定计算出间接费、利润和税金，最终形成单位工程总造价的方法。工料单价法编制施工图预算的步骤如图 2-3 所示。

工料单价法是目前编制装饰装修工程预算的方法之一，其单价的形成体现了政府的指导行为。为适应市场需求，实现工程造价的动态管理，因此需要根据当时当地的市场价格进行价差调整。

2. 实物法

实物法是指根据消耗量定额中所规定的分部分项工程的人工、材料、机械台班的消耗量（亦称含量）与分部分项工程的工程量相乘后得到的分部分项工程的人工、材料、机械的实际耗用量，再乘以当时当地人工、材料、机械台班的实际价格，得到单位工程的人工费、材料费和机械使用费，最后汇总形成单位工程的直接工程费，并以此为基础，按照各省、市造价主管部门颁发的费用定额的相关规定计算出间接费、利润和税金，最终形成单位工程总造价的方法。实物法计费程序如图 2-4 所示。

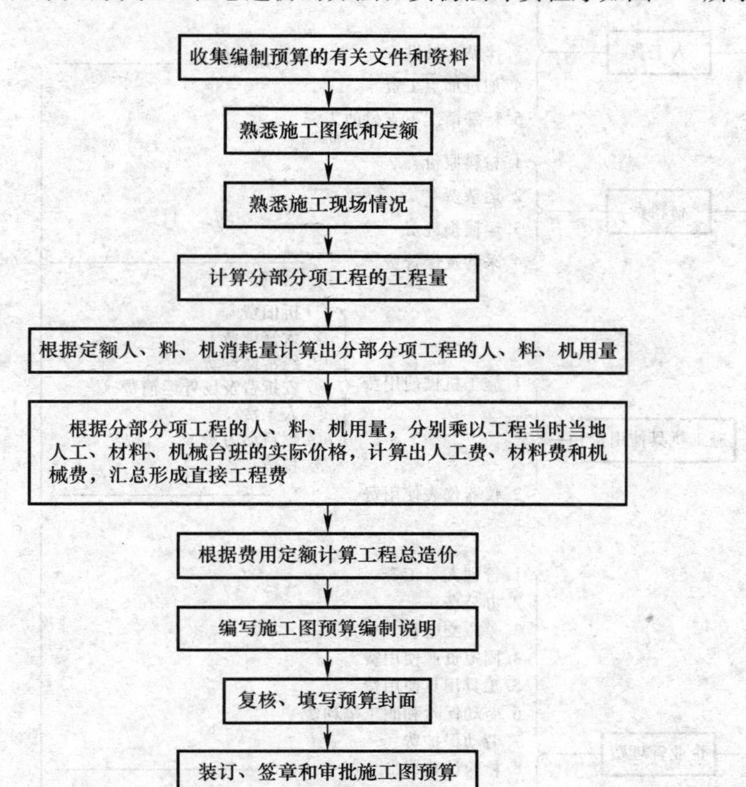

图 2-4　实物法编制施工图预算的步骤

在市场经济条件下，人工、材料和机械台班的单价是随市场变化而变化的，用实物法编制施工图预算，采用的是工程当时当地的人工、材料和机械台班单价，能够较好地反映工程实际价格水平，工程造价的准确性高，因此，实物法是与市场经济体制相适应的预算编制方法，与工程量清单计价的基本思路相吻合。

2.1.2　装饰装修工程费用项目组成

2.1.2.1　按费用构成要素划分

根据《建筑安装工程费用项目组成》（建标［2013］44 号）文件精神，建筑安装工程费按照费用构成要素划分，由人工费、材料（包含工程设备，下同）费、施工机具使用费、企业管理费、利润、规费和税金组成，其中人工费、材料费、施工机具使用费、企业管理费和利润包含在分部分项工程费、措施项目费、其他项目费中，如图 2-5 所示。

1. 人工费

人工费是指按工资总额构成规定，支付给从事建筑安装工程施工的生产工人和附属生产单位工人的各项费用。

内容包括：

（1）计时工资或计件工资：是指按计时工资标准和工作时间或对已做工作按计件单价支付给个人的劳动报酬。

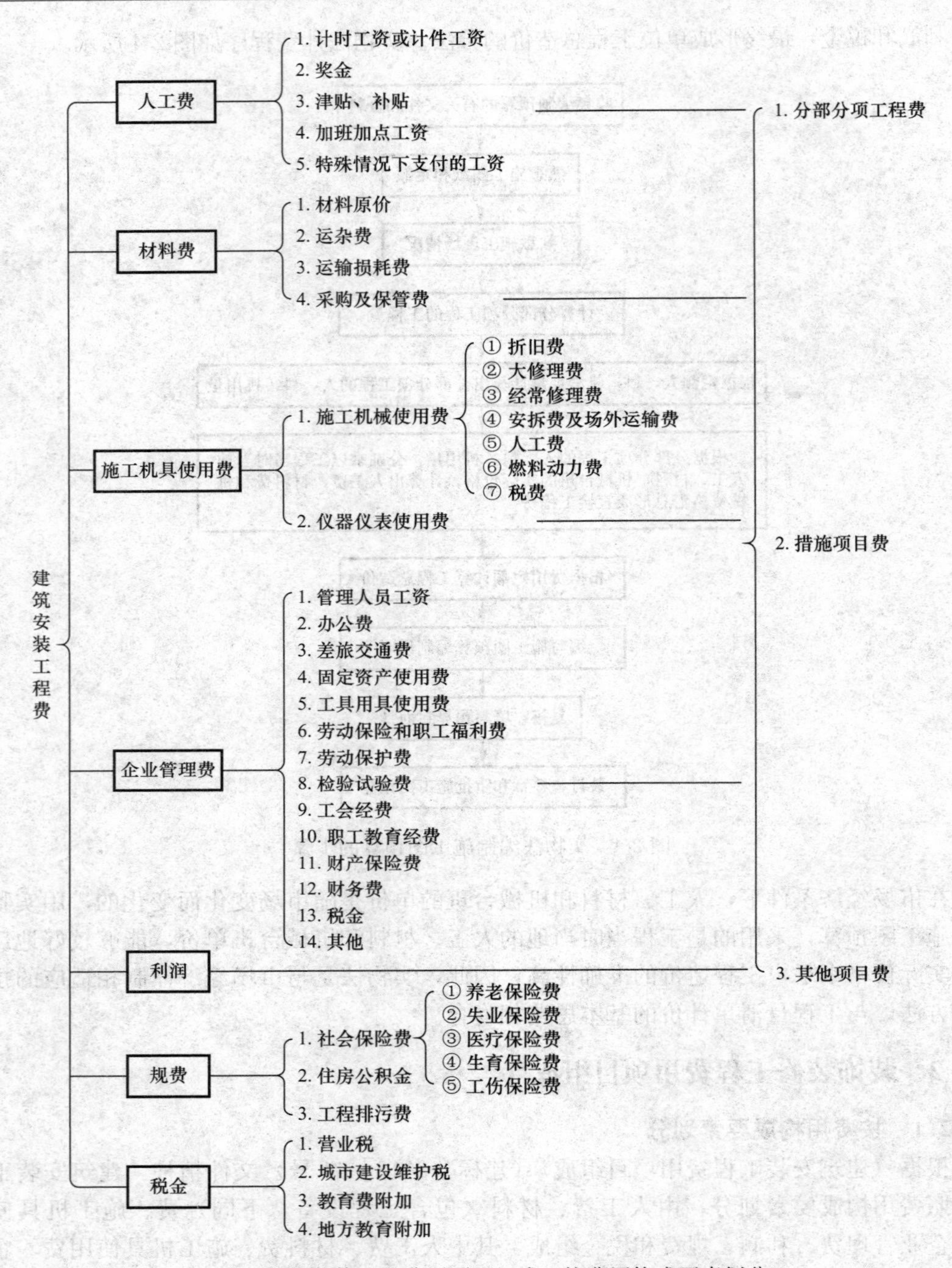

图 2-5　装饰装修工程费用项目组成（按费用构成要素划分）

（2）奖金：是指对超额劳动和增收节支支付给个人的劳动报酬。如节约奖、劳动竞赛奖等。

（3）津贴补贴：是指为了补偿职工特殊或额外的劳动消耗和因其他特殊原因支付给个人的津贴，以及为了保证职工工资水平不受物价影响支付给个人的物价补贴。如流动施工津贴、特殊地区施工津贴、高温（寒）作业临时津贴、高空津贴等。

（4）加班加点工资：是指按规定支付的在法定节假日工作的加班工资和在法定日工作

时间外延时工作的加点工资。

（5）特殊情况下支付的工资：是指根据国家法律、法规和政策规定，因病、工伤、产假、计划生育假、婚丧假、事假、探亲假、定期休假、停工学习、执行国家或社会义务等原因按计时工资标准或计时工资标准的一定比例支付的工资。

2. 材料费

材料费是指施工过程中耗费的原材料、辅助材料、构配件、零件、半成品或成品、工程设备的费用。内容包括：

（1）材料原价：是指材料、工程设备的出厂价格或商家供应价格。

（2）运杂费：是指材料、工程设备自来源地运至工地仓库或指定堆放地点所发生的全部费用。

（3）运输损耗费：是指材料在运输装卸过程中不可避免的损耗。

（4）采购及保管费：是指为组织采购、供应和保管材料、工程设备的过程中所需要的各项费用。包括采购费、仓储费、工地保管费、仓储损耗。工程设备是指构成或计划构成永久工程一部分的机电设备、金属结构、设备仪器装置及其他类似的设备和装置。

3. 施工机具使用费

（1）施工机械使用费：是指施工作业所发生的施工机械、仪器仪表使用费或其租赁费。施工机械使用费以施工机械台班耗用量乘以施工机械台班单价表示，施工机械台班单价应由下列七项费用组成：

1）折旧费：指施工机械在规定的使用年限内，陆续收回其原值的费用。

2）大修理费：指施工机械按规定的大修理间隔台班进行必要的大修理，以恢复其正常功能所需的费用。

3）经常修理费：指施工机械除大修理以外的各级保养和临时故障排除所需的费用。包括为保障机械正常运转所需替换设备与随机配备工具附具的摊销和维护费用，机械运转中日常保养所需润滑与擦拭的材料费用及机械停滞期间的维护和保养费用等。

4）安拆费及场外运费：安拆费指施工机械（大型机械除外）在现场进行安装与拆卸所需的人工、材料、机械和试运转费用以及机械辅助设施的折旧、搭设、拆除等费用；场外运费指施工机械整体或分体自停放地点运至施工现场或由一施工地点运至另一施工地点的运输、装卸、辅助材料及架线等费用。

5）人工费：指机上司机（司炉）和其他操作人员的人工费。

6）燃料动力费：指施工机械在运转作业中所消耗的各种燃料及水、电等。

7）税费：指施工机械按照国家规定应缴纳的车船使用税、保险费及年检费等。

（2）仪器仪表使用费：是指工程施工所需使用的仪器仪表的摊销及维修费用。

4. 企业管理费

企业管理费是指建筑安装企业组织施工生产和经营管理所需的费用。内容包括：

（1）管理人员工资：是指按规定支付给管理人员的计时工资、奖金、津贴补贴、加班加点工资及特殊情况下支付的工资等。

（2）办公费：是指企业管理办公用的文具、纸张、账表、印刷、邮电、书报、办公软件、现场监控、会议、水电、烧水和集体取暖降温（包括现场临时宿舍取暖降温）等费用。

(3) 差旅交通费：是指职工因公出差、调动工作的差旅费、住勤补助费，市内交通费和误餐补助费，职工探亲路费，劳动力招募费，职工退休、退职一次性路费，工伤人员就医路费，工地转移费以及管理部门使用的交通工具的油料、燃料等费用。

(4) 固定资产使用费：是指管理和试验部门及附属生产单位使用的属于固定资产的房屋、设备、仪器等的折旧、大修、维修或租赁费。

(5) 工具用具使用费：是指企业施工生产和管理使用的不属于固定资产的工具、器具、家具、交通工具和检验、试验、测绘、消防用具等的购置、维修和摊销费。

(6) 劳动保险和职工福利费：是指由企业支付的职工退职金、按规定支付给离休干部的经费，集体福利费、夏季防暑降温、冬季取暖补贴、上下班交通补贴等。

(7) 劳动保护费：是企业按规定发放的劳动保护用品的支出。如工作服、手套、防暑降温饮料以及在有碍身体健康的环境中施工的保健费用等。

(8) 检验试验费：是指施工企业按照有关标准规定，对建筑以及材料、构件和建筑安装物进行一般鉴定、检查所发生的费用，包括自设试验室进行试验所耗用的材料等费用。不包括新结构、新材料的试验费，对构件做破坏性试验及其他特殊要求检验试验的费用和建设单位委托检测机构进行检测的费用，对此类检测发生的费用，由建设单位在工程建设其他费用中列支。但对施工企业提供的具有合格证明的材料进行检测不合格的，该检测费用由施工企业支付。

(9) 工会经费：是指企业按《工会法》规定的全部职工工资总额比例计提的工会经费。

(10) 职工教育经费：是指按职工工资总额的规定比例计提，企业为职工进行专业技术和职业技能培训，专业技术人员继续教育、职工职业技能鉴定、职业资格认定以及根据需要对职工进行各类文化教育所发生的费用。

(11) 财产保险费：是指施工管理用财产、车辆等的保险费用。

(12) 财务费：是指企业为施工生产筹集资金或提供预付款担保、履约担保、职工工资支付担保等所发生的各种费用。

(13) 税金：是指企业按规定缴纳的房产税、车船使用税、土地使用税、印花税等。

(14) 其他：包括技术转让费、技术开发费、投标费、业务招待费、绿化费、广告费、公证费、法律顾问费、审计费、咨询费、保险费等。

5. 利润

是指施工企业完成所承包工程获得的盈利。

6. 规费

是指按国家法律、法规规定，由省级政府和省级有关权力部门规定必须缴纳或计取的费用。包括：

(1) 社会保险费：

① 养老保险费：是指企业按照规定标准为职工缴纳的基本养老保险费。

② 失业保险费：是指企业按照规定标准为职工缴纳的失业保险费。

③ 医疗保险费：是指企业按照规定标准为职工缴纳的基本医疗保险费。

④ 生育保险费：是指企业按照规定标准为职工缴纳的生育保险费。

⑤ 工伤保险费：是指企业按照规定标准为职工缴纳的工伤保险费。

（2）住房公积金：是指企业按规定标准为职工缴纳的住房公积金。

（3）工程排污费：是指按规定缴纳的施工现场工程排污费。其他应列而未列入的规费，按实际发生计取。

7. 税金

是指国家税法规定的应计入建筑安装工程造价内的营业税、城市维护建设税、教育费附加以及地方教育附加。

2.1.2.2 按造价形成划分

建筑安装工程费按照工程造价形成由分部分项工程费、措施项目费、其他项目费、规费、税金组成，分部分项工程费、措施项目费、其他项目费包含人工费、材料费、施工机具使用费、企业管理费和利润，如图 2-6 所示。

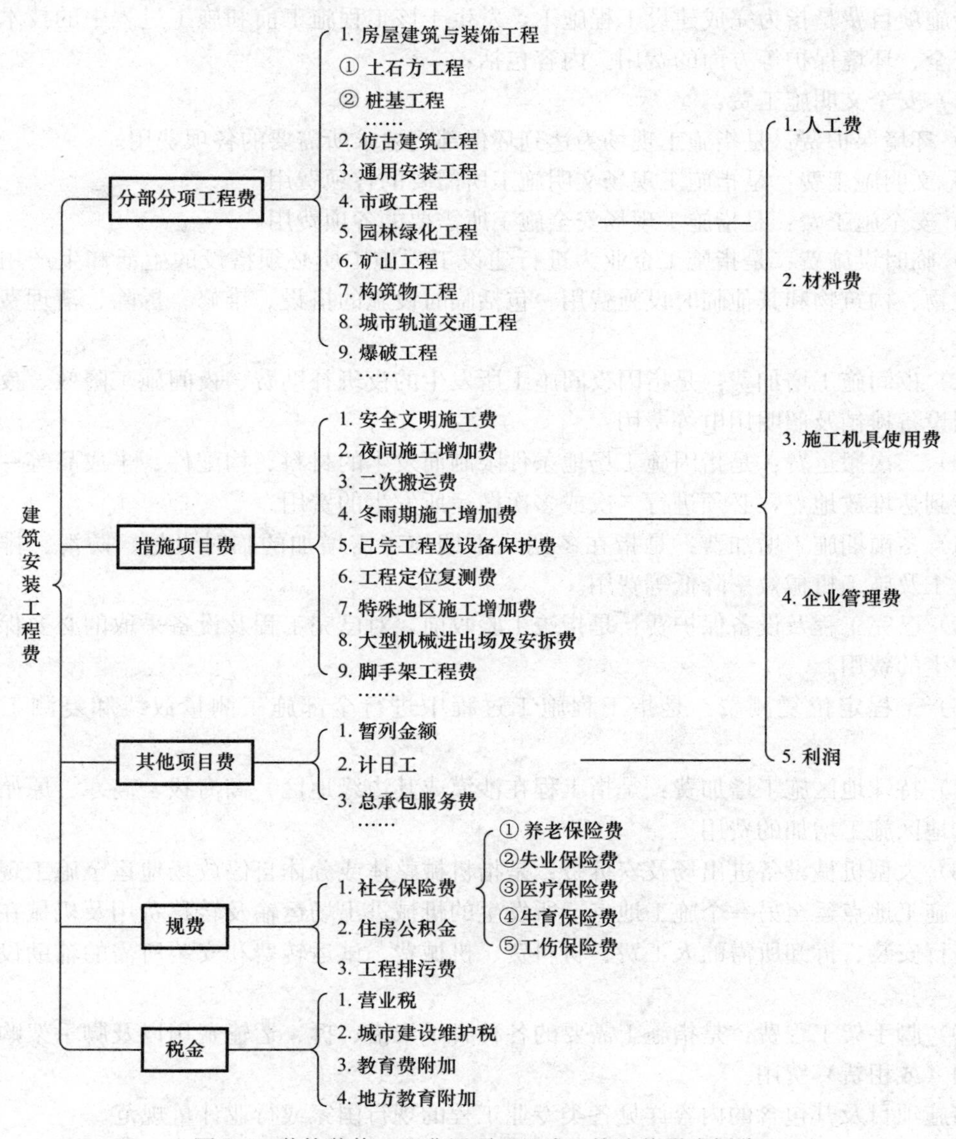

图 2-6 装饰装修工程费用项目组成（按造价形成划分）

1. 分部分项工程费

分部分项工程费是指各专业工程的分部分项工程应予列支的各项费用。

（1）专业工程：是指按现行国家计量规范划分的房屋建筑与装饰工程、仿古建筑工程、通用安装工程、市政工程、园林绿化工程、矿山工程、构筑物工程、城市轨道交通工程、爆破工程等各类工程。

（2）分部分项工程：指按现行国家计量规范对各专业工程划分的项目。如房屋建筑与装饰工程划分的土石方工程、地基处理与桩基工程、砌筑工程、钢筋及钢筋混凝土工程等。

各类专业工程的分部分项工程划分见现行国家或行业计量规范。

2. 措施项目费

措施项目费是指为完成建设工程施工，发生于该工程施工前和施工过程中的技术、生活、安全、环境保护等方面的费用。内容包括：

（1）安全文明施工费：

1）环境保护费：是指施工现场为达到环保部门要求所需要的各项费用。

2）文明施工费：是指施工现场文明施工所需要的各项费用。

3）安全施工费：是指施工现场安全施工所需要的各项费用。

4）临时设施费：是指施工企业为进行建设工程施工所必须搭设的生活和生产用的临时建筑物、构筑物和其他临时设施费用。包括临时设施的搭设、维修、拆除、清理费或摊销费等。

（2）夜间施工增加费：是指因夜间施工所发生的夜班补助费、夜间施工降效、夜间施工照明设备摊销及照明用电等费用。

（3）二次搬运费：是指因施工场地条件限制而发生的材料、构配件、半成品等一次运输不能到达堆放地点，必须进行二次或多次搬运所发生的费用。

（4）冬雨期施工增加费：是指在冬期或雨期施工需增加的临时设施、防滑、排除雨雪，人工及施工机械效率降低等费用。

（5）已完工程及设备保护费：是指竣工验收前，对已完工程及设备采取的必要保护措施所发生的费用。

（6）工程定位复测费：是指工程施工过程中进行全部施工测量放线和复测工作的费用。

（7）特殊地区施工增加费：是指工程在沙漠或其边缘地区、高海拔、高寒、原始森林等特殊地区施工增加的费用。

（8）大型机械设备进出场及安拆费：是指机械整体或分体自停放场地运至施工现场或由一个施工地点运至另一个施工地点，所发生的机械进出场运输及转移费用及机械在施工现场进行安装、拆卸所需的人工费、材料费、机械费、试运转费和安装所需的辅助设施的费用。

（9）脚手架工程费：是指施工需要的各种脚手架搭、拆、运输费用以及脚手架购置费的摊销（或租赁）费用。

措施项目及其包含的内容详见各类专业工程的现行国家或行业计量规范。

3. 其他项目费

(1) 暂列金额：是指建设单位在工程量清单中暂定并包括在工程合同价款中的一笔款项。用于施工合同签订时尚未确定或者不可预见的所需材料、工程设备、服务的采购，施工中可能发生的工程变更、合同约定调整因素出现时的工程价款调整以及发生的索赔、现场签证确认等的费用。

(2) 计日工：是指在施工过程中，施工企业完成建设单位提出的施工图纸以外的零星项目或工作所需的费用。

(3) 总承包服务费：是指总承包人为配合、协调建设单位进行的专业工程发包，对建设单位自行采购的材料、工程设备等进行保管以及施工现场管理、竣工资料汇总整理等服务所需的费用。

4. 规费

定义同前。

5. 税金

定义同前。

2.1.3 建筑安装工程费用参考计算方法

2.1.3.1 各费用构成要素参考计算方法

1. 人工费

公式1：人工费$=\sum$(工日消耗量×日工资单价)

日工资单价=[生产工人平均月工资(计时、计件)+平均月(奖金+津贴补贴+特殊情况下支付的工资)]/年平均每月法定工作日

注：公式1主要适用于施工企业投标报价时自主确定人工费，也是工程造价管理机构编制计价定额确定定额人工单价或发布人工成本信息的参考依据。

公式2：人工费$=\sum$(工程工日消耗量×日工资单价)

日工资单价是指施工企业平均技术熟练程度的生产工人在每工作日（国家法定工作时间内）按规定从事施工作业应得的日工资总额。

工程造价管理机构确定日工资单价应通过市场调查、根据工程项目的技术要求，参考实物工程量人工单价综合分析确定，最低日工资单价不得低于工程所在地人力资源和社会保障部门所发布的最低工资标准的：普工1.3倍、一般技工2倍、高级技工3倍。

工程计价定额不可只列一个综合工日单价，应根据工程项目技术要求和工种差别适当划分多种日人工单价，确保各分部工程人工费的合理构成。

注：公式2适用于工程造价管理机构编制计价定额时确定定额人工费，是施工企业投标报价的参考依据。

2. 材料费

(1) 材料费　材料费$=\sum$(材料消耗量×材料单价)

材料单价={(材料原价+运杂费)×[1+运输损耗率(%)]}×[1+采购保管费率(%)]

(2) 工程设备费

工程设备费$=\sum$(工程设备量×工程设备单价)

工程设备单价＝(设备原价＋运杂费)×[1＋采购保管费率（%）]

3. 施工机具使用费

（1）施工机械使用费

施工机械使用费＝ $\sum$(施工机械台班消耗量×机械台班单价)

机械台班单价＝台班折旧费＋台班大修费＋台班经常修理费＋台班安拆费及场外运费＋台班人工费＋台班燃料动力费＋台班车船税费

注：工程造价管理机构在确定计价定额中的施工机械使用费时，应根据《建筑施工机械台班费用计算规则》结合市场调查，编制施工机械台班单价。施工企业可以参考工程造价管理机构发布的台班单价，自主确定施工机械使用费的报价，如租赁施工机械，公式为：施工机械使用费＝ $\sum$(施工机械台班消耗量×机械台班租赁单价)

（2）仪器仪表使用费

仪器仪表使用费＝工程使用的仪器仪表摊销费＋维修费

4. 企业管理费费率

（1）以分部分项工程费为计算基础

企业管理费费率（%）＝[生产工人年平均管理费/(年有效施工天数×人工单价)]×人工费占分部分项工程比例(%)

（2）以人工费和机械费合计为计算基础

企业管理费费率（%）＝生产工人年平均管理费/[年有效施工天数×(人工单价＋每一工日机械使用费)]×100%

（3）以人工费为计算基础

企业管理费费率（%）＝[生产工人年平均管理费/(年有效施工天数×人工单价)]×100%

注：上述公式适用于施工企业投标报价时自主确定管理费，是工程造价管理机构编制计价定额确定企业管理费的参考依据。

工程造价管理机构在确定计价定额中企业管理费时，应以定额人工费或（定额人工费＋定额机械费）作为计算基数，其费率根据历年工程造价积累的资料，辅以调查数据确定，列入分部分项工程和措施项目中。

5. 利润

（1）施工企业根据企业自身需求并结合建筑市场实际自主确定，列入报价中。

（2）工程造价管理机构在确定计价定额中利润时，应以定额人工费或（定额人工费＋定额机械费）作为计算基数，其费率根据历年工程造价积累的资料，并结合建筑市场实际确定，以单位（单项）工程测算，利润在税前建筑安装工程费的比重可按不低于5%且不高于7%的费率计算。利润应列入分部分项工程和措施项目中。

6. 规费

（1）社会保险费和住房公积金

社会保险费和住房公积金应以定额人工费为计算基础，根据工程所在地省、自治区、直辖市或行业建设主管部门规定费率计算。

社会保险费和住房公积金＝ $\sum$(工程定额人工费×社会保险费和住房公积金费率)

式中：社会保险费和住房公积金费率可以每万元发承包价的生产工人人工费和管理人

员工资含量与工程所在地规定的缴纳标准综合分析取定。

(2) 工程排污费

工程排污费等其他应列而未列入的规费应按工程所在地环境保护等部门规定的标准缴纳，按实计取列入。

7. 税金

税金计算公式：

税金=税前造价×综合税率（%）综合税率：

(1) 纳税地点在市区的企业

$$综合税率(\%)=\frac{1}{1-3\%-(3\%\times7\%)-(3\%\times3\%)}-1=3.41\%$$

(2) 纳税地点在县城、镇的企业

$$综合税率(\%)=\frac{1}{1-3\%-(3\%\times5\%)-(3\%\times3\%)}-1=3.35\%$$

(3) 纳税地点不在市区、县城、镇的企业

$$综合税率(\%)=\frac{1}{1-3\%-(3\%\times1\%)-(3\%\times3\%)}-1=3.22\%$$

(4) 实行营业税改增值税的，按纳税地点现行税率计算。

2.1.3.2 建筑安装工程计价参考公式

1. 分部分项工程费

分部分项工程费$=\sum$(分部分项工程量×综合单价)

式中：综合单价包括人工费、材料费、施工机具使用费、企业管理费和利润以及一定范围的风险费用（下同）。

2. 措施项目费

(1) 国家计量规范规定应予计量的措施项目

其计算公式为：

措施项目费$=\sum$(措施项目工程量×综合单价)

(2) 国家计量规范规定不宜计量的措施项目

计算方法如下：

1) 安全文明施工费

安全文明施工费=计算基数×安全文明施工费费率（%）

计算基数应为定额基价（定额分部分项工程费+定额中可以计量的措施项目费）、定额人工费或（定额人工费+定额机械费），其费率由工程造价管理机构根据各专业工程的特点综合确定。

2) 夜间施工增加费

夜间施工增加费=计算基数×夜间施工增加费费率（%）

3) 二次搬运费

二次搬运费=计算基数×二次搬运费费率（%）

4) 冬雨期施工增加费

冬雨期施工增加费=计算基数×冬雨期施工增加费费率（%）

5）已完工程及设备保护费

已完工程及设备保护费＝计算基数×已完工程及设备保护费费率（%）

上述（2）～（5）项措施项目的计费基数应为定额人工费或（定额人工费＋定额机械费），其费率由工程造价管理机构根据各专业工程特点和调查资料综合分析后确定。

3. 其他项目费

（1）暂列金额由建设单位根据工程特点，按有关计价规定估算，施工过程中由建设单位掌握使用，扣除合同价款调整后如有余额，归建设单位。

（2）计日工由建设单位和施工企业按施工过程中的签证计价。

（3）总承包服务费由建设单位在招标控制价中根据总包服务范围和有关计价规定编制，施工企业投标时自主报价，施工过程中按签约合同价执行。

4. 规费和税金

建设单位和施工企业均应按照省、自治区、直辖市或行业建设主管部门发布标准计算规费和税金，不得作为竞争性费用。

2.1.3.3 相关问题的说明

（1）各专业工程计价定额的编制及其计价程序，均按相关规定实施。

（2）各专业工程计价定额的使用周期原则上为5年。

（3）工程造价管理机构在定额使用周期内，应及时发布人工、材料、机械台班价格信息，实行工程造价动态管理，如遇国家法律、法规、规章或相关政策变化以及建筑市场物价波动较大时，应适时调整定额人工费、定额机械费以及定额基价或规费费率，使建筑安装工程费能反映建筑市场实际。

（4）建设单位在编制招标控制价时，应按照各专业工程的计量规范和计价定额以及工程造价信息编制。

（5）施工企业在使用计价定额时除不可竞争费用外，其余仅作参考，由施工企业投标时自主报价。

2.1.4 建筑安装工程计价程序

建筑安装工程计价从三个不同的角度进行编制，即招标人招标计价、投标人投标报价以及工程施工完成后甲乙双方竣工结算计价。

1. 建设单位工程招标控制价计价程序，见表2-2。

建设单位工程招标控制价计价程序　　表2-2

工程名称：　　标段：

序　号	内　容	计算方法	金额（元）
1	分部分项工程费	按计价规定计算	
1.1			
1.2			
1.3			
1.4			
1.5			

续表

序 号	内 容	计算方法	金额（元）
2	措施项目费	按计价规定计算	
2.1	其中：安全文明施工费	按规定标准计算	
3	其他项目费		
3.1	其中：暂列金额	按计价规定估算	
3.2	其中：专业工程暂估价	按计价规定估算	
3.3	其中：计日工	按计价规定估算	
3.4	其中：总承包服务费	按计价规定估算	
4	规费	按规定标准计算	
5	税金（扣除不列入计税范围的工程设备金额）	(1+2+3+4)×规定税率	
招标控制价合计=1+2+3+4+5			

2. 施工企业工程投标报价计价程序，见表2-3。

施工企业工程投标报价计价程序　　表2-3

工程名称：　　　　标段：

序 号	内 容	计算方法	金额（元）
1	分部分项工程费	自主报价	
1.1			
1.2			
1.3			
1.4			
1.5			
2	措施项目费	自主报价	
2.1	其中：安全文明施工费	按规定标准计算	
3	其他项目费		
3.1	其中：暂列金额	按招标文件提供金额计列	
3.2	其中：专业工程暂估价	按招标文件提供金额计列	
3.3	其中：计日工	自主报价	
3.4	其中：总承包服务费	自主报价	
4	规费	按规定标准计算	
5	税金（扣除不列入计税范围的工程设备金额）	(1+2+3+4)×规定税率	
招标控制价合计=1+2+3+4+5			

3. 竣工结算计价程序，见表2-4。

竣工结算计价程序　　表2-4

工程名称：　　标段：

序　号	内　容	计算方法	金额（元）
1	分部分项工程费	按合同约定计算	
1.1			
1.2			
1.3			
1.4			
1.5			
2	措施项目费	按合同约定计算	
2.1	其中：安全文明施工费	按规定标准计算	
3	其他项目费		
3.1	其中：专业工程结算价	按合同约定计算	
3.2	其中：计日工	按计日工签证计算	
3.3	其中：总承包服务费	按合同约定计算	
3.4	索赔与现场签证	竣工结算计价程序	
4	规费	按规定标准计算	
5	税金（扣除不列入计税范围的工程设备金额）	（1＋2＋3＋4）×规定税率	
招标控制价合计＝1＋2＋3＋4＋5			

2.2 装饰装修工程预算定额的应用

2.2.1 装饰装修工程定额

装饰装修工程定额是指在一定的施工技术与装饰艺术综合作用下，为完成质量合格的单位产品所消耗在装饰装修工程基本构造要素上的人工、材料和机械的数量标准及费用额度。这里所说的基本构造要素，就是通常所说的装饰装修分项工程或结构构件。

以楼地面分部工程为例，该分部的装饰装修分项工程分为整体面层和块料面层。如“镶贴块料面层”分项还可以按照不同的结构部位、工艺做法、材质等分为地面、楼梯、台阶、踢脚线或大理石、花岗石、汉白玉、蓝田石、预制水磨石等更细的子项目，这些子项目的工作内容、质量、安全要求以及人、料、机的耗用量在定额中都有明确规定。

例如，完成水刷石混凝土墙面工程每平方米需用：

人工	0.3692 综合工日
水泥砂浆（1：3）	0.0139m^3
水泥豆石浆	0.0140m^3
108 胶素水泥浆	0.0010m^3
灰浆搅拌机（200L）	0.0047 台班

该项消耗量定额还规定其工作内容：（1）清理、修补、湿润墙面、堵墙眼、调运砂浆、清扫落地灰。（2）分层抹灰、刷浆、找平、起线拍平、压实、刷面（包括门窗侧壁抹灰）。

该定额是依据国家有关现行产品标准、设计规范、施工及验收规范、技术操作规程、质量评定标准和安全操作规程编制。该定额采用的建筑装饰装修材料、半成品、成品均按符合国家质量标准和相应设计要求的合格产品。

2.2.1.1 装饰装修工程定额的分类

装饰装修工程定额可以按照不同的原则和方法对它进行科学分类。

1. 按定额反映的生产要素消耗内容分类

按定额反映的生产要素消耗内容，可以把装饰装修工程定额划分为劳动消耗定额、材料消耗定额和机械台班消耗定额三种。

（1）劳动消耗定额。简称劳动定额（也称人工定额），是指完成一定的合格产品（工程实体或劳务）规定活劳动消耗的数量标准。

劳动定额的表现形式包括时间定额和产量定额，时间定额与产量定额互为倒数。

（2）材料消耗定额。简称材料定额，是指完成一定合格产品所需材料的数量标准。

材料是装饰装修工程建设中使用的原材料、成品、半成品、构配件、燃料以及水、电等动力资源的统称。

（3）机械台班消耗定额。又称为机械台班定额。机械消耗定额是指为完成一定合格产品所消耗的施工机械台班的数量标准。

机械消耗定额的表现形式包括时间定额和产量定额。

2. 按定额的编制程序和用途分类

按定额的编制程序和用途分，可以把装饰装修工程定额分为施工定额、预算定额、概算定额、概算指标、投资估算指标五种。

（1）施工定额。施工定额是指在正常的施工条件下，为完成单位合格产品（施工过程）所必须消耗的人工、材料和机械台班的数量标准。施工定额以工序为研究对象，它是施工企业组织生产和加强管理，在企业内部使用的一种定额，属于企业定额的性质，是建筑装饰装修工程定额中的基础性定额。

施工定额是由劳动定额、机械定额和材料定额三个相对独立的部分组成的。

（2）预算定额。预算定额是指在正常的施工条件下，为完成一定计量单位的分项工程或结构构件所需消耗的人工、材料、机械台班的数量标准。从编制程序上看，预算定额是以施工定额为基础综合扩大编制的，同时它也是编制概算定额的基础。

预算定额包括劳动定额、材料消耗定额、机械台班定额三个基本部分，是一种计价性的定额。

（3）概算定额。概算定额是指在正常的施工条件下，为完成一定计量单位的扩大结构构件、扩大分项工程或分部工程所需消耗的人工、材料、机械台班的数量标准。它是编制扩大初步设计概算、确定装饰装修工程项目投资额的依据。概算定额的项目划分粗细，与扩大初步设计的深度相适应，一般是在预算定额的基础上综合扩大而成的，每一综合分项概算定额都包含了数项预算定额。

（4）概算指标。预算定额是指在正常的施工条件下，为完成一定计量单位的建筑物或构筑物所需消耗的人工、材料、机械台班的数量标准。概算指标的内容包括劳动、机械台班、材料定额三个基本部分，同时还列出了各结构分部的工程量及单位建筑工程（以体积或面积计）的造价。概算指标的设定和初步设计的深度相适应，一般是在概算定额和预算定额的基础上编制的，比概算定额更加综合扩大。概算定额是一种计价性定额。

（5）投资估算指标。它是在项目建议书和可行性研究阶段编制投资估算、计算投资需用量时使用的一种定额。它非常概略，往往以独立的单项工程或完整的工程项目为计算对象，编制内容是所有项目费用之和。它的概略程度和可行性研究阶段相适应。投资估算指标往往根据历史的预（决）算资料和价格变动等资料编制，但其编制基础仍然离不开预算定额、概算定额。概算指标是一种计价定额。

3. 按照主编单位和管理权限分类

按照主编单位和管理权限分，建筑装饰装修工程定额可以分为全国统一定额、地区统一定额、企业定额和补充定额。

（1）全国统一定额是由国家建设行政主管部门，综合全国工程建设中技术和施工组织管理的情况编制的，并在全国范围内执行的定额。

（2）地区统一定额包括省、自治区、直辖市定额。地区统一定额主要是考虑地区性特点和全国统一定额水平作适当调整和补充编制的。

（3）企业定额是指由施工企业考虑本企业具体情况，参照国家、部门或地区定额的水平制定的定额。

施工企业所建立的内部企业定额应反映企业的施工水平、人员素质及机械装备水平和企业管理水平，作为考核建筑安装企业劳动生产率水平、管理水平的经验标准和确定工程成本、投标报价的依据。在计划经济时代，企业定额仅是对国家统一定额或地区性定额的一种补充，它仅用于施工企业内部施工管理。在市场经济条件下，工程造价管理体制改革不断深入，从 2003 年 7 月 1 日起，我国开始推行建设工程工程量清单计价。该计价方法实施的关键在于企业自主报价，而施工企业要想在激烈的市场竞争中获胜，必须根据企业自身的技术力量、机械装备、管理水平来制定能体现自身特点的企业定额，并且为了适应《建设工程工程量清单计价规范》实施后的市场竞争的发展态势，施工企业编制的企业定额应同时具有传统意义的“施工定额”和“预算定额”的双重作用和性质。

（4）补充定额是指随着设计、施工技术的发展，现行定额不能满足需要的情况下，为了补充缺陷所编制的定额。补充定额只能在指定的范围内使用，可以作为以后修订定额的基础。

2.2.1.2　装饰装修工程消耗量定额

1. 装饰装修工程消耗量定额的含义

建筑装饰装修工程消耗量定额是指在正常的施工条件下，为了完成一定计量单位的合格的建筑装饰装修工程产品所必需的人工、材料（或构、配件）、机械台班的数量标准。是实行工程量清单计价办法时配套的定额。

建筑装饰装修工程消耗量定额可以根据不同的划分方式进行分类：按照生产要素可以分为人工消耗量定额、材料消耗量定额和机械台班消耗量定额；按照编制程序与用途可以分为施工消耗量定额、预算消耗量定额、概算消耗量定额；按主编单位可分为全国统一消耗量定额、地区统一消耗量定额、专业专用消耗量定额、企业消耗量定额等。本模块所讨论的是预算消耗量定额。预算消耗量定额是在施工消耗量定额的基础上编制的。

2. 装饰装修工程消耗量定额的组成

装饰装修工程消耗量定额的基本内容包括目录表、总说明、分章说明及分项工程量计算规则、消耗量定额项目表和附录。

（1）总说明

《全国统一建筑装饰装修工程消耗量定额》的总说明，实质是消耗量定额的使用说明。在总说明中，主要阐述建筑装饰装修工程消耗量定额的用途和适用范围，编制原则和编制依据，消耗量定额中已经考虑的有关问题的处理办法和尚未考虑的因素，使用中应该注意的事项和有关问题的规定等。

（2）分章说明

《全国统一建筑装饰装修工程消耗量定额》将单位装饰装修工程按其不同性质、不同部位、不同工种和不同材料等因素，划分为以下七章（分部工程）：楼地面工程，墙柱面工程，顶棚工程，门窗工程，油漆、涂料、裱糊工程，其他工程，垂直运输。分部以下按工程性质、工作内容及施工方法、使用材料不同等，划分为若干节。如墙、柱面工程分为装饰抹灰面层、镶贴块料面层、墙柱面装饰、幕墙四节。在节以下按材料类别、规格等不同分成若干分项工程项目或子目。如墙柱面装饰抹灰分为水刷石、干粘石、斩假石等项目，水刷石项目又分列墙面、柱面、零星项目等子项。

章（分部）工程说明，它主要说明消耗量定额中各分部（章）所包括的主要分项工程，以及使用消耗量定额的一些基本规定，并列出了各分部分项的工程量计算规则和方法。

（3）消耗量定额项目表

消耗量定额项目表是具体反映各分部分项工程（子目）的人工、材料、机械台班消耗量指标的表格，通常以各分部工程、按照若干不同的分项工程（子目）归类、排序所列的项目表，它是消耗量定额的核心，其表达形式见表 2-5。

天然石材消耗量定额项目表 **表 2-5**

工作内容：清理基层、试排修边、锯板修边
铺贴饰面、清理净面

计量单位：m^3

定额编号				1-001	1-002	1-003	1-004
项目				大理石楼地面			
				周长 3200mm 以内		周长 3200mm 以外	
				单色	多色	单色	多色
名称		单位	代码	数量			
人工	综合人工	工日	000001	0.2490	0.2600	0.2590	0.2680
材料	白水泥	kg	AA0050	0.1030	0.1030	0.1030	0.1030
	大理石板 500mm×500mm（综合）	m^2	AG0202	1.0200	1.0200		
	大理石板 1000mm×1000mm（综合）	m^2	AG0205	—		1.0200	1.0200

续表

名　称		单位	代码	数　量			
材料	大理石板拼花（成品）	m^2	AG3381	—			
	石料切割锯片	片	AN5900	0.0035	0.0035	0.0035	0.0035
	棉纱头	kg	AQ1180	0.0100	0.0100	0.0100	0.0100
	水	m^3	AV0280	0.0260	0.0260	0.0260	0.0260
	锯木	m^3	AV0470	0.0060	0.0060	0.0060	0.0060
	水泥砂浆（1∶3）	m^3	AX0684	0.0303	0.0303	0.0303	0.0303
	素水泥浆	m^3	AX0720	0.0010	0.0010	0.0010	0.0010
机械	灰浆搅拌机（200L）	台班	TM0200	0.0052	0.0052	0.0052	0.0052
	石料切割机	台班	TM0640	0.0168	0.0168	0.0168	0.0168

消耗量定额项目表一般包括以下方面：

1）表头。

项目表的上部为表头，实质为消耗量标准的分节内容，包括分节名称、分节说明（分节内容），主要说明该节的分项工作内容。

2）项目表的分部分项消耗量指标栏：

① 表的右上方为分部分项名称栏，其内容包括分项名称、定额编号、分项做法要求，其中右上角表明的是分项计量单位。

现行《全国统一建筑装饰装修工程消耗量定额》中，其分部分项项目的编号采用的是"数符型"编号法。在数符型编码中，通常前面的数字表示章（分部）工程的顺序号，后面的数据表示该分部（章）工程中某分项工程项目或子目的顺序号，中间由一个短线相隔。其表达形式如下：

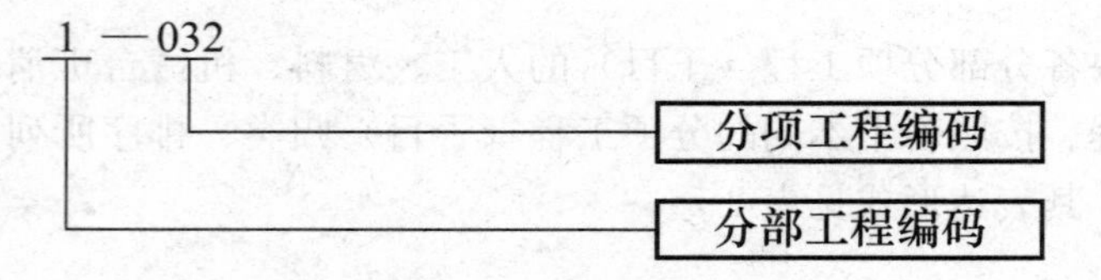

② 项目表的左下方为工、料、机名称栏，其内容包括：工料名称、工料代号、材料规格及质量要求。

③ 项目表的右下方为分部分项工、料、机消耗量指标栏，其内容包括表明完成单位合格的某分部分项工程所需消耗的工、料、机的数量指标。

④ 项目表的底部为附注，它是分项消耗量定额的补充，具有与分项消耗量指标同等的地位。

3. 消耗量定额的编制原则

（1）消耗量定额的编制代表社会平均水平

消耗量定额的平均水平，是在正常的施工条件下，合理的施工组织和工艺条件、平均劳动熟练程度和劳动强度下，完成单位分项工程基本构造要素所需要的劳动时间。

消耗量定额的水平以大多数施工单位的施工定额为基础。但是，消耗量定额绝不是简单地套用施工定额的水平。首先，要考虑消耗量定额中包含了更多的可变因素，需要保留合理的幅度差。其次，消耗量定额应当是平均水平，而施工定额是平均先进水平，两者相比，消耗量定额水平相对要低一些，但是应限制在一定范围内。

（2）简明适用原则

简明适用是指在编制消耗量定额时，对于那些主要的、常用的、价值量大的项目，分项工程划分宜细；次要的，不常用的，价值量相对较小的项目则可以放粗一些。

定额项目的多少，与定额的步距有关，步距大，定额的子目就会减少，精确程度就会降低；步距小，定额子目则会增加，精确度也会提高。所以，确定步距时，对主要工种、主要项目、常用项目，定额步距要小一些；对于次要工种、次要项目、不常用项目，定额步距可以适当大一些。

消耗量定额要项目齐全。要注意补充那些因采用新技术、新结构、新材料而出现的新的定额项目。如果项目不全，缺项多，就会使计价工作缺少充足的可靠的依据。补充定额一般因资料所限，费时费力，可靠性较差，容易引起争执。

对定额的活口也要设置适当。所谓活口，即在定额中规定当符合一定条件时，允许该定额另行调整。在编制中要尽量不留活口，对实际情况变化较大、影响定额水平幅度大的项目，确需留的，也应从实际出发尽量少留；即使留有活口，也要注意尽量规定换算方法，避免采取按实计算。

简明适用性还要求合理确定消耗量定额的计算单位，简化工程量的计算，尽可能地避免同一种材料用不同的计量单位和一量多用。尽量减少定额附注和换算系数。

（3）坚持统一性和差别性相结合的原则

所谓统一性，就是从培育全国统一市场规范计价行为出发，计价定额的制定规划和组织实施由国务院建设行政主管部门归口，并负责全国统一定额制定或修订办法，有关工程造价管理的规章制度办法等。这样就有利于通过定额和工程造价的管理实现建筑安装工程价格的宏观调控。通过编制全国统一定额，使建筑装饰装修工程具有一个统一的计价依据，也使考核设计和施工的经济效果有一个统一尺度。

所谓差别性，就是在统一性的基础上，各部门和省、自治区、直辖市主管部门可以在自己的管辖范围内，根据本部门和地区的具体情况，制定部门和地区性定额、补充性制度和管理办法，以适应我国幅员辽阔，地区间部门发展不平衡和差异大的实际情况。

按照社会平均水平、简明实用性原则以及统一性和差别性相结合的原则，编制消耗量定额，适用于大多数施工企业。

4. 消耗量定额的编制依据

建筑装饰装修工程消耗量定额的编制依据有：

（1）现行设计规范、施工及验收规范、质量评定标准和安全操作规程。

（2）现行劳动定额和施工定额。

（3）具有代表性的典型工程施工图及有关标准图。

（4）新技术、新结构、新材料和先进的施工方法等。

（5）有关科学实验、技术测定的统计、经验资料。

（6）现行的消耗量定额及有关文件规定等。

5. 装饰装修工程消耗量定额的编制步骤

（1）准备工作阶段

这个阶段的主要工作是：

1）拟定编制方案。

2）抽调人员根据专业需要划分编制小组和综合组。

（2）收集资料阶段

这个阶段的主要工作是：

1）普遍收集资料。

2）专题座谈会。邀请建设单位、设计单位、施工单位及其他有关单位的有经验的专业人士开座谈会，就以往定额存在的问题提出意见和建议，以便在编制新定额时改进。

3）收集现行规定、规范和政策法规资料。

4）收集定额管理部门积累的资料。主要包括：日常定额解释资料；补充定额资料；新结构、新工艺、新材料、新机械、新技术用于工程实践的资料。

5）专项查定及实验。主要指混凝土配合比和砂浆试验资料。除收集实验试配资料外，还应收集一定数量的现场实际配合比资料。

（3）定额编制阶段

这个阶段的主要工作是：

1）确定编制细则。主要包括：统一编制表格及编制方法；统一计算口径、计量单位和小数点的要求；有关统一性规定，名称统一，用字统一，专业用语统一，符号代码统一，简化字要规范，文字要简练明确。

2）确定定额的项目划分和工程量计算规则。

3）定额人工、材料、机械台班消耗用量的计算、复核和测算。

（4）定额报批阶段

这个阶段的主要工作是：

1）审核定稿。

2）消耗量定额水平测算，新定额编制成稿，必须与原定额进行对比测算，分析水平升降原因。一般新定额的水平应该不低于历史上已经达到过的水平，并略有提高。

（5）修改定稿，整理资料阶段

这个阶段的主要工作是：

1）印发征求意见。定额编制初稿完成后，需要征求各有关方面意见和组织讨论，反馈意见。在统一意见的基础上整理分类，制定修改方案。

2）修改整理报批。按修改方案的决定，将初稿按照定额的顺序进行修改，并经审核无误后形成报批稿，经批准后交付印刷。

3）撰写编制说明。为顺利地贯彻执行定额，需要撰写新定额编制说明。

4）立档、成卷。定额编制资料是贯彻执行定额中需查对资料的唯一依据，也为修编定额提供历史资料数据，应作为技术档案永久保存。

定额的编制经历了准备、收集资料、内容编制、定额报批以及修改定稿、整理资料五个阶段，以上各阶段工作相互有交叉，有些工作还有多次反复，最终形成定额。

6. 消耗量定额编制中的主要工作

（1）确定消耗量定额的计量单位

消耗量定额的计量单位关系到造价工作的繁杂和准确性。因此，要正确地确定各分部分项工程计量单位。一般依据以下建筑结构的特点确定：

1）凡建筑结构构件的断面有一定形状和大小，但是长度不定时，可按延长米为计量单位。如楼梯栏杆、木装饰条等。

2）凡建筑结构构件的厚度有一定规格，但是长度和宽度不定时，可按面积以平方米为计量单位。如地面、楼面、墙面和天棚面抹灰等。

3）凡建筑结构构件的长度、厚（高）度和宽度都变化时，可按体积以立方米计量单位。如箱式招牌。

4）凡建筑结构没有一定规格，而其构造又较复杂时，可按个、台、座、组、樘为计量单位。如门窗、美术字等。

消耗量定额中各项人工、材料、机械的计量单位选择，相对比较固定。人工、机械按“工日”、“台班”计量，各种材料的计量单位与产品计量单位基本一致，精确度要求高、材料贵重，多取三位小数。如木材立方米取三位小数，一般材料取两位小数。

（2）按典型设计图纸和资料计算工程数量

计算工程数量，是为了通过计算出典型设计图纸所包括的施工过程的工程量，以便在编制消耗量定额时，有可能利用施工定额的劳动力、机械和材料消耗指标确定消耗量定额所含工序的消耗量。

（3）确定消耗量定额各项目人工、材料和机械台班消耗量指标

确定消耗量定额人工、材料、机械台班消耗量指标时，必须先按施工定额的分项逐项计算出消耗量指标，然后，再按消耗量定额的项目加以综合。但是，这种综合不是简单的合并和相加，而需要在综合过程中增加两种定额之间的适当的水平差。消耗量定额的水平，首先取决于这些消耗量的合理确定。

人工、材料和机械台班消耗量指标，应根据定额编制原则和要求，采用理论与实际相结合、图纸计算与施工现场测算相结合、编制人员与现场工作人员相结合等方法进行计算和确定，使定额既符合政策要求，又与客观情况一致，便于贯彻执行。

（4）编制定额表和拟定有关说明

消耗量定额项目表的一般格式是：横向排列为各分项工程的项目名称，竖向排列为分项工程的人工、材料和施工机械消耗量指标。有的项目表下部还有附注，以说明设计有特殊要求时怎样进行调整和换算。

消耗量定额的说明包括定额总说明、分部工程说明及各分项工程说明。涉及各分部需说明的共性问题列入总说明，属某一分部需说明的事项列入章节说明。说明要求简明扼要，但是必须分门别类注明，尤其是对特殊的变化，力求使用简便，避免争议。

消耗量定额编制的主要工作是确定消耗量定额的计量单位、人工、材料和机械台班消耗量指标及编制定额表和拟定有关说明。

7. 消耗量定额指标的确定

（1）人工工日消耗量的计算

消耗量定额中人工工日消耗量是指在正常施工条件下生产单位合格产品所必须消耗的

人工工日数量，是由分项工程所综合的各个工序劳动定额包括的基本用工、其他用工两部分组成。

人工的工日数可以有两种确定方法。一种是以劳动定额为基础确定；另一种是以现场观察测定资料为基础计算。

1）以劳动定额为基础计算人工工日消耗量

以劳动定额为基础的人工工日消耗量的确定包括基本用工和其他用工。

① 基本用工。基本用工是指完成一定计量单位的分项工程或结构构件所必须消耗的技术工种用工。这部分工日数按综合取定的工程量和相应劳动定额进行计算。

基本用工消耗量＝$\sum$(各工序工程量×相应的劳动定额)

劳动定额的制定方法包括技术测定法、比较类推法、统计分析法、经验估计法。

② 其他用工。其他用工包括辅助用工、超运距用工和人工幅度差。

a. 辅助用工。辅助用工是指劳动定额中没有包括而在消耗量定额内又必须考虑的工时消耗。例如材料加工中的筛砂、冲洗石子、化淋灰膏等。计算公式如下：

辅助用工＝$\sum$(各材料加工数量×相应的劳动定额)

b. 超运距用工。超运距用工是指编制消耗量定额时，材料、半成品、成品等运距超过劳动定额所规定的运距，而需要增加的工日数量。其计算公式如下：

超运距＝消耗量定额取定的运距－劳动定额已包括的运距

超运距用工消耗量＝$\sum$(超运距材料数量×相应的劳动定额)

c. 人工幅度差。人工幅度差是指劳动定额作业时间未包括而在正常施工情况下不可避免发生的各种工时损失。内容包括：

(a) 各种工种的工序搭接及交叉作业互相配合发生的停歇用工。

(b) 施工机械在单位工程之间转移及临时水电线路移动所造成的停工。

(c) 质量检查和隐蔽工程验收工作的用工。

(d) 班组操作地点转移用工。

(e) 工序交接时对前一工序不可避免的修整用工。

(f) 施工中不可避免的其他零星用工。

计算公式如下：

人工幅度差＝(基本用工＋辅助用工＋超运距用工)×人工幅度差系数

人工幅度差是消耗量定额与劳动定额最明显的差额，人工幅度差一般为10％～15％。

综上所述：

人工消耗量指标＝基本用工＋其他用工

＝基本用工＋辅助用工＋超运距用工＋人工幅度差用工

＝(基本用工＋辅助用工＋超运距用工)×(1＋人工幅度差系数)

2）以现场测定资料为基础计算人工消耗量

这种方法是采用计时观察法中的测时法、写实记录法、工作日记录法等测时方法测定工时的消耗数值，再加一定人工幅度差来计算消耗量定额的人工消耗量。它仅适用于劳动定额缺项的消耗量定额项目编制。

(2) 材料消耗量指标的确定

1) 材料消耗量指标的含义。

材料消耗量指标是指在合理和节约使用材料的前提下，生产单位合格产品所必须消耗的建筑材料的数量标准。

材料消耗量按用途划分为以下四种：

① 主要材料：指直接构成工程实体的材料，其中也包括半成品、成品等。

② 辅助材料：指构成工程实体除主要材料外的其他材料，如钢钉、钢丝等。

③ 周转材料：指多次使用但不构成工程实体的摊销材料，如脚手架等。

④ 其他材料：指用量较少，难以计量的零星材料，如棉纱等。

2) 材料消耗量指标计算的方法：

① 凡有标准规格的材料，按规范要求计算定额计量单位的耗用量，如块料面层等。

② 凡设计图纸标注尺寸及有下料要求的，按设计图示尺寸计算材料净用量，如门窗制作用材料、方、板料等。

③ 换算法。各种胶结、涂料等材料的配合比用料，可以根据要求条件换算，得出材料用量。

④ 测定法。包括试验室试验法和现场观察法。指各种强度等级的混凝土及砌筑砂浆配合比的耗用原材料数量的计算，需要按照规范要求试配，经过试压合格以后并经过必要的调整后得出的水泥、砂子、石子、水的用量。对新材料、新结构又不能用其他方法计算定额消耗用量时，须用现场测定方法来确定，根据不同条件可以采用写实记录法和观察法，得出定额的消耗量。

(3) 机械台班消耗量指标的确定

机械台班消耗量指标是指完成一定计量单位的分项工程或结构构件所必需的各种机械台班的消耗数量。

机械台班消耗量的确定一般有两种基本方法：一种是以施工定额的机械台班消耗定额为基础来确定；另一种是以现场实测数据为依据来确定。

1) 以施工定额为基础确定机械台班消耗量。

这种方法以施工定额中的机械台班消耗用量加机械幅度差来计算消耗量定额的机械台班消耗量。其计算公式如下：

消耗量定额机械台班消耗量＝施工定额中机械台班用量＋机械幅度差

＝施工定额中机械台班用量×(1＋机械幅度差)

机械幅度差是指是施工定额中没有包括，但实际施工中又必须发生的机械台班用量。主要考虑以下内容：

① 施工机械中，机械转移工作面及配套机械相互影响损失的时间。

② 在正常施工条件下，机械施工中不可避免的工作间歇时间。

③ 检查工程质量影响机械操作时间。

④ 临时水电线路在施工过程中移动所发生的不可避免的机械操作间歇时间。

⑤ 冬期施工发动机械的时间。

⑥ 不同厂牌机械的工效差别，临时维修、小修、停水、停电等引起机械停歇时间。

⑦ 工程收尾和工作量不饱满所损失的时间。

大型机械的幅度差系数为：钢筋加工机械 10%，吊装机械 30%，木作、水磨石机械 10%，砂浆搅拌机由于按小组配用，以小组产量计算机械台班产量，不另增加机械幅度差。

2）以现场实测数据为基础确定机械台班消耗量。

如遇施工定额缺项的项目，在编制消耗量定额的机械台班消耗量指标时，则需通过对机械现场实地观测得到机械台班数量，在此基础上加上适当的机械幅度差，来确定机械台班消耗量指标。

8. 消耗量定额编制案例

【例 2-1】 编制单扇无亮无纱胶合板门的消耗量定额。

门洞尺寸 900mm×2100mm，门的详图见标准图集。计量单位为樘，工作内容包括制作、安装、材料（消耗量中不包括五金消耗），另执行五金消耗量定额。施工操作方法为：集中制作、配备各种制作机械，现场手工工具安装。质量要求达到质量检验评定标准合格以上。根据一般施工组织设计的平面布置，取定材料和半成品的运输距离分别为 50m 和 100m，如场内材料运输距离不同时，采用增减工料来进行调整。按照提供的设计详图，计算材料用量。根据施工定额计算人工、材料、机械台班消耗量，合理确定人工幅度差系数，材料损耗率和机械幅度差系数。对不同施工条件和其他原因变化时，采用增减工料的计算。

（1）定额项目人工工日消耗量计算

定额项目人工工日消耗量计算见表 2-6。

定额项目人工工日消耗量计算表　　**表 2-6**

章名称：________　　节名称：________　　项目名称：胶合板门

子目名称：0.9m×2.1m 无亮单扇　　定额单位：樘

工作内容	杉门框、胶合板门扇的制作、安装。包括原材料自取料到加工地点 50m 以内的运输及框、扇制作后运至 100m 以内的堆放，垂直运至楼层指定位置安装						
操作方法 质量要求	在加工厂集中采用机械制作，现场手工安装 按先按框计算						
	施工操作工序名称及工作量			劳动定额			
	名称	数量	单位	定额编号	工种	时间定额	工日数
序号	（1）	（2）	（3）	（4）	（5）	（6）	（7）=（2）×（6）
劳动力计算	三块料门框制 6m 内	0.1	樘		木	0.915×1.11	0.1016
	打掳子眼	0.06	100 个		木	0.35	0.021
	门扇制作 1.7m² 内	0.1	10 扇		木	3.77×1.11	0.4185
	木砖制作	0.04	100 块		木	0.0714	0.0029
	门框安装 6m 内	1	樘		木	0.0769	0.0769
	门扇安装	1	扇		木	0.139	0.139
	门框边刷臭油水	0.054	100m		防水	0.333	0.018
	木砖浸臭油水	0.004	100 只		防水	0.588	0.0024
	门框超运距 60～100m	0.01	100 樘		普	0.76	0.0076
	门扇超运距 60～100m	0.01	100 扇		普	0.40	0.004
	小计						0.7919
人工幅度差（10%）：0.079			劳动定额人工合计				0.871

年　　月　　日　　　　复核者：　　　　计算者：

（2）定额项目材料消耗量计算

定额项目材料消耗量计算见表 2-7。

定额项目材料消耗量计算表 **表 2-7**

章名称：________ 节名称：________ 项目名称：胶合板门

子目名称：0.9m×2.1m 无亮单扇 定额单位：樘

	名称	规格	单位	计算量	损耗量	使用量		名称及规格	单位	数量	单价（元）	金额（元）
材料	锯材		m^3	0.10403	0.06	0.1103	其他材料费					
	铁钉		kg	0.1383	0.02	0.14						
	胶合板		m^2	3.354	0.15	3.86						
	乳白胶		kg	0.210	0.02	0.21						
	臭油水		kg	0.49	0.03	0.50						

年 月 日 复核者： 计算者：

注：按图计算，使用量中包括刨光损耗和后备长度。

（3）机械台班消耗量的计算

1）根据劳动定额机械施工工序定额的综合计算，木工机械的台班产量见表 2-8。

单扇无亮胶合板门机械台班产量 **表 2-8**

机械名称及规格	圆锯机 ϕ500mm	平刨机 450mm	压刨机三面 400mm	开榫机 160mm	打眼机 ϕ50mm	裁口机多面 400mm
台班产量	68	25	28	20	18	60

每樘门需要机械台班消耗量计算（机械幅度差取 10%）

圆锯机 ϕ500mm 1/68×(1+10%)=0.016 台班

平刨机 450mm 1/25×(1+10%)=0.044 台班

压刨机 三面 400mm 1/28×(1+10%)=0.039 台班

开榫机 160mm 1/20×(1+10%)=0.055 台班

打眼机 ϕ50mm 1/18×(1+10%)=0.061 台班

裁口机 多面 400mm 1/60×(1+10%)=0.018 台班

2）垂直运输机械台班的计算

① 考虑对于六层以下采用卷扬机作为垂直运输机械，经调查取定每台班垂直运输单扇无亮胶合板 63 樘（因系调查统计测算资料，不计机械幅度差），卷扬机 5L：

1/63=0.016 台班

② 采用塔式起重机作为垂直运输，经调查取定每台班运送 160 樘，塔式起重机：

1/160=0.006 台班

（4）有关增减工料的计算

1）原材料超运距增加工日的计算。根据劳动定额超运距加工表，拟定按每超过 30m 计算超运距用工。

距材 0.1103m^3×0.042 工日×(1+10%)=0.005 工日

胶合板 0.013 块×0.133 工日×(1+10%)=0.002 工日

2）框、扇料超运距增加工日的计算。按每超过 30m 计算超运距用工。

框　0.01×0.38×(1+10%)=0.004 工日

扇　0.01×0.20×(1+10%)=0.002 工日

3）门规格变化用料变化的计算

如胶合板门为 800mm×2100mm，则应相应减少木材和胶合板，经过计算 800mm×2100mm 门需锯材 0.1012m^3，胶合板 2.942m^2。

故门每增减宽 100mm 需增减锯材（0.10403－0.1012）×1.06＝0.003m^3，需要增减胶合板（3.354－2.942）×1.15＝0.47m^2。

（5）编制单扇无亮无纱胶合板门的消耗量定额表。

单扇无亮无纱胶合板门的消耗量定额表见 2-9。

单扇无亮无纱胶合板门的消耗量定额表　　　　表 2-9

胶合板门

工作内容：1. 门框、扇的制作安装，刷防腐油
2. 锯材的场内运输
3. 门框、扇的运输距离 100mm

定额编号			
项目			单扇无亮无纱胶合板门 900mm×2100mm
名称	代号	单位	数量
综合人工		工日	0.871
锯材		m^3	0.1103
铁钉		kg	0.14
胶合板		m^2	3.86
乳白胶		kg	0.21
臭油水		kg	0.50
圆锯机 ϕ500mm		台班	0.016
平刨机 450mm		台班	0.044
压刨机三面 400mm		台班	0.039
开榫机 160mm		台班	0.055
打眼机 ϕ50mm		台班	0.061
裁口机多面 400mm		台班	0.018
卷扬机 5t		台班	0.016
塔式起重机		台班	0.006

说明：1. 木材运距每增加 30m，增加人工 0.005 工日；胶合板运距每增加 30m，增加人工 0.002 工日。
2. 门框运距每增加 30m，增加人工 0.004 工日；门扇运距每增加 30m，增加人工 0.002 工日。
3. 门宽每增（减）10m，则相应增（减）锯材 0.003m^3，胶合板 0.47m^2。

装饰装修工程消耗量定额在我国的装饰装修工程建设中具有十分重要的地位和作用，因此在编制定额的过程中必须十分重视细节。

2.2.2　地区单位估价表的应用

在定额计价模式下分项工程计价主要依据地区单位估价表。

2.2.2.1　地区单位估价表的含义

地区单位估价表是指以装饰装修工程消耗量定额中所规定的人工、材料和施工机械台

班消耗量指标为依据，以表格的形式表现的消耗在一定计量单位的分项工程或结构构件上的人、料、机的数量标准以及以货币形式表示的费用额度。由于地区单位估价表是根据国家及地区现行的《定额》，结合各地区工资标准、材料预算价格、机械台班预算价格编制的，所以叫做地区单位估价表。地区单位估价表具有地区性和时间性，编制完成后经当地主管部门审核、批准即成为工程计价的依据，在规定的地区范围内执行，并且不得任意修改。地区单位估价表是地区编制施工图预算的基础资料。

2.2.2.2　地区单位估价表的组成

地区单位估价表由于地区差异，各省名称也不尽相同，如《四川省建筑装饰工程计价定额》、《福建装饰装修工程消耗量定额》、《湖北省建筑工程消耗量定额及统一基价表（装饰．装修）》等。由于地区单位估价表含有定额的全部内容，因此很多省将单位估价表习惯性地称为定额，具体表现形式以湖北省2008年的地区单位估价表为例，参见表2-10。

整体面层楼地面　　**表2-10**

工作内容：清理基层、调制石子浆、刷素水泥浆、找平、抹面、磨光、补砂眼、理光、上草酸、打蜡、擦光、嵌条、调色、彩色镜面水磨石、油石抛光。　　单位：100m²

定额编号				B1-37	B1-38	B1-39	B1-40
项目				水磨石			
				楼地面			
				不嵌条	嵌条	分格调色	彩色镜面
				厚度30mm			
基价（元）				4255.22	4799.01	2765.82	8264.11
其中	人工费（元）			2168.46	2598.30	2236.67	4272.48
	材料费（元）			1822.02	1935.97	2236.67	3331.72
	机械费（元）			264.74	264.74	264.74	659.91
名称		单位	单价（元）	数量			
人工	普工	工日	42.00	15.550	18.630	19.830	30.640
	技工	工日	48.00	31.570	37.830	40.270	62.200
材料	水泥白石子浆 1∶2	m³	535.67	1.430	1.430	—	—
	白水泥彩石子浆 1∶2	m³	745.95	—	—	1.430	1.430
	水泥砂浆 1∶3	m³	200.67	—	—	102.500	—
	平板玻璃 $\delta=3$mm	m²	21.18	—	5.380	5.380	5.380
	金刚石 200mm×75mm×50mm	块	13.37	3.000	3.000	3.000	5.000
	金刚石三角形	块	12.34	30.000	30.000	30.000	45.000
	油石	块	11.54	—	—	—	63.000
	零星材料	元	1.00	280.490	280.490	280.490	287.480
机械	灰浆搅拌机 200L	台班	86.57	0.290	0.290	0.290	0.420
	手提砂轮切割机 ϕ150	台班	22.23	10.780	10.780	10.780	28.050

注：彩色镜面水磨石指高级水磨石，除质量达到规范要求外，其操作工序一般按“五浆五磨”研磨，七道抛光工序施工。

1. 地区单位估价表的组成

由表2-10可知，地区单位估价表是由表头、表身和附注组成。

(1) 表头在项目表的上部，包括分节名称、工作内容说明、分部分项工程定额计量单位。

(2) 表身是以表格的形式表示的，表中包含定额编号，分项名称，分项做法要求，基价，基价组成内容，人、材、机名称、单位、定额取定单价及消耗量指标。

如表 2-10 中的“B1-37”是定额编号。表 2-10 项目一栏中“厚度为 30mm 的不嵌条水磨石楼地面”是指该分部分项工程的名称，是根据图纸内容确定的。数据“4255.22”是指定额单位为 $100m^2$、厚度为 30mm 的水磨石楼地面分项工程的基价为 4255.22 元，换句话说，是指不嵌条水磨石楼地面分项工程的单价为 42.5522 元/m^2。其中人工费、材料费、机械费是基价的组成，对应的数据是费用明细。

为了便于查找、核对和审查定额项目，定额编制时对每一分项工程进行了编号。在编制建筑装饰工程施工图预算时，必须正确填写定额编号，以便检查定额选套是否准确合理。定额编号的方法通常有以下两种：

1)“三符号”编号法。

“三符号”编号法，是以预算定额中的分部工程序号、分项工程序号（或页码）、分项工程的子项目序号三个号码进行定额编号的。其表达形式如下：

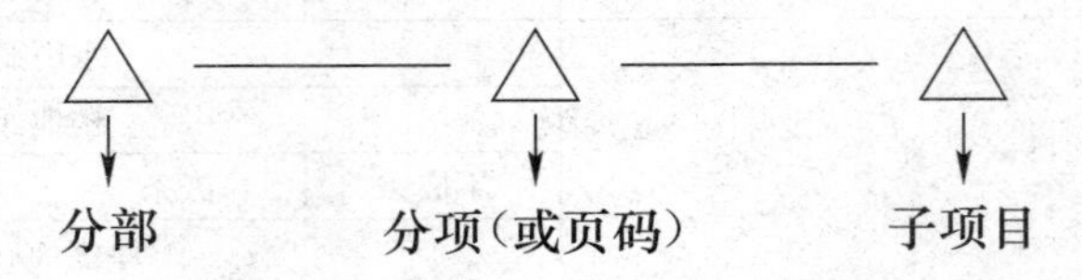

例如：某省的建筑工程预算定额中单裁口五块料以上的木门框制安装项目，定额编号为：7-1-2，“7”表示木结构工程在第七分部；“1”表示木门窗分项目，分项目号为 1；“2”表示单裁口五块料以上木门框制作安装子目，其顺序号为 2。

2)“二符号”编号法。

“二符号”编号法，是在“三符号”编号法的基础上，去掉一个分项工程序号，采用定额中分部工程序号和子项目序号两个号码进行定额编号。其表达形式如下：

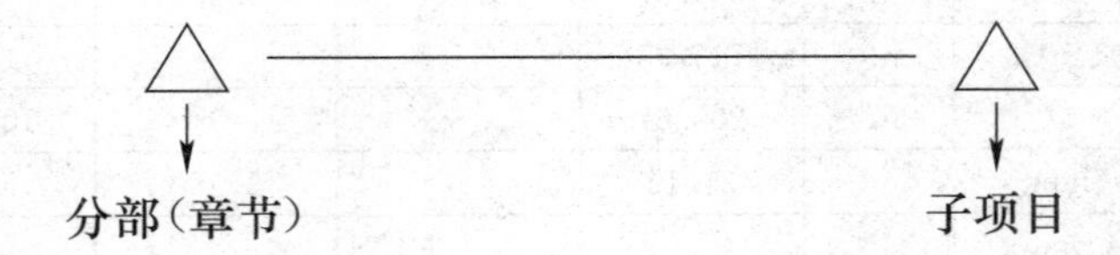

如表 2-10 中，水磨石楼地面分项工程定额编号为 B1-37，“B1”表示装饰装修工程消耗量定额第一章（其中 B 表示装饰装修工程）；“37”表示 30mm 厚水磨石楼地面子项目，其顺序号为 37，中间用“-”连接。

(3) 附注在表身的下方，是分项内容的补充。

见表 2-10 下方“注”的内容。

2. 基价的含义

基价是指分部分项工程定额单位的预算价值，实际上就是分项工程的单价，它是由人工费、材料费和机械费组成的，是由消耗量定额的人工工日、材料、机械台班的消耗量分别乘以相应的工日单价、材料预算价格、机械台班预算价格后汇总而成的。即

分项工程定额基价＝人工费＋材料费＋机械费

人工费＝$\sum$分项工程定额人工工日数×人工单价

材料费＝$\sum$(分项工程定额材料用量×相应的材料预算价格)

机械费＝$\sum$(分项工程定额机械台班使用量×相应机械台班预算价格)

以表2-10为例进行说明，具体如下：

(1) 表2-10中定额单位“人工费＝2168.46元”计算过程为：

2168.46（人工费）＝42.00（普工工日数）×15.550（普工人工单价）
＋48.00（技工工日数）×31.570（技工人工单价）

(2) 表2-10中定额单位“材料费＝1822.02元”的计算过程为：

1822.02（材料费）＝1.430（1：2水泥白石子浆消耗量）×535.67（1：2水泥白石子浆单价）＋3.000（金刚石200×75×50消耗量）×13.37（金刚石200×75×50单价）＋30.000（三角形金刚石消耗量）×12.34（三角形金刚石单价）＋280.490（零星材料费）

(3) 表2-10中定额单位“机械费＝264.74元”的计算过程为：

264.74（机械费）＝0.290（灰浆搅拌机200L台班数）×86.57（200L灰浆搅拌机单价)＋10.780（手提砂轮切割机ϕ150台班数）×22.23（手提砂轮切割机ϕ150单价）

3. 地区单位估价表中人、料、机单价的确定

(1) 日工资单价的确定

人工单价的影响因素包括：社会平均工资水平、生活消费指数、人工单价的组成内容、劳动力市场供需变化、社会保障和福利政策。

人工日工资单价是指预算定额中一个建筑安装工人在一个工作日应计入的全部人工费用，包括计时工资或计件工资、奖金、津贴补贴、加班加点工资、特殊情况下支付的工资。建筑业全年每月平均工作天数为：(年日历天数365天－星期日104天－法定节日11天)÷12月＝20.83天。

日工资单价＝[生产工人平均月工资(计时、计件)＋平均月(奖金＋津贴补贴＋特殊情况下支付的工资)]/年平均每月法定工作日

工程造价管理机构确定日工资单价应通过市场调查，根据工程项目的技术要求，参考实物工程量人工单价综合分析确定，最低日工资单价不得低于工程所在地人力资源和社会保障部门所发布的最低工资标准的：普工1.3倍、一般技工2倍、高级技工3倍。

(2) 材料单价

材料单价＝{(材料原价＋运杂费)×[1＋运输损耗率(%)]}×[1＋采购保管费率(%)]

(3) 机械单价

机械台班单价＝台班折旧费＋台班大修费＋台班经常修理费＋台班安拆费及场外运费＋台班人工费＋台班燃料动力费＋台班车船税费

注：工程造价管理机构在确定计价定额中的施工机械使用费时，应根据《建筑施工机械台班费用计算规则》，结合市场调查编制施工机械台班单价。施工企业可以参考工程造价管理机构发布的台班单价，自主确定施工机械使用费的报价，如租赁施工机械，公式为：

施工机械使用费＝$\sum$(施工机械台班消耗量×机械台班租赁单价)

实际上，人、材、机单价计算方法国家有统一的办法，见建筑安装工程费用项目组成

建标［2013］44号文。但由于各地区人、材、机资源情况不同，因此各省定额的人工单价、材料单价和机械单价的组成和具体编制方法在统一规定的前提下略有不同。举例如下：

（1）天津市规定：

1）本基价中人工费的说明和规定：

① 本基价的人工消耗量是以现行《全国建筑安装工程统一劳动定额》和《全国统一建筑工程基础定额》（土建工程）为基础，并结合本市实际编制的，已考虑了各项目施工操作的基本用工、辅助用工、材料超运距用工及人工幅度差。

② 人工效率按八小时工作制计算。

③ 人工单价按工种技术含量不同分为三类：一类工每工日59.20元；二类工每工日47.20元；三类工每工日37.70元。

④ 人工单价中包括基本工资、工资性质补贴、职工福利费、生产工人的辅助工资和劳动保护费等。

⑤ 人工费中包含其他人工费，内容包括：

a. 工程定位、复测、点交、清理中的人工费。

b. 生产工具用具使用费。

⑥ 工日消耗量带有括号者表示该工日不作为计算垂直运输的基数。

2）本基价中材料费的说明和规定：

① 材料费包括主要材料、零星材料费、其他材料费等。凡构成工程实体且能够计量的材料、成品、半成品均按品种、规格逐一列出消耗量；不构成工程实体且用量较小的零星材料，归入零星材料费内；材料的检验试验费和材料采购及保管费纳入其他材料费中。

② 材料采购及保管费按照材料价格的2.1%计取，由建设单位供料至现场（或施工单位指定地点），并由施工单位负责保管者，退给建设单位0.875%，施工单位留1.225%；由建设单位供料至现场（或施工单位指定地点），并由建设单位负责保管者，退给建设单位1.68%，施工单位留0.42%。

③ 工程建设中部分材料由甲方供料，结算时退还建设单位所购材料的材料款（包括应退的材料采购及保管费），材料单价以合同约定为准，材料消耗量按实际消耗量确定。

④ 周转材料按摊销量编制，且已包括回库维修及相关费用。

⑤ 材料的消耗量均按合格的标准规格产品编制。

⑥ 材料消耗量中包括了从工地仓库、现场集中堆放地点或现场加工地点至操作或安装地点的施工现场堆放损耗、运输损耗、施工操作损耗。

⑦ 本基价中的材料价格是按照2008年度天津市建材市场材料价格加权平均综合计算，价格中包括了由供应地点运至工地仓库（或现场堆放地点）的费用。

⑧ 材料或成品、半成品的消耗量带有括号，并且列于无括号的消耗量之前，表示该材料未计价，基价总价中不包括其价值，应以括号中的消耗量乘以其价格分别计入基价的材料费和总价内，同时计入该材料的采购及保管费；材料或成品、半成品的消耗量带有括号，并且列于无括号的消耗量之后，表示基价的总价和材料费中已经包括了该材料的价值，括号内的材料不再计价。

3）本基价中机械费的说明和规定：

① 机械台班消耗量是按正常合理的机械配备确定的。

② 机械台班单价是按照《全国统一施工机械台班费用编制规则》编制，人工、燃料的价格是按照2008年度市场价格加权平均综合计算。

（2）湖北省规定：

本定额中消耗量和价格的确定：

1）人工工日：

① 本定额中的人工工日按普工、技工、高级技工分为三个技术等级。内容包括基本用工、辅助用工、超运距用工、人工幅度差。

② 本定额中的人工工日的单价取定为：普工：42.00元/工日；技工：48.00元/工日；高级技工：60.00元/工日。

2）材料消耗量：

① 本定额中材料消耗量包括直接消耗在工作内容的主要材料、辅助材料和零星材料等。凡能计量的主要材料、成品、半成品均按品种、规格逐一列出数量，并计入了相应损耗，其内容包括：从工地仓库、现场集中堆放地点或加工地点至操作或安装地点的施工现场堆放损耗、运输损耗、施工操作损耗。

② 本定额列出的材料（包括半成品）价格是从材料来源地（或交货地）至工地仓库（或存放地）后的出库价格，包括材料供应价（或原价）、运杂费、采购保管费、检验试验费等。

③ 定额中不便计量、用量少、价值小的材料打包合并为零星材料费，以“元”表示。

3）施工机械台班：

① 本定额中的机械类型、规格采用省常用机械类型，按正常合理的机械配备综合取定。

② 机械台班包括机械幅度差。

③ 机械台班单价按《湖北省施工机械台班价格》（2008年）计算。

2.2.2.3 地区单位估价表的使用

地区单位估价表的使用，也称“套定额”。实际上就是运用地区单位估价表计算基价，即根据图纸所列分项工程的名称、定额的章节说明来确定分项工程的基价，这是单位估价表最直接的使用方式。定额的套用有三种方式：直接套用、换算和补充。套用定额时应注意的问题是：①查阅定额前，应首先认真阅读定额总说明、分部工程说明和有关附注内容；熟悉和掌握定额的适用范围、定额已考虑和未考虑的因素以及有关规定。②要明确定额中的用语和符号的含义。③要了解和记忆常用分项工程定额所包括的工作内容，人工、材料、施工机械台班消耗数量和计量单位，以及有关附注的规定，做到正确地套用定额项目。④要明确定额换算范围，正确应用定额附录资料，熟练进行定额项目的换算和调整。

1. 直接套用定额的方法

当分项工程设计要求的工程内容、技术特征、施工方法、材料规格等与拟套用的定额分项工程规定的工作内容、技术特征、施工方法、材料规格等完全相符时，则可直接套用定额。这种情况是编制施工图预算最常见的。直接套用定额项目的方法和步骤如下：

（1）根据施工图纸设计的工程项目内容，从定额目录中查出该工程项目所在定额中的页数及其部位，选定相应的定额项目与定额编号。

(2) 判断施工图纸设计的工程项目内容与定额规定的内容，是否相一致。当完全一致时，可直接套用定额基价。在套用定额基价前，必须注意核实分项工程的名称、规格、计量单位与定额规定的名称、规格、计量单位是否一致。

(3) 将定额编号和定额基价，其中包括人工费、材料费和施工机械使用费分别填入工程预算表内。

【例 2-2】 参考表 2-11 的定额项目表，试确定某装饰工程台阶面水泥砂浆镶贴陶瓷地砖的基价及人工费、材料费、机械费。

陶瓷地砖楼地面 **表 2-11**

工作内容：清理基层、试排弹线、锯板修边、铺贴饰面、清理净面 单位：100m²

定额编号				B1-148	B1-149	B1-150
项目				台阶	楼梯	零星项目
基价（元）				4820.36	5238.01	5753.57
其中	人工费（元）			2126.10	2738.16	3861.06
	材料费（元）			2627.64	2438.97	1853.57
	机械费（元）			66.62	60.88	38.94
	名称	单位	单价（元）	数量		
人工	普工	工日	42.00	15.250	19.640	27.690
	技工	工日	48.00	30.950	39.860	56.210
材料	陶瓷砖	m²	11.35	156.900	144.700	106.000
	水泥砂浆 1：3	m³	200.67	2.990	2.760	2.020
	素水泥浆	m³	481.95	0.150	0.140	0.110
	白水泥	kg	0.60	15.500	14.100	11.000
	零星材料	元	1.00	165.220	166.840	185.500
机械	灰浆搅拌机 200L	台班	86.57	0.520	0.480	0.350
	手提砂轮切割机	台班	11.37	1.900	1.700	0.760

【解】 以某地区《装饰装修工程消耗量定额及统一基价表》为例，见表 2-11。

① 从定额目录中，查出陶瓷地砖台阶面的定额编号为 B1-148。

② 通过判断可知，陶瓷地砖台阶面分项工程内容符合定额规定的内容，即可直接套用定额项目。

③ 从表 2-11 中查得陶瓷地砖台阶面的定额基价为：B1-148＝4820.36 元/100m²；其中人工费：2126.10 元/100m²；材料费：2627.64 元/100m²；机械费：66.62 元/100m²。

2. 定额换算的方法

当施工图纸设计要求与拟套的定额项目的工程内容、材料规格、施工工艺等不完全相符时，则不能直接套用定额。这时应根据定额规定进行计算。如果定额规定允许换算，则应按照定额规定的换算方法进行换算；如果定额规定不允许换算，则该定额项目不能进行调整换算。经过换算后的定额项目的定额编号应在原定额编号的右下角注明一个“换”字，以示区别，如 $B2\text{-}121_{换}$。

定额换算的基本思路是：根据设计图纸所示装饰分项工程的实际内容，选定某一相关定额子目，按定额规定换入应增加的人工费、材料费和机械费，减去应扣除的人工费、材料费和机械费。

下面介绍几种常用的换算方法：

(1) 系数换算法

换算系数法是根据定额规定的系数，对定额项目中的人工、材料、机械或工程量等进行调整的一种方法，其换算步骤如下：

1) 根据施工图纸设计的工程项目内容，查找每一分部工程说明、工程量计算规则，判断是否需要增减系数，调整定额项目或工程量。

2) 计算换算后的定额基价，一般可按下式进行计算：

换算后定额基价＝换算前定额基价±［定额人工费（或机械费）×相应调整系数］

3) 写出换算后定额编号，右下角写明"换"字。

4) 如果工程量进行调整，直接乘系数即可。

【例 2-3】 某宾馆四级吊顶造型天棚（非艺术造型天棚），面层为柚木夹板。试计算其基价。

【解】 ① 根据工程项目内容，查找某地区《装饰装修工程消耗量定额及统一基价表》第四章说明五：天棚面层在同一标高者为平面天棚，天棚面层不在同一标高者为跌级天棚（跌级天棚其面层人工乘系数 1.1）。所以必须对定额人工费进行调整。

② 如表 2-12 所示，依题意，根据分项工程名称，查找定额编号 B4-117，定额基价为 6254.25 元/100m²，其中人工费为 1359.72 元/100m²，则：

$$\text{B4-117}_{换} = 6254.25 + 1359.72 \times (1.1-1)$$
$$= 6390.22 \text{ 元}/100\text{m}^2$$

天棚面层 **表 2-12**

工作内容：安装天棚面层 单位：100m²

定额编号				B4-117	B4-118	B4-119
项目				柚木夹板	水泥木丝板	薄板厚 15mm
				天棚面层		
基价（元）				6254.25	1435.32	3443.73
其中	人工费（元）			1359.72	379.68	474.60
	材料费（元）			4894.53	1055.64	2969.13
	机械费（元）			—	—	—
名称		单位	单价（元）	数量		
人工	普日	工日	42.00	7.160	2.000	2.500
	技工	工日	48.00	19.200	5.360	6.700
	高级技工	工日	60.00	2.290	0.640	0.800
材料	锯材	m³	1550.00	—	—	1.890
	胶合板 δ5	m²	13.07	105.000	—	—
	柚木板 δ12	m²	28.50	105.000	—	—
	水泥木丝板	m²	9.66	—	103.5000	—
	镀锌薄钢板 δ0.552	m²	23.75	—	0.370	—
	立时得胶	kg	15.89	32.550	—	—
	零星材料	元	1.00	12.460	47.050	39.630

（2）装饰用砂浆配合比的换算

装饰用砂浆设计厚度与定额相同，而配合比与定额不同时的换算方法。用公式表示如下：

换算后的定额基价＝换算前原定额基价＋（应换入砂浆的单价－应换出砂浆的单价）×应换算砂浆的定额用量

【例2-4】 某工程楼梯面设计1∶1水泥砂浆贴陶瓷地砖。试计算定额基价。

【解】 见表2-13，根据某地区《装饰装修工程消耗量定额及统一基价表》，陶瓷地砖楼梯面应套B1-149子目，因为该子目是1∶3水泥砂浆粘贴，与设计1∶1水泥砂浆不同，所以需要换算。

① 查定额子目　　　　B1-149＝5238.01元/100m²

1∶3水泥砂浆消耗量　　2.760m³/100m²　　　单价为200.67元/100m²

如表2-13所示，查某地区《建筑工程消耗量定额及统一基价表》附表的抹灰砂浆配合比表，定额6-18，1∶1水泥砂浆基价＝296.71元/100m²

② 换算后的基价 $B1\text{-}149_{换}$＝5238.01＋(296.71－200.67)×2.760

＝5503.08元/100m²

水泥砂浆配合比表　　单位：m³　**表2-13**

定额编号				6-18	6-19	6-20	6-21	6-22	6-23
项目				水泥砂浆					
				1∶1	1∶1.5	1∶2	1∶2.5	1∶3	1∶4
基价（元）				296.71	271.46	252.56	226.66	200.67	168.29
材料	32.5级水泥	kg	0.32	782.000	664.00	577.000	485.000	404.000	303.000
	中（粗）砂	m³	60.00	0.760	0.9700	1.120	1.180	1.180	1.180
	水	m³	2.12	0.410	0.3700	0.340	0.310	0.280	0.250

（3）装饰用砂浆厚度的换算

当施工图设计的装饰用砂浆的配合比与定额相同，但厚度不同时，这时的人工、材料、机械台班的消耗量均发生了变化，因此，不仅要调整人工、材料、机械台班的定额消耗量，还要调整人工费、材料费、机械费和定额基价。

换算方法是：根据定额中规定的每增减1mm厚度的费用及工、料、机的定额用量进行换算。

【例2-5】 某工程砖墙面采用水刷白石子，设计要求14厚1∶3水泥砂浆打底，12厚1∶1.5水泥白石子浆面层，其他做法与定额相同。试计算该项目的定额基价。

【解】 根据某地区《装饰装修工程消耗量定额及统一基价表》，如表2-15所示，砖墙面采用水刷白石子套用定额子目B2-82，该子目的砂浆配合比与设计相同，且砂浆厚度与设计不同，需根据表2-14～表2-16消耗量定额项目B2-82、B2-58、B2-115进行换算。

$B2\text{-}82_{换}$＝2738.93＋46.41×2＋89.67×2＝3011.09元/100m²

水刷石墙面 **表 2-14**

工作内容：1. 清理、修补、湿润墙面、堵墙眼、调运砂浆、清扫落地灰
2. 分层抹灰、刷浆、找平、起线拍平、压实、刷面（包括门窗侧壁抹灰）

单位：$100m^2$

定额编号				B2-82	B2-83	B2-84	B2-85
项目				水刷白石子			
				砖、混凝土墙面 12+10	毛石墙面 20+10	柱面	零星项目
基价（元）				2738.93	3008.34	3269.03	5480.79
其中	人工费（元）			1688.46	1757.04	2254.50	4165.26
	材料费（元）			1014.11	1201.09	979.04	1280.04
	机械费（元）			36.36	50.21	35.49	35.49
名称		单位	单价（元）	数量			
人工	普工	工日	42.00	12.110	12.600	16.170	29.870
	技工	工日	48.00	24.580	25.580	32.820	60.640
材料	水泥砂浆 1：3	m^3	200.67	1.390	2.320	1.330	2.830
	水泥白石子砂浆 1：1.5	m^3	575.84	1.160	1.160	1.120	1.120
	零星材料	元	1.00	67.200	67.560	67.200	67.200
机械	灰浆搅拌机 200L	台班	86.57	0.420	0.580	0.410	0.410

一般抹灰砂浆厚度调整及墙面分格、嵌条、压线 **表 2-15**

工作内容：调运砂浆

单位：$100m^2$

定额编号				B2-57	B2-58	B2-59
项目				抹灰层每增减 1mm		
				石灰砂浆 1：2.5	水泥砂浆 1：2.5	混合砂浆 1：1：6
基价（元）				29.91	46.41	43.97
其中	人工费（元）			16.08	17.46	23.94
	材料费（元）			12.10	27.22	18.30
	机械费（元）			1.73	1.73	1.73
名称		单位	单价（元）	数量		
人工	普工	工日	42.00	0.120	0.130	0.170
	技工	工日	48.00	0.230	0.250	0.350
材料	水泥砂浆 1：2.5	m^3	226.66	—	0.120	—
	水泥石灰砂浆 1：1：6	m^3	152.33	—	—	0.120
	石灰砂浆 1：2.5	m^3	109.79	0.110	—	—
	零星材料	元	1.00	0.020	0.020	0.020
机械	灰浆搅拌机 200L	台班	86.57	0.020	0.020	0.020

注：一般抹灰厚度调整的砂浆配合比为综合取定，设计与定额不同时，均不得换算。

装饰抹灰砂浆厚度调整及分格嵌缝　　**表 2-16**

工作内容：1. 调运砂浆
2. 玻璃条制作安装、划线分格
3. 清扫基层、涂刷素水泥浆

单位：$100m^2$

<table>
<tr><td colspan="4">定额编号</td><td>B2-114</td><td>B2-115</td><td>B2-116</td></tr>
<tr><td colspan="4" rowspan="2">项目</td><td colspan="3">厚度每增减 1mm</td></tr>
<tr><td>水泥豆石浆</td><td>水泥白石子浆</td><td>玻璃渣浆</td></tr>
<tr><td colspan="4">基价（元）</td><td>67.01</td><td>89.67</td><td>100.39</td></tr>
<tr><td rowspan="3">其中</td><td colspan="3">人工费（元）</td><td>18.84</td><td>18.84</td><td>17.94</td></tr>
<tr><td colspan="3">材料费（元）</td><td>46.44</td><td>69.10</td><td>80.72</td></tr>
<tr><td colspan="3">机械费（元）</td><td>1.73</td><td>1.73</td><td>1.73</td></tr>
<tr><td colspan="2">名称</td><td>单位</td><td>单价（元）</td><td colspan="3">数量</td></tr>
<tr><td rowspan="2">人工</td><td>普工</td><td>工日</td><td>42.00</td><td>0.140</td><td>0.140</td><td>0.130</td></tr>
<tr><td>技工</td><td>工日</td><td>48.00</td><td>0.270</td><td>0.270</td><td>0.260</td></tr>
<tr><td rowspan="3">材料</td><td>水泥绿豆砂浆 1：1.25</td><td>m³</td><td>386.96</td><td>0.120</td><td>—</td><td>—</td></tr>
<tr><td>水泥白石子浆 1：1.5</td><td>m³</td><td>575.84</td><td>—</td><td>0.120</td><td>—</td></tr>
<tr><td>水泥玻璃渣浆 1：1.25</td><td>m³</td><td>672.64</td><td>—</td><td>—</td><td>0.120</td></tr>
<tr><td>机械</td><td>灰浆搅拌机 200L</td><td>台班</td><td>86.57</td><td>0.020</td><td>0.020</td><td>0.020</td></tr>
</table>

（4）材料用量换算法

当施工图纸设计的工程项目的主材用量，与定额规定的主材消耗量不同而引起定额基价的变化时，必须进行材料用量换算。其换算的方法步骤如下：

① 根据施工图纸设计的工程项目内容，查找说明及工程量计算规则，判断是否需要进行定额换算。

② 计算工程项目主材的实际用量和定额单位实际消耗量，一般可按下式进行计算：

单位主材实际消耗量＝主材实际用量/工程项目工程量×工程项目定额计量单位

③ 计算换算后的定额基价，一般可按下式进行计算：

换算后的定额基价＝换算前定额基价±(单位主材实际消耗量—单位主材定额消耗量)×相应主材单价

【例 2-6】 某工程采用不锈钢管扶手（直形），其工程量为 342.56m，根据设计图纸计算的不锈钢管（$\phi60$）的实际用量为 369.97m（包括各种损耗）。试确定其换算后的定额基价。

【解】 根据某地区《装饰装修工程消耗量定额及统一基价表》，如表 2-17 所示，查出不锈钢管扶手（直形）定额项目编号为 B1-311，通过材料用量进行换算。

① 查出定额子目　　B1-311＝7716.48 元/100m

其主材不锈钢管（$\phi60$）的定额消耗量＝93.900m/100m，单价：66.06 元/m

② 计算不锈钢管（$\phi60$）定额单位的实际消耗量：

不锈钢管定额单位实际消耗量＝369.97/342.56×100＝108.002m/100m

③ 计算换算后定额基价：

$B1\text{-}311_{换}$＝7716.48＋(108.002－93.900)×66.06＝8648.06 元/100m

扶手　　**表 2-17**

工作内容：制作、安装　　单位：100m

定额编号				B1-310	B1-311	B1-312
项目				铝合金扶手	不锈钢管扶手	
					直形	
				100×44	φ60	φ75
基价（元）				3638.90	7716.48	7784.65
其中	人工费（元）			540.36	540.36	566.40
	材料费（元）			3028.20	6941.11	6941.11
	机械费（元）			70.34	235.01	277.14
	名称	单位	单价（元）	数量		
人工	技工	工日	48.00	6.970	6.970	7.300
	高级技工	工日	60.00	3.430	3.430	3.600
材料	铝合金扁管 100mm×44mm×1.8mm	m	28.16	106.000	—	—
	铝合金 U 形 80×13×1.2	m	7.62	2.000	—	—
	直形不锈钢扶手 φ60	m	66.06	—	93.900	—
	直形不锈钢扶手 φ75	m	66.06	—	—	93.900
	零星材料	元	1.00	28.000	738.080	738.080
机械	管子切断机 φ60	台班	17.63	—	1.600	—
	管子切断机 φ150	台班	43.96	1.600	—	1.600
	交流电焊机 30kV·A	台班	159.08	—	1.300	1.300

（5）套用补充定额项目

当分项工程的设计内容与定额项目规定的条件完全不相同时，或者由于设计采用新结构、新材料、新工艺在地区消耗量定额中没有同类项目，可编制补充定额。

编制补充定额的方法通常有两种：

1）按照本节介绍的编制方法计算项目的人工、材料和机械台班消耗量指标，然后分别乘以地区人工工资单价、材料预算价格、机械台班使用费，然后汇总得补充项目的预算基价。

2）补充项目的人工、机械台班消耗量，以同类型工序、同类型产品定额水平消耗量标准为依据，套用相近的定额项目，材料消耗量按施工图进行计算或实际测定。

补充项目的定额编号一般为“章号—节号—补×”，×为序号。

【例 2-7】 某工程为钢化镀膜玻璃幕墙，试计算其基价。

【解】 由于该工程无定额可查询，其分项工程单价需经过分析得到。参考 2009 年《湖北省建筑工程消耗量定额及统一基价表（装饰、装修）》并考虑人、材、机市场情况进行分析，具体见表 2-18。

钢化镀膜玻璃幕墙单价分析表　　**表 2-18**

单位：m^2

序号	人、材、机及费用名称	数量	单位	单价（元）	总价（元）
1	人工费	1	m^2	150	150.00
2	材料费				
2.1	铝型材 140 型	10.8	kg	28	302.40
2.2	钢化镀膜玻璃 6mm 厚	1.1284	m^2	108	121.87

续表

序号	人、材、机及费用名称	数量	单位	单价（元）	总价（元）
2.3	硅酮结构胶	2	支	38	76.00
2.4	硅酮耐候胶	1.8	支	25	45.00
2.5	铁件	3	kg	5.09	15.27
2.6	双面胶条	1	m^2	6	6.00
2.7	膨胀螺栓	3	个	1.3	3.90
2.8	防火隔层	1	m^2	28.23	28.23
2.9	辅材	1	m^2	16	16.00
3	机械费	1	m^2	7.43	7.43
4	小计				697.10
5	利润（4）×2%				13.94
6	不含税工程造价（4+5）				711.04元/m^2
7	税金（6）×3.6914%				26.24
8	含税工程造价（6+7）				802.28元/m^2

2.2.2.4　地区单位估价表的其他应用

1. 计算直接工程费

直接工程费是指在施工过程中直接构成工程实体和有助于达到装饰工程设计效果所消耗的各种费用，包括人工费、材料费和机械费等。

（1）工料单价法计算直接工程费

1）计算公式：

分项工程直接工程费＝基价×分项工程量

2）举例：

【例 2-8】　某装饰工程铝合金扶手（100mm×44mm）工程量为300m。试确定其直接工程费。

【解】　以表2-17某地区《装饰装修工程消耗量定额及统一基价表》为例，查出铝合金扶手（100mm×44mm）的基价3638.90元/100m，故

铝合金扶手直接工程费＝(3638.90/100)×300＝10916.7元

（2）实物法计算直接工程费

1）计算公式：

分项工程直接工程费＝人工费＋材料费＋机械费

人工费＝分项工程定额人工工日数×人工单价×工程量

材料费＝$\sum$(分项工程定额材料用量×相应的材料市场价格×工程量)

机械费＝$\sum$(分项工程定额机械台班使用量×相应机械台班市场价格×工程量)

2）举例：

【例 2-9】　某装饰工程柚木夹板天棚面层工程量为300m^2，已知工程所在地普工人工费为45元/工日，技工人工费为55元/工日，高级技工人工费为80元/工日，柚木夹板（δ＝12mm）市场价为29.5元/m^2，胶合板五夹市场价为14.3元/m^2，立时得胶市场价为15.61元/kg。试确定其直接工程费。

【解】 以表 2-12 某地区《装饰装修工程消耗量定额及统一基价表》为例，查出该分项工程定额编号为 B4—117，普工定额消耗量为 7.160 工日/100m^2，技工定额消耗量为 19.200 工日/100m^2，高级技工定额消耗量为 2.290 工日/100m^2，柚木夹板定额消耗量为 105.00m^2/100m^2，胶合板五夹定额消耗量为 105.00m^2/100m^2，立时得胶定额消耗量为 32.550kg/100m^2，零星材料费为 12.460 元，无机械消耗量。

人工费＝(45×7.16＋55×19.2＋80×2.29)×300/100＝4684.2 元

材料费＝(105.00×29.5＋105.00×14.3＋32.55×15.61＋12.46)×300/100
　　＝15358.70 元

机械费＝0 元

分项工程直接工程费＝人工费＋材料费＋机械费
　　　　　　　　＝4684.20＋15358.70＋0
　　　　　　　　＝20042.9 元

2. 工料分析

(1) 工料分析的定义

工料分析是指对施工中构成工程实体的分部分项工程的人工、材料和机械的消耗量以及施工技术措施项目中耗用的人工、材料、机械进行计算。

(2) 工料分析计算方法

工料分析是根据各分部分项工程的实物工程量和相应定额中的项目所列的用工工日及材料数量，计算各分部分项工程所需的人工及材料数量，相加汇总便得出单位工程所需要的各类人工和材料的数量。其计算公式如下：

分项工程人工消耗量＝$\sum$ 分项工程量×定额人工消耗量

单位工程人工消耗量＝$\sum$(分项工程人工消耗量)

分项工程材料消耗量＝$\sum$ 分项工程量×定额材料消耗量

单位工程材料消耗量＝$\sum$(分项工程材料消耗量)

分项工程机械消耗量＝$\sum$ 分项工程量×定额人工消耗量

单位工程机械消耗量＝$\sum$(分项工程人工消耗量)

(3) 工料分析计算举例

【例 2-10】 某装饰工程柚木夹板天棚面层工程量为 300m^2。试对该分项工程进行工料分析。

【解】 以表 2-12 某地区《装饰装修工程消耗量定额及统一基价表》为例，查出该分项工程定额编号为 B4—117，普工定额消耗量为 7.160 工日/100m^2，技工定额消耗量为 19.200 工日/100m^2，高级技工定额消耗量为 2.290 工日/100m^2，柚木夹板定额消耗量为 105.00m^2/100m^2，胶合板五夹定额消耗量为 105.00m^2/100m^2，立时得胶定额消耗量为 32.550kg/100m^2，零星材料费为 12.460 元，无机械消耗量。则：

人工：普工消耗量＝300×7.160/100＝21.48 工日
　　　技工消耗量＝300×19.200/100＝57.6 工日
　　　高级技工消耗量＝300×2.290/100＝6.87 工日

材料：柚木夹板（δ=12mm）消耗量=300×105.00/100=315m²

胶合板五夹消耗量=300×105.00/100=315m²

立时得胶消耗量=300×32.550/100=97.65kg

3. 按照计算规则计算工程量

各省、市、自治区根据其不同的区域实际情况参照全国统一定额编制了地区单位估价表，我们通常称为地方定额，如北京市定额、湖北省定额、广东省定额，各地区定额名称也不尽相同，如2012年《北京市建设工程计价依据—预算定额》（第一册）房屋建筑与装饰工程预算定额，2008年《湖北省装饰装修工程消耗量定额及统一基价表》，《广东省建筑与装饰工程综合定额2010》。

定额计量是根据地方定额完成的，而地方定额计量规则存在不同之处，因此，在本书中不详细介绍各个地方定额的计量规则。

2.3　建筑面积计算

2.3.1　建筑面积的定义、组成及计算规范包含的内容

2.3.1.1　建筑面积的定义

建筑面积是指工业厂房、仓库、公共建筑、居住建筑，农业生产使用的房屋、粮种仓库、地铁车站等建筑物的展开面积，即建筑物各层面积的总和或外墙勒脚以上结构外围水平投影面积之和，按单层建筑物和多层建筑物（包括地下室和半地下室）划分。单层建筑物的建筑面积是指建筑物勒脚以上外墙结构的外围水平投影面积，多层建筑物的首层与单层相同，二层及以上是指外墙结构的外围水平投影面积之和。

2.3.1.2　建筑面积的组成

建筑面积是由使用面积、结构面积和辅助面积所组成的。下面分别定义使用面积、结构面积和辅助面积：

1. 使用面积

使用面积是指供人们居住、工作、学习、休闲娱乐、购物等的建筑室内各层空间的净面积。不包括在结构面积内的烟囱、通风道、管道井均计入使用面积。

2. 结构面积

结构面积是指建筑物各层中，不包括墙面装饰厚度在内的外墙、内墙、柱子、玻璃幕墙、垃圾道、通风道、烟囱等结构构件所占的水平截面面积（或投影面积）的总和。

3. 辅助面积

辅助面积是指楼梯、走廊、过道等交通面积及不直接提供人们生活的室内净面积的总和，如厨房、卫生间、厕所、贮藏室等。

建筑面积是以平方米为计量单位反映房屋建筑规模的实物量指标，它广泛应用于项目建设计划、统计、设计、施工和工程概（预）算等各个方面，在建筑工程造价管理方面起着非常重要的作用，是房屋建筑计价的主要指标之一。

2.3.1.3　建筑面积计算规范包含的内容

建筑面积计算规范内容包括总则、术语、计算建筑面积的规定三个部分以及规范条文

说明。第一部分总则阐述了规范制定目的、适用范围、建筑面积计算应遵循的原则等。第二部分列举了25条术语，对建筑面积计算规定中涉及的建筑物有关部位的名词作了解释或定义。第三部分计算建筑面积的规定共有25条，包括建筑面积计算范围、计算方法和不计算建筑面积的范围。规范条文说明对建筑面积计算规定中的具体内容、方法作了细部界定和说明，以便能准确地使用规定和方法。

2.3.2 建筑面积计算规范总则

（1）为规范工业与民用建筑工程的面积计算，统一计算方法，制定本规范。

（2）本规范适用于新建、扩建、改建的工业与民用建筑工程的面积计算。

（3）建筑面积计算应遵循科学、合理的原则。

（4）建筑面积计算除应遵循本规范，尚应符合国家现行的有关标准规范的规定。

2.3.3 与建筑面积计算有关的术语

1. 层高 story height

上下两层楼面或楼面与地面之间的垂直距离。

2. 自然层 floor

按楼板、地板结构分层的楼层。

3. 架空层 empty space

建筑物深基础或坡地建筑吊脚部位不回填土石方形成的建筑空间。

4. 走廊 corridor gallery

建筑物的水平交通空间。

5. 挑廊 overhanging corridor

挑出建筑物外墙的水平交通空间。

6. 檐廊 eaves gallery

设置在建筑物底层出檐下的水平交通空间。

7. 回廊 cloister

在建筑物门厅、大厅内设置在二层或二层以上的回形走廊。

8. 门斗 foyer

在建筑物出入口设置的起分隔、挡风、御寒等作用的建筑过渡空间。

9. 建筑物通道 passage

为道路穿过建筑物而设置的建筑空间。

10. 架空走廊 bridge way

建筑物与建筑物之间，在二层或二层以上专门为水平交通设置的走廊。

11. 勒脚 plinth

建筑物的外墙与室外地面或散水接触部位墙体的加厚部分。

12. 围护结构 envelop enclosure

围合建筑空间四周的墙体、门、窗等。

13. 围护性幕墙 enclosing curtain wall

直接作为外墙起围护作用的幕墙。

14. 装饰性幕墙 decorative faced curtain wall

设置在建筑物墙体外起装饰作用的幕墙。

15. 落地橱窗 french window

突出外墙面根基落地的橱窗。

16. 阳台 balcony

供使用者进行活动和晾晒衣物的建筑空间。

17. 眺望间 view room

设置在建筑物顶层或挑出房间的供人们远眺或观察周围情况的建筑空间。

18. 雨篷 canopy

设置在建筑物进出口上部的遮雨、遮阳篷。

19. 地下室 basement

房间地平面低于室外地平面的高度超过该房间净高的 1/2 者为地下室。

20. 半地下室 seme basement

房间地平面低于室外地平面的高度超过该房间净高的 1/3，且不超过 1/2 者为半地下室。

21. 变形缝 deformation joint

伸张缝（温度缝）、沉降缝和抗震缝的总称。

22. 永久性顶盖 permanent cap

经规划批准设计的永久使用的顶盖。

23. 飘窗 bay window

为房间采光和美化造型而设置的突出外墙的窗。

24. 骑楼 overhang

楼层部分跨在人行道上的临街楼房。

25. 过街楼 arcade

有道路穿过建筑空间的楼房。

2.3.4 建筑面积计算的有关规定

2.3.4.1 房屋建筑的主体部分

1. 单层建筑物

单层建筑物的建筑面积，应按其外墙勒脚以上结构外围水平面积计算。单层建筑物高度在 2.2m 及以上者应计算全面积；层高不足 2.2m 者应计算 1/2 面积。勒脚是指建筑物外墙与室外地面或散水接触部位墙体的加厚部分；高度是指室内地面至屋面（最低处）结构标高之间的垂直距离。

（1）单层建筑物内未设有局部楼层者，如图 2-7 所示，计算规则如下：

$$H_{层高} \geqslant 2.2\text{m}, S = S\text{全面积}$$
$$H_{层高} < 2.2\text{m}, S = S\text{半面积}$$

（2）单层建筑物内设有局部楼层者，如图 2-8 所示，局部楼层的二层及以上楼层计算规则如下：

$$H_{层高} \geqslant 2.2\text{m}, S = S\text{全面积}$$
$$H_{层高} < 2.2\text{m}, S = S\text{半面积}$$

① 有围护结构的应按其围护结构外围水平面积计算；

② 无围护结构的应按其结构底板水平面积计算。

围护结构是指围合建筑空间四周的墙体、门、窗等。需要注意的是，局部楼层的一层建筑面积不需另算，它已包括在单层建筑物的建筑面积计算之内。

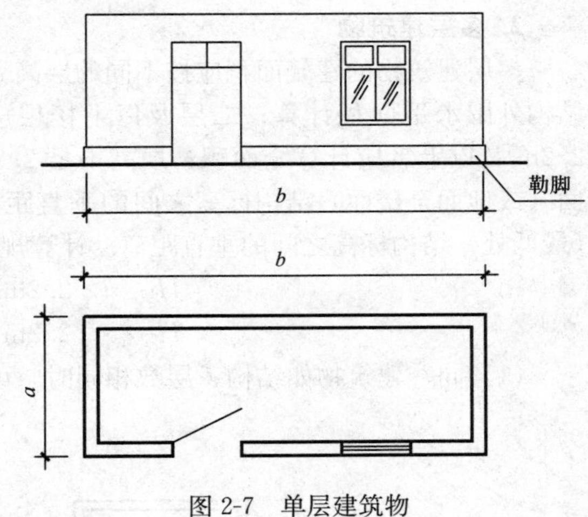

图 2-7 单层建筑物

（3）单层建筑物坡屋顶内建筑面积，如图 2-9 所示，计算规则如下：

① 当设计加以利用时：

计算规则：$H_{净高} \geqslant 2.2m$，$S=S$ 全面积

$1.2m \leqslant H_{净高} \leqslant 2.1m$，$S=S$ 半面积

$h<1.2m$，$S=0$

② 当设计不加以利用时，$S=0$。

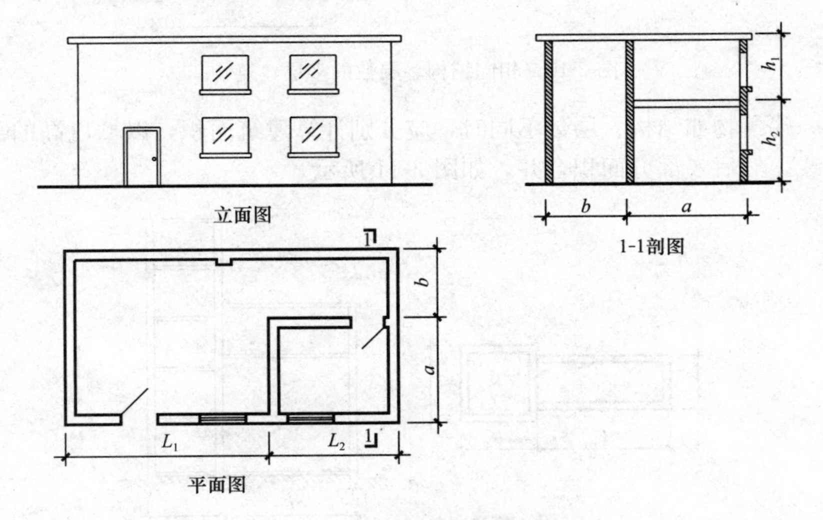

图 2-8 单层建筑物局部设楼层

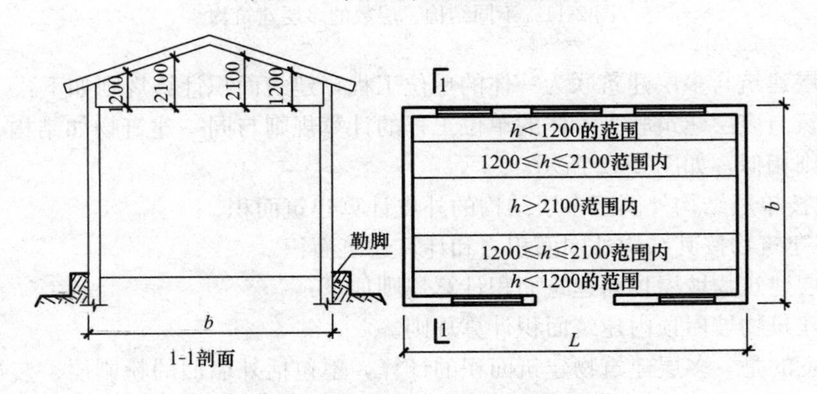

图 2-9 单层建筑物利用坡屋顶内空间

2. 多层建筑物

多层建筑物的建筑面积应按不同的层高划分界限分别计算。首层应按其外墙勒脚以上结构外围水平面积计算；二层及以上楼层应按其外墙结构外围水平面积计算。层高在2.2m及以上者应计算全面积；层高不足2.2m者应计算1/2面积。层高是指上下两层楼面（或地面至楼面）结构标高之间的垂直距离；其中，最上一层的层高是其楼面至屋面（最低处）结构标高之间的垂直距离。计算规则如下：

$$H_{层高} \geqslant 2.2\text{m}, S = S\text{全面积}$$

$$H_{层高} < 2.2\text{m}, S = S\text{半面积}$$

（1）同一建筑物如结构、层数相同时，可以合并计算建筑面积，如图2-10所示。

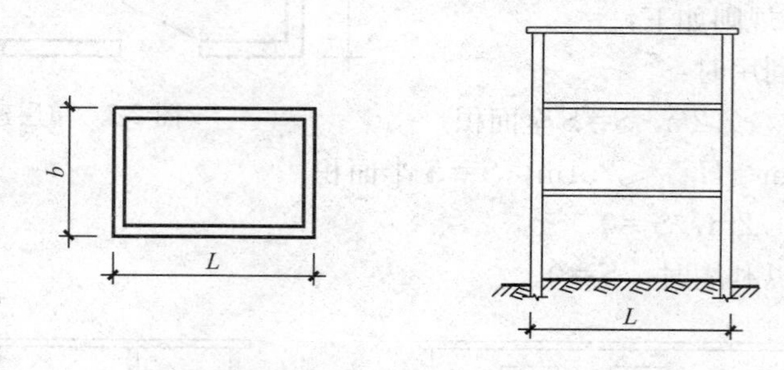

图2-10　相同结构、层数的多层建筑物

（2）同一建筑物如结构、层数不同时，应分别计算建筑面积，以檐口高的部分结构外边线为分界线，然后各部分面积合并，如图2-11所示。

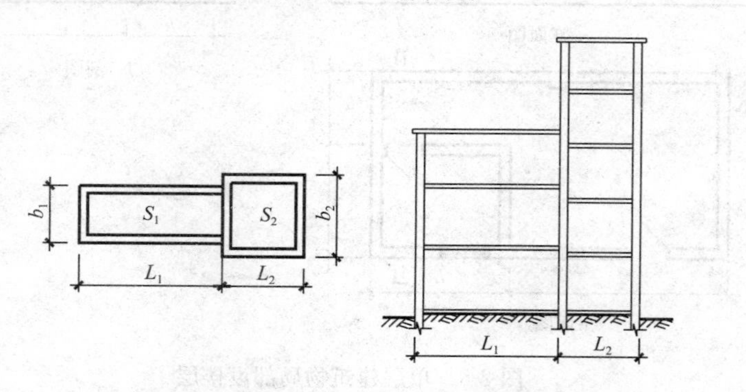

图2-11　不同结构、层数的多层建筑物

（3）单层建筑与多层建筑联为一体的单位工程，建筑面积计算规则如下：

单层建筑与多层建筑联为一体的单位工程的计算规则与同一建筑物如结构、层数不同时的计算规则相似，如图2-12所示。

① 单层按单层结构外围至多层结构的外皮计算建筑面积；

② 多层建筑物按其结构外围面积之和计算建筑面积。

（4）多层建筑物坡屋顶内建筑面积计算规则如下：

同单层建筑物坡屋顶内建筑面积计算规则。

需要注意的是，多层建筑物建筑面积的计算，不包括外墙面的粉刷层、装饰层，但建筑物外墙外侧有保温隔热层的，应按保温隔热层外边线计算建筑面积。

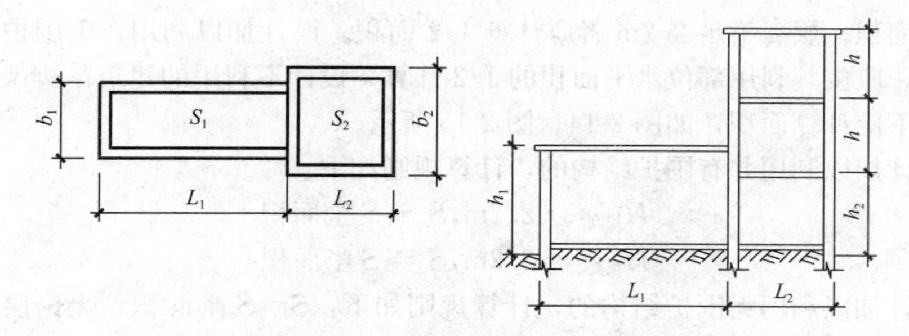

图 2-12 单层与多层连为一体的建筑物

3. 地下建筑、架空层

地下室、半地下室（包括相应的有永久性顶盖的出入口）建筑面积，应按其外墙上口（不包括采光井、外墙防潮层及其保护墙）外边线所围水平面积计算，见图 2-13（*a*）、(*b*)。层高在 2.2m 及以上者应计算全面积，层高不足 2.2m 者应计算 1/2 面积。房间地平面低于室外地平面的高度超过该房间净高的 1/2 者为地下室；房间地平面低于室外地平面的高度超过该房间净高的 1/3，且不超过 1/2 者为半地下室；永久性顶盖是指经规划批准设计的永久使用的顶盖。计算规则如下：

$$H_{层高} \geqslant 2.2\text{m}, S = S\text{全面积}$$
$$H_{层高} < 2.2\text{m}, S = S\text{半面积}$$

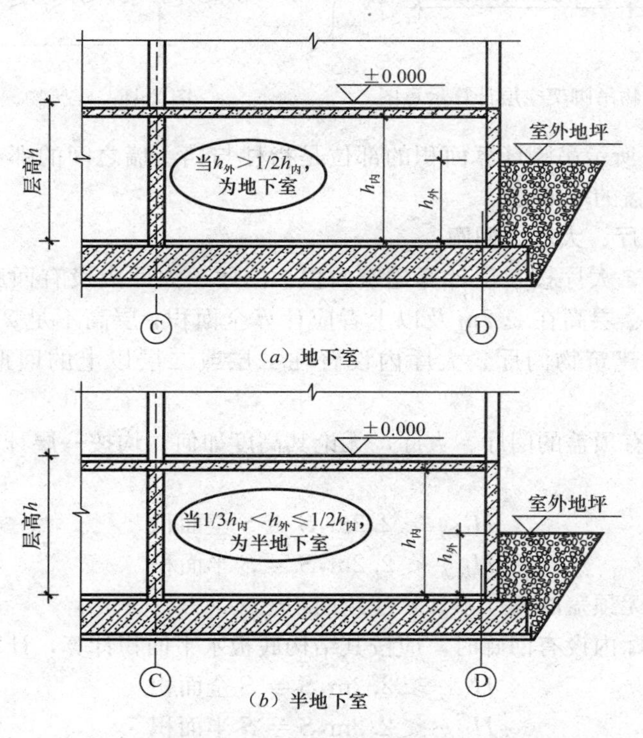

图 2-13 地下室、半地下室的建筑面积计算示意图

4. 坡地建筑物吊脚架空层和深基础架空层的建筑面积

设计加以利用并有围护结构的，按围护结构外围水平面积计算。层高在 2.2m 及以上

者应计算全面积；层高不足 2.2m 者应计算 1/2 面积。设计加以利用、无围护结构的建筑吊脚架空层，应按其利用部位水平面积的 1/2 计算；设计不利用的建筑吊脚架空层和深基础架空层，不应计算面积，如图 2-14、图 2-15 所示。

（1）设计加以利用并有围护结构的，计算规则如下：

$$H_{层高} \geqslant 2.2\text{m}, S = S\text{全面积}$$
$$H_{层高} < 2.2\text{m}, S = S\text{半面积}$$

（2）设计加以利用无围护结构的，计算规则如下：$S=S$ 半面积，无论层高设计不加利用时，$S=0$。

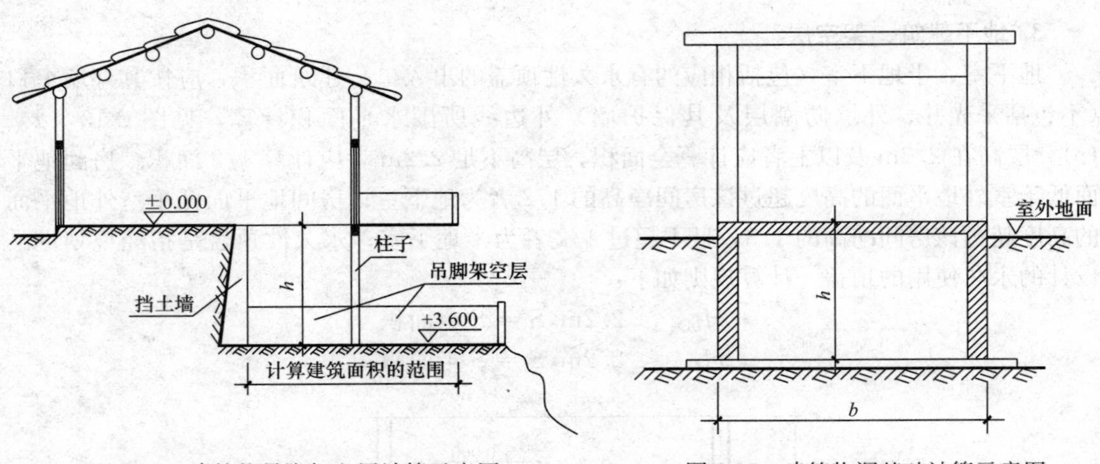

图 2-14　建筑物吊脚架空层计算示意图　　图 2-15　建筑物深基础计算示意图

注意：图 2-14 所示吊脚计算面积的部位是指柱与挡土墙之间的那部分和外面有围护结构并以阳台为顶盖的那部分。

5. 建筑物的门厅、大厅、回廊

建筑物的门厅、大厅按一层计算建筑面积。门厅、大厅内设有回廊时，应按其结构底板水平面积计算。层高在 2.2m 及以上者应计算全面积；层高不足 2.2m 者应计算 1/2 面积。回廊是指在建筑物门厅、大厅内设置在二层或二层以上的回形走廊，如图 2-16 所示。

（1）建筑物内有顶盖的门厅、大厅，无论其高度如何，均按一层计算建筑面积，计算规则如下：

$$H_{层高} \geqslant 2.2\text{m}, S = S\text{全面积}$$
$$H_{层高} < 2.2\text{m}, S = S\text{半面积}$$

（2）建筑物内无顶盖的大厅不计算建筑面积。

（3）门厅、大厅内设有回廊时，应按其结构底板水平面积计算，计算规则如下：

$$H_{层高} \geqslant 2.2\text{m}, S = S\text{全面积}$$
$$H_{层高} < 2.2\text{m}, S = S\text{半面积}$$

6. 高低联跨的建筑物、变形缝

高低联跨的建筑物应以高跨结构外边线为界分别计算建筑面积；其高低跨内部连通时，其变形缝应计算在低跨部分的面积内，如图 2-17 所示。

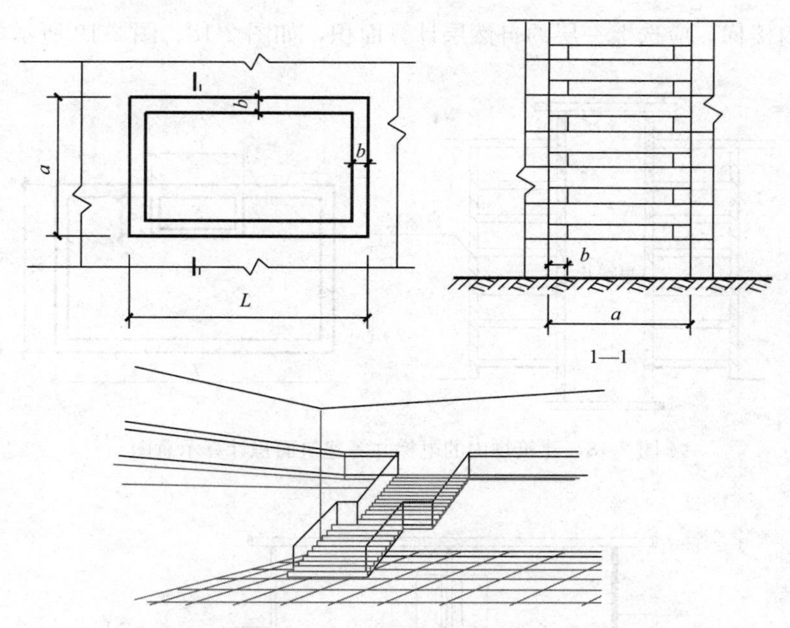

图 2-16 建筑物门厅、大厅建筑面积计算示意图

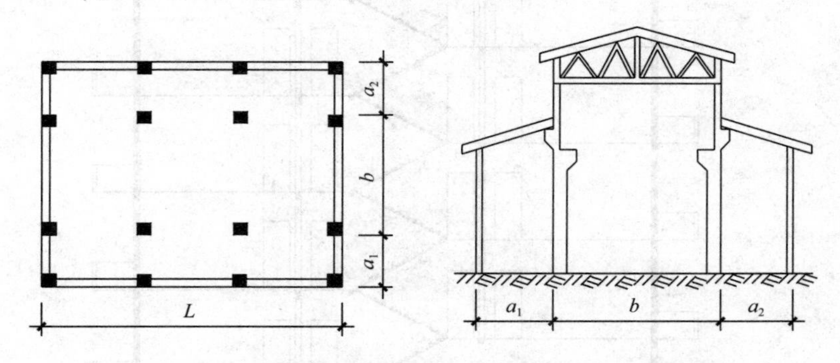

图 2-17 高低联跨的建筑物建筑面积计算示意图

建筑物内的变形缝应按其自然层合并在建筑物面积内计算。

(1) 当高低跨需要分别计算建筑面积时，应以高跨部分的结构外边线为界分别计算建筑面积；

(2) 当高低跨内部连通时，其变形缝应计算在低跨面积内；

高跨建筑面积　　$S_1=L\times b$

低跨建筑面积　　$S_2=L\times(a_1+a_2)$

式中　L——两端山墙勒脚以上外墙结构外边线间的水平距离；

a_1、a_2——高跨中柱外边线至低跨柱外边线水平宽度；

b——高跨中柱外边线之间的水平宽度。

7. 室内楼梯、井道

建筑物内的室内楼梯间、电梯井、观光电梯井、提物井、管道井、通风排气竖井、垃圾道、附墙烟囱应按建筑物的自然层计算，并计入建筑物面积内。自然层是指按楼板、地板结构分层的楼层。如遇跃层建筑，其共用的室内楼梯应按自然层计算面积；上下错层户室共用的室内楼梯，应选上一层的自然层计算面积，如图 2-18、图 2-19 所示。

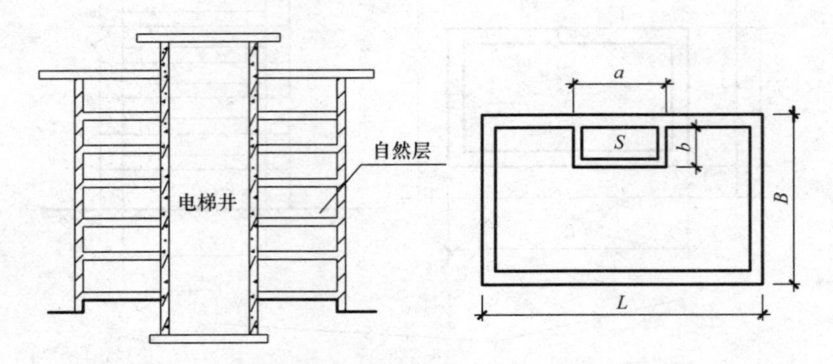

图 2-18 建筑物内的电梯井等建筑面积计算示意图

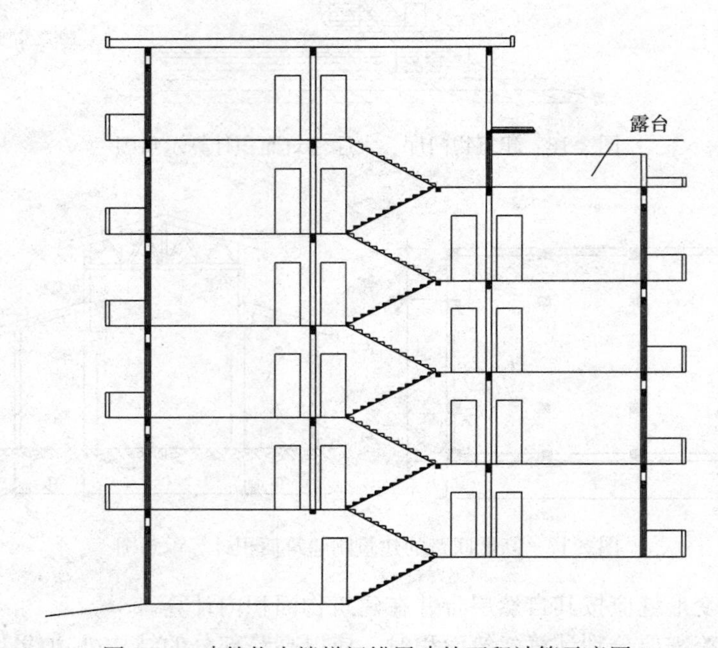

图 2-19 建筑物内楼梯间错层建筑面积计算示意图

8. 建筑物顶部

建筑物顶部有围护结构的楼梯间、水箱间、电梯间房等，按围护结构外围水平面积计算。层高在 2.2m 及以上者应计算全面积；层高不足 2.2m 者应计算 1/2 面积。无围护结构的不计算面积，如图 2-20 所示。计算规则如下：

$$H_{层高} \geqslant 2.2\text{m}, S = S\ 全面积$$

$$H_{层高} < 2.2\text{m}, S = S\ 半面积$$

9. 幕墙及保温隔热层

以幕墙作为围护结构的建筑物，应按幕墙外边线计算建筑面积。建筑物外墙外侧有保温隔热层的建筑物，应按保温隔热层外边线计算建筑面积，如图 2-21、图 2-22 所示。

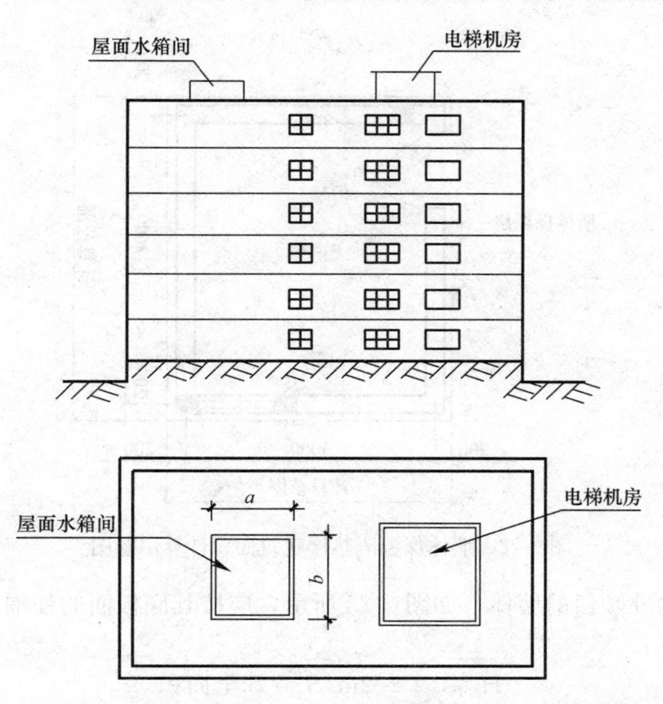

图 2-20 建筑物屋面水箱间、电梯机房建筑面积计算示意图

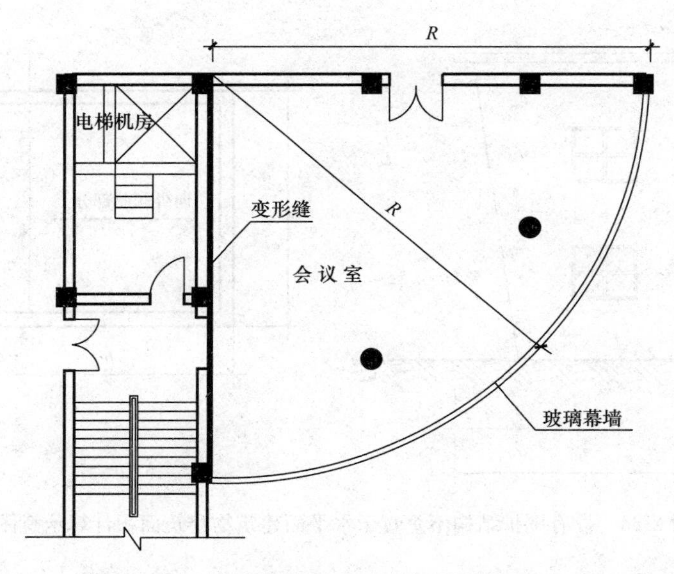

图 2-21 有维护结构的建筑物建筑面积计算示意图

10. 外墙（围护结构）向外倾斜的建筑物

设有围护结构不垂直于水平面而超出底板外沿的建筑物，应按其底板面的外围水平面积计算。层高在 2.2m 及以上者应计算全面积；层高不足 2.2m 者应计算 1/2 面积。

如遇到向建筑物内倾斜的墙体，则应视为坡屋顶，应按坡屋顶内空间有关条文计算面积。

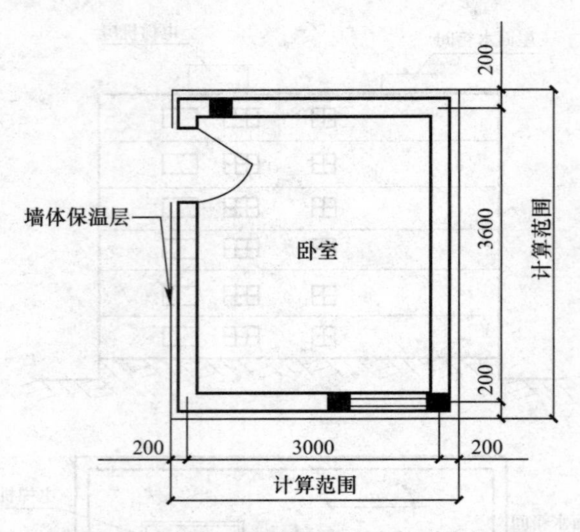

图 2-22　墙体保温隔热层建筑面积计算示意图

（1）向建筑物外倾斜的墙体，如图 2-23 所示，应按其底板面的外围水平面积计算。计算规则如下：

$$H_{层高} \geqslant 2.2\text{m}, S = S\text{全面积}$$
$$H_{层高} < 2.2\text{m}, S = S\text{半面积}$$

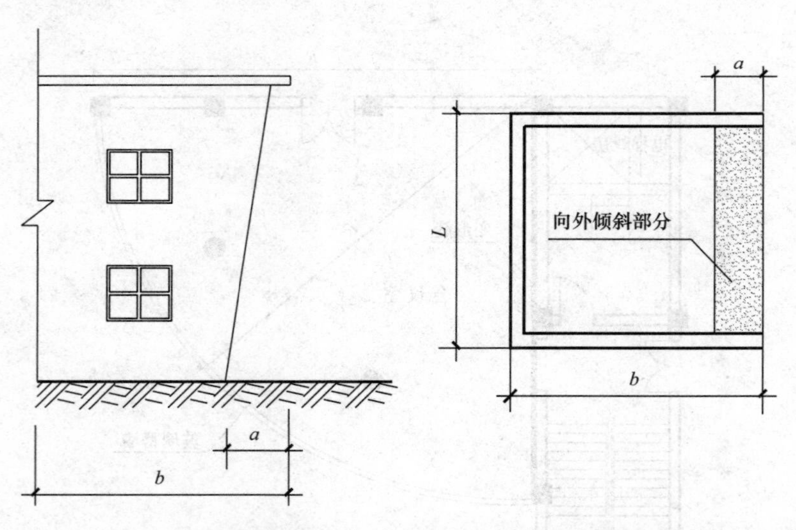

图 2-23　设有围护结构不垂直于水平面建筑物建筑面积计算示意图

（2）若遇有向建筑物内倾斜的墙体，如图 2-24 所示，应视为坡屋顶，应按坡屋顶有关条文计算建筑面积。

2.3.4.2　房屋建筑的附属部分

1. 挑廊、走廊、檐廊

走廊是指建筑物的水平交通空间；挑廊是指挑出建筑物外墙的水平交通空间；檐廊是指设置在建筑物底层出檐下的水平交通空间，如图 2-25、图 2-26 所示。

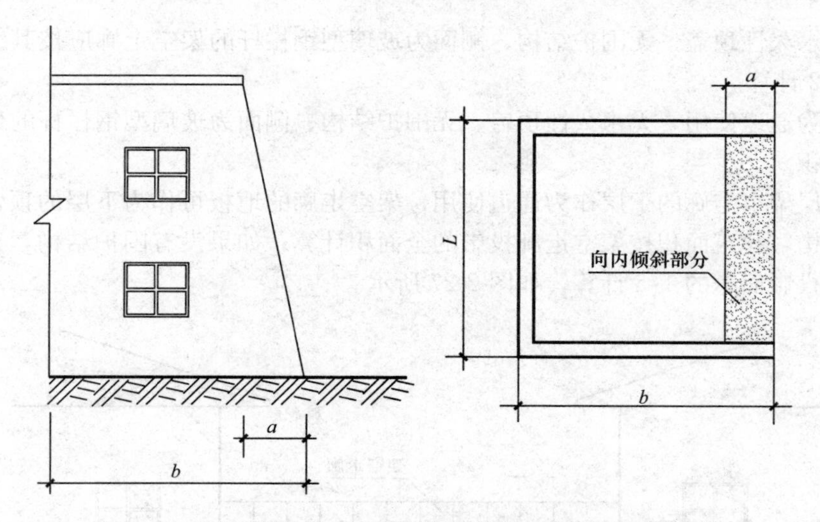

图 2-24 设有围护结构向内倾斜的建筑物建筑面积计算示意图

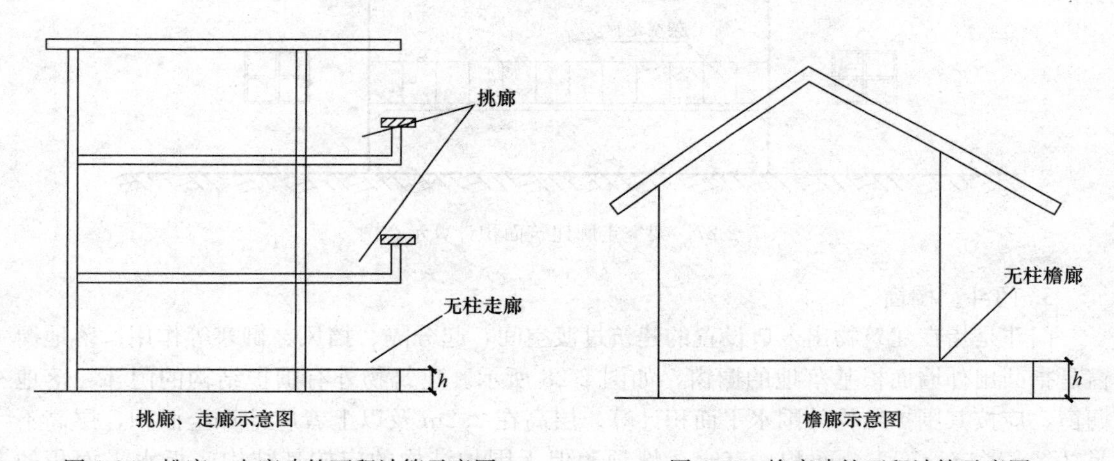

图 2-25 挑廊、走廊建筑面积计算示意图　　图 2-26 檐廊建筑面积计算示意图

建筑物外有围护结构的挑廊、走廊、檐廊，应按其围护结构外围水平面积计算。层高在 2.2m 及以上者应计算全面积；层高不足 2.2m 者应计算 1/2 面积。有永久性顶盖但无围护结构的应按其结构底板水平面积的 1/2 计算。计算规则如下：

$$H_{层高} \geqslant 2.2\text{m}, S = S\text{全面积}$$
$$H_{层高} < 2.2\text{m}, S = S\text{半面积}$$

2. 架空走廊

架空走廊是指建筑物与建筑物之间，在二层或二层以上专门为水平交通设置的走廊。建筑物之间有围护结构的架空走廊，应按其围护结构外围水平面积计算。层高在 2.2m 及以上者应计算全面积，层高不足 2.2m 者应计算 1/2 面积。有永久性顶盖但无围护结构的应按其结构底板水平面积的 1/2 计算。无永久性顶盖的架空走廊不计算面积。有围护结构的，按其围护结构外围水平面积计算，如图 2-27 所示。计算规则如下：

$$H_{层高} \geqslant 2.2\text{m}, S = S\text{全面积}$$
$$H_{层高} < 2.2\text{m}, S = S\text{半面积}$$

（1）有永久性顶盖、无围护结构、侧面为玻璃型钢栏杆的架空走廊应按其结构底板水平面积的 1/2 计算。

（2）作为通道使用，无永久性顶盖、无围护结构、侧面为玻璃型钢栏杆的架空走廊不计算建筑面积。

（3）二层架空走廊的下层作为通道使用，架空走廊的地板可作为下层的顶盖，下层如果有围护结构，建筑面积按架空走廊投影的全面积计算；如果没有围护结构，其建筑面积按架空走廊投影面积的 1/2 计算，如图 2-27 所示。

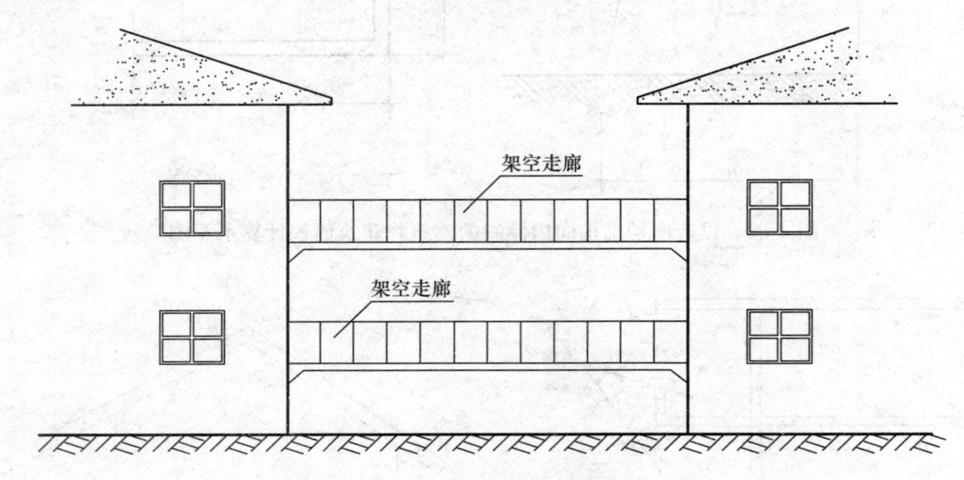

图 2-27　架空走廊建筑面积计算示意图

3. 门斗、橱窗

门斗是指在建筑物出入口设置的建筑过渡空间，起分隔、挡风、御寒等作用；落地橱窗是指凸出外墙面根基落地的橱窗，如图 2-28 所示。建筑物外有围护结构的门斗、落地橱窗，应按其围护结构外围水平面积计算。层高在 2.2m 及以上者应计算全面积，层高不足 2.2m 者应计算 1/2 面积。有永久性顶盖但无围护结构的应按其结构底板水平面积的 1/2 计算。计算规则如下：

$$H_{层高} \geqslant 2.2\text{m}, S = S\text{全面积}$$
$$H_{层高} < 2.2\text{m}, S = S\text{半面积}$$

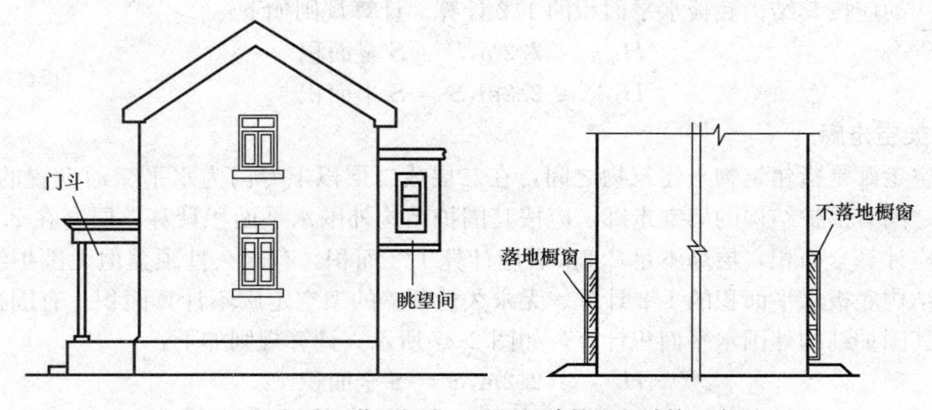

图 2-28　门斗、落地橱窗、眺望间建筑面积计算示意图

4. 阳台、雨篷

阳台是供使用者进行活动和晾晒衣物的建筑空间。建筑物阳台，不论是凹阳台、挑阳台、封闭阳台、敞开式阳台，均按其水平投影面积的 1/2 计算，如图 2-29 所示。计算规则如下：$S=S$ 半面积$=1/2(a\times b)$。

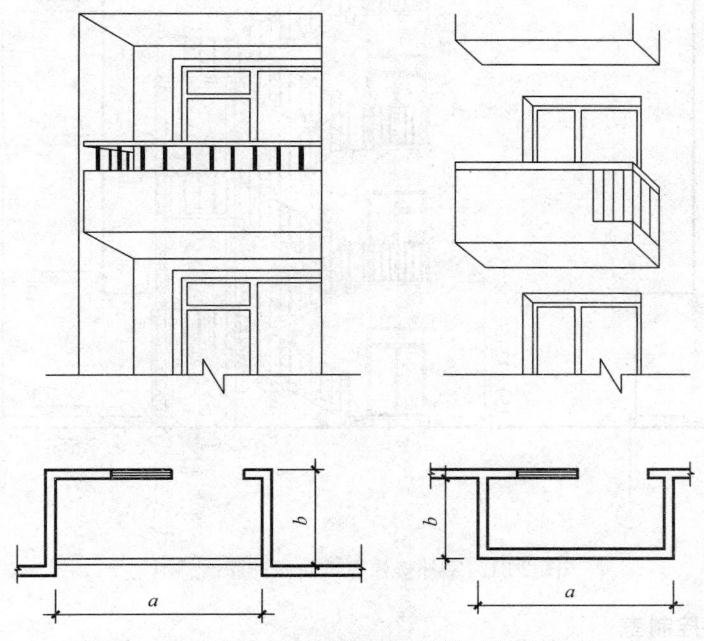

图 2-29　阳台建筑面积计算示意图

雨篷是指设置在建筑物进出口上部的遮雨、遮阳篷。不论是无柱雨篷、有柱雨篷、独立柱雨篷，其结构的外边线至外墙结构外边线的宽度超过 2.1m 者，应按其雨篷结构板的水平投影面积的 1/2 计算。宽度在 2.1m 及以内的不计算面积，如图 2-30 所示。计算规则如下：

（1）$b\leqslant 2.10$m，不计算雨篷建筑面积；

（2）$b>2.10$m，按雨篷结构板的水平投影面积的 1/2 计算，$S=1/2(a\times b)$。

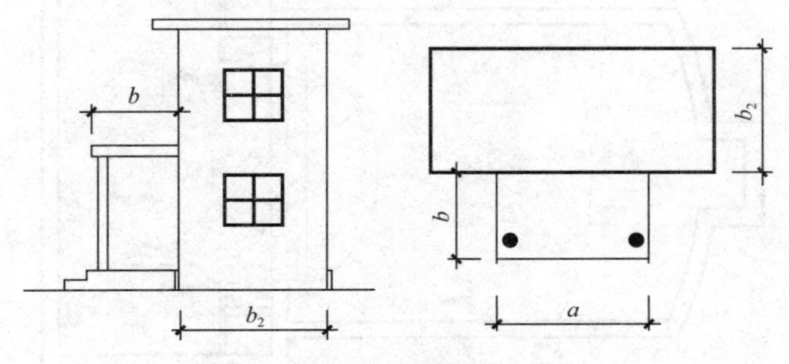

图 2-30　雨篷建筑面积示意图

5. 室外楼梯

有永久性顶盖的室外楼梯，应按建筑物自然层的水平投影面积的 1/2 计算。

无永久性顶盖，或不能完全遮盖楼梯的雨篷，则上层楼梯不计算面积，但上层楼梯可视作下层楼梯的永久性顶盖，下层楼梯应计算面积（即少算一层），如图 2-31 所示。

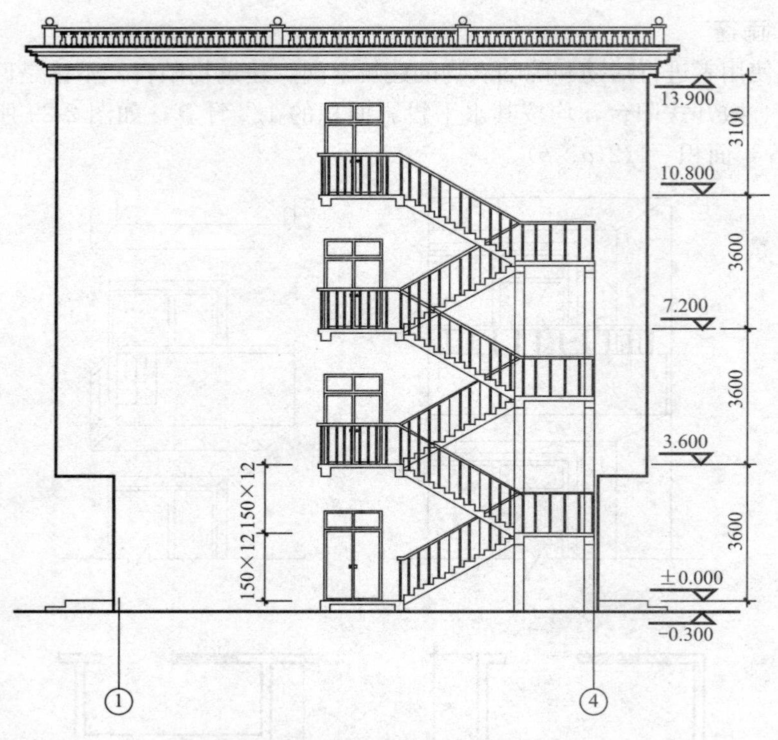

图 2-31 室外楼梯建筑面积计算示意图

6. 舞台灯光控制室

有围护结构的舞台灯光控制室，应按其围护结构外围水平面积计算。层高在 2.2m 及以上者应计算全面积，层高不足 2.2m 者应计算 1/2 面积，如图 2-32 所示。

计算规则如下：

$$H_{层高} \geqslant 2.2\text{m}, S = S\text{全面积}$$
$$H_{层高} < 2.2\text{m}, S = S\text{半面积}$$

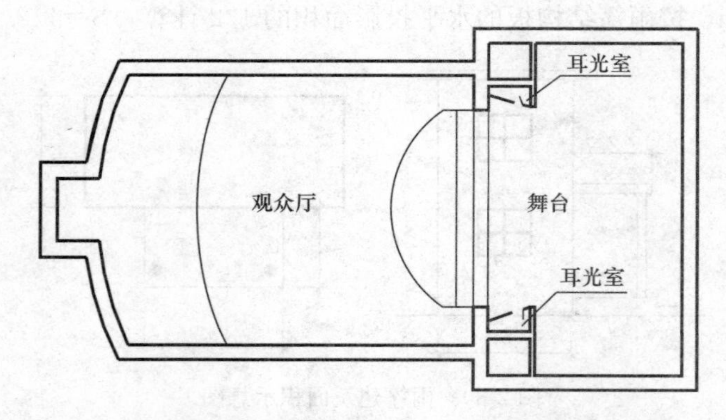

图 2-32 有维护结构的舞台灯光控制室建筑面积计算示意图

2.3.4.3 特殊的房屋建筑

1. 立体库房

立体书库、立体仓库、立体车库，无结构层的应按一层计算，有结构层的应按结构层面积分别计算。层高在 2.2m 及以上者应计算全面积；层高不足 2.2m 者应计算 1/2 面积，如图 2-33 所示。

（1）无结构层的，应按一层计算建筑面积，计算规则如下：

$$H_{层高} \geqslant 2.2\text{m}, S = S\text{全面积}$$

$$H_{层高} < 2.2\text{m}, S = S\text{半面积}$$

（2）有结构层的，应按其结构层面积分别计算，计算规则如下：

$$H_{层高} \geqslant 2.2\text{m}, S = S\text{全面积}$$

$$H_{层高} < 2.2\text{m}, S = S\text{半面积}$$

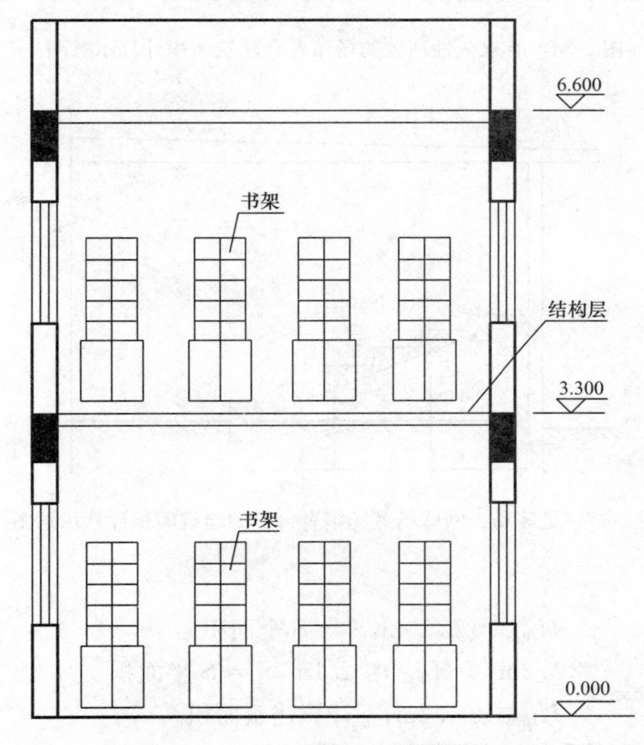

图 2-33　立体书库建筑面积计算示意图

2. 场馆看台

有永久性顶盖无围护结构的场馆看台，应按其顶盖水平投影面积的 1/2 计算。

场馆看台下空间，当设计加以利用时，其净高超过 2.1m 的部位应计算全面积；净高在 1.2～2.1m 的部位应计算 1/2 面积；净高不足 1.2m 的部位不应计算面积。设计不利用时不应计算面积，如图 2-34、图 2-35 所示。

注：这里所谓“场馆”实质上是指“场”（如足球场、篮球场等），看台上有永久性顶盖部分；“馆”应是有永久性顶盖和围护结构的，应按单层或多层建筑物相关规定计算面积。

（1）场馆看台：

$$\text{计算规则}: S = S\text{半面积}$$

（2）场馆看台下：

① 当设计加以利用时：

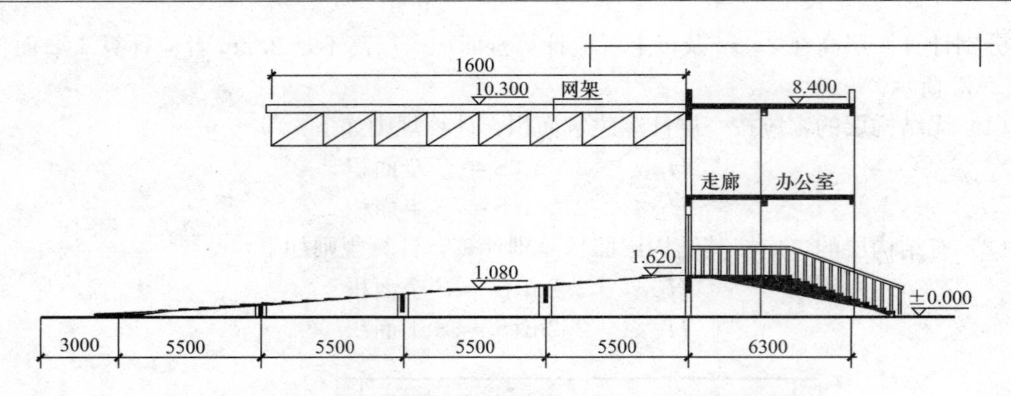

图 2-34　有永久性顶盖的场馆看台建筑面积计算示意图

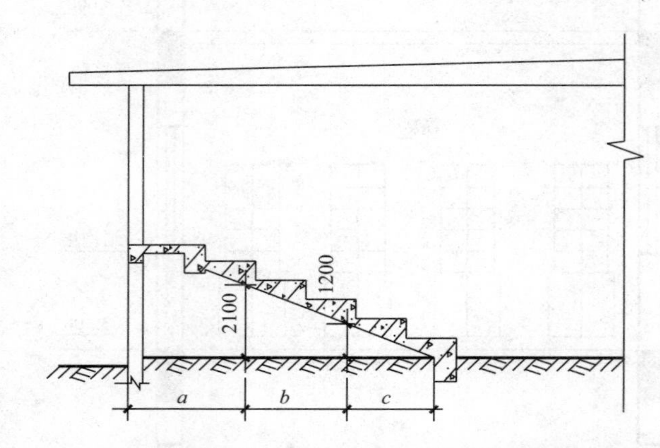

图 2-35　足球场、网球场等场馆看台下的建筑面积计算示意图

计算规则：

$$H_{净高} > 2.10\text{m}, S = S\text{全面积}$$
$$1.2\text{m} \leqslant H_{净高} \leqslant 2.1\text{m}, S = S\text{半面积}$$
$$H_{净高} < 1.2\text{m},\text{不计算建筑面积。}$$

② 当设计不加以利用时，不计算建筑面积。

3. 站台、车（货）棚、加油站、收费站

有永久性顶盖无围护结构的站台、车棚、货棚、加油站、收费站等，应按其顶盖水平投影面积的 1/2 计算，如图 2-36 所示。在站台、车棚、货棚、加油站、收费站内设有围护结构的管理室、休息室等，另按相关条文计算面积。计算如下：

$$S = S\text{半面积} = 1/2(aL)$$

2.3.4.4　不计算建筑面积的范围

其他不计算建筑面积的范围（除上述已提到的除外）：

（1）建筑物通道，包括骑楼、过街楼的底层。建筑物通道是指为道路穿过建筑物而设置的建筑空间；骑楼是指楼层部分跨在人行道上的临街楼房；过街楼是指有道路穿过建筑空间的楼房，如图 2-37 所示。

（2）建筑物内的设备管道夹层，如图 2-38 所示。

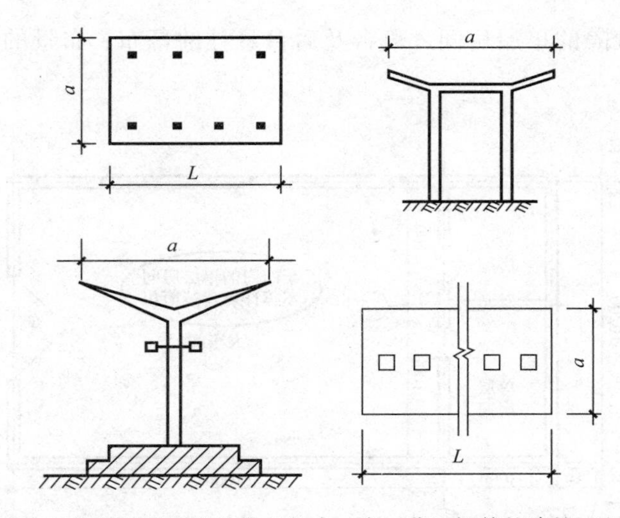

图 2-36 有永久性顶盖无围护结构的站台、车（货）棚等的建筑面积计算示意图

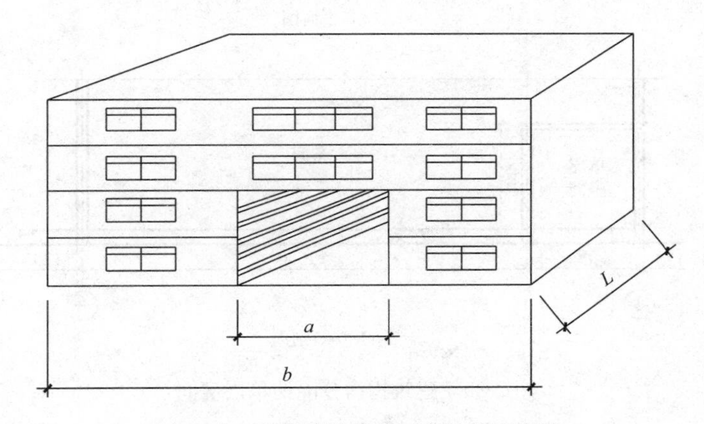

图 2-37 过街楼的建筑面积计算示意图

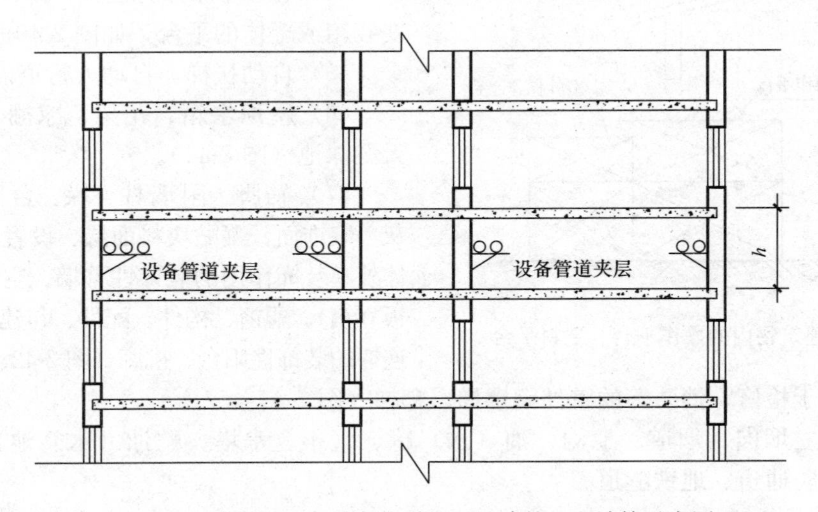

图 2-38 建筑物内的设备管道夹层的建筑面积计算示意图

(3) 建筑物内分隔的单层房间，舞台及后台悬挂的幕布、布景的天桥、挑台等，如图 2-39 所示。

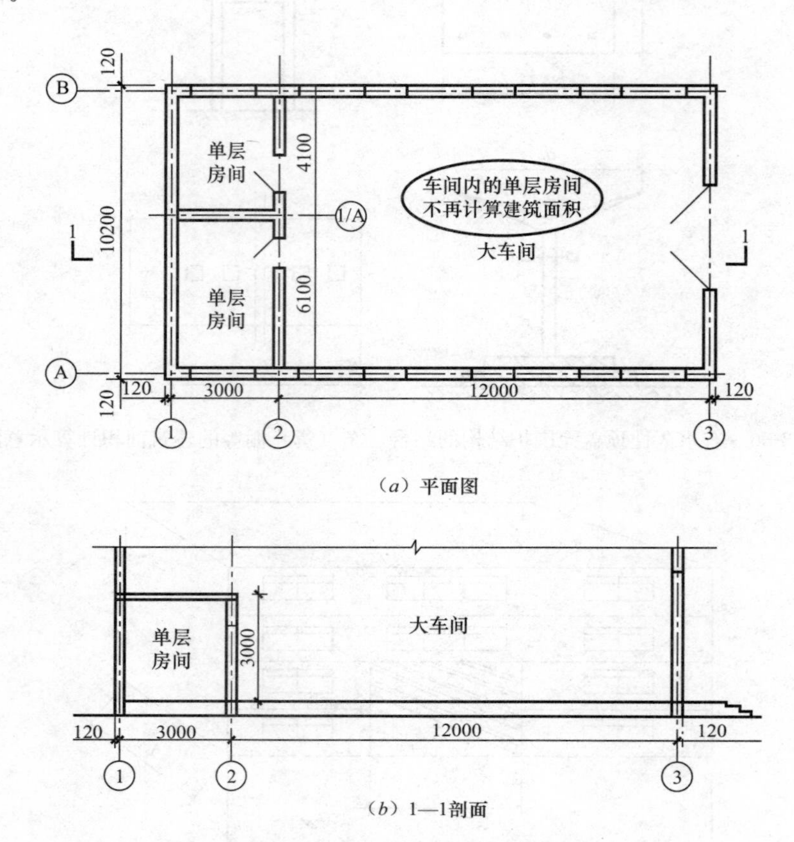

图 2-39 建筑物内分隔的单层房间

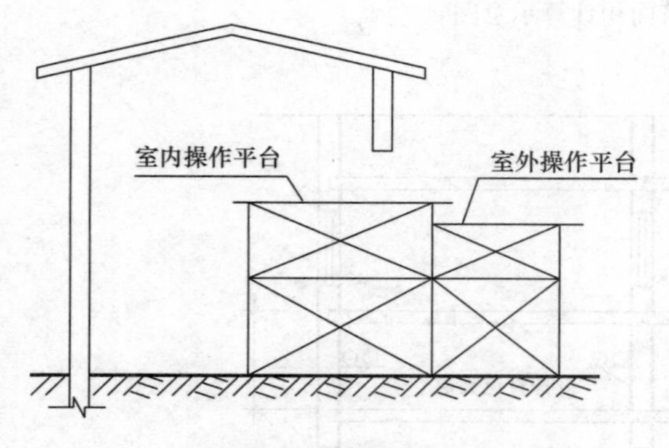

图 2-40 建筑物内的操作平台、上料平台

(4) 建筑物内的操作平台、上料平台、安装箱或罐体的平台，如图 2-40 所示。

(5) 自动扶梯、自动人行道。

(6) 屋顶水箱、花架、凉棚、露台、露天游泳池（图 2-41）。

(7) 勒脚、附墙柱、垛、台阶、墙面抹灰、装饰面、镶贴块料面层、设置在建筑物墙体外起装饰作用的装饰性幕墙、空调室外机搁板（箱）、飘窗、构件、配件、与建筑物内不相连通的装饰性阳台、挑廊（图 2-42、图 2-43）。

(8) 用于检修、消防等的室外钢楼梯、爬梯（图 2-44）。

(9) 独立烟囱、烟道、地沟、油（水）罐、气柜、水塔、贮油（水）池、贮仓、栈桥、地下人防通道、地铁隧道。

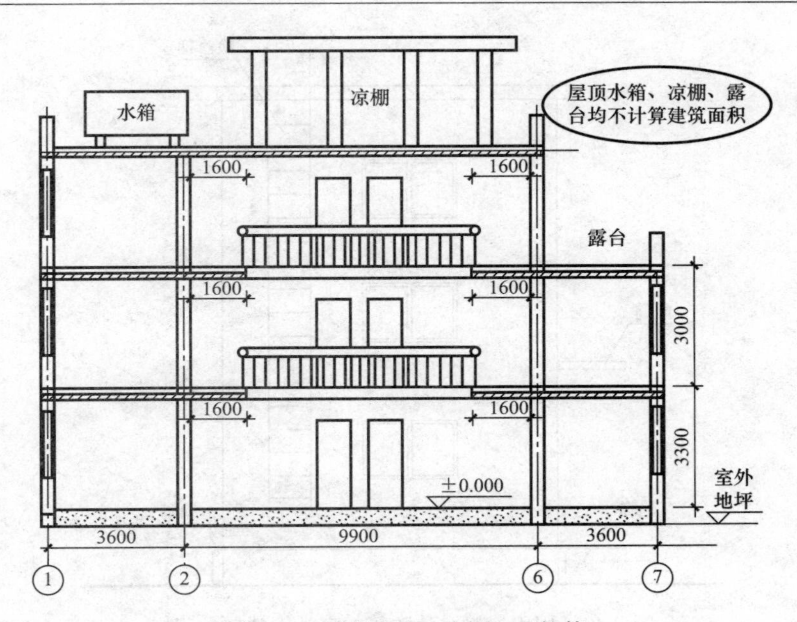

图 2-41 屋顶水箱、凉棚、花架等

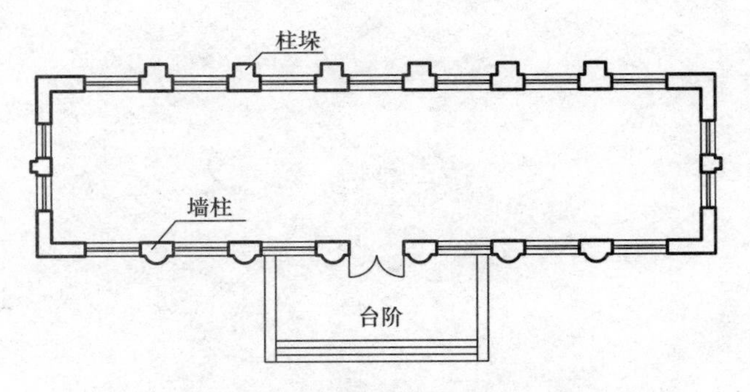

图 2-42 突出墙面的构配件示意图

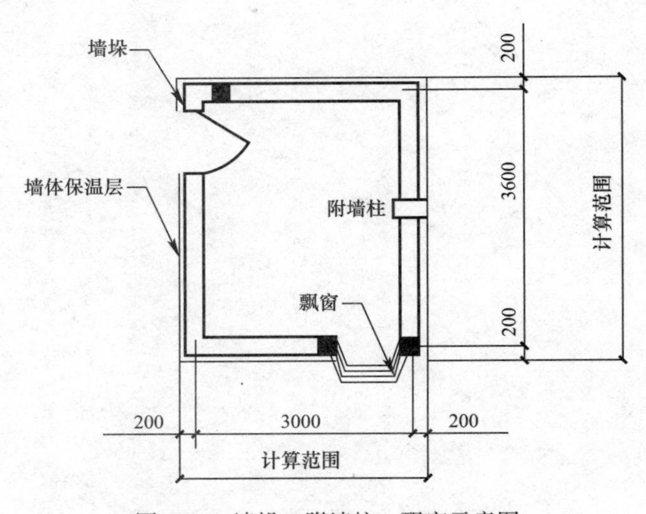

图 2-43 墙垛、附墙柱、飘窗示意图

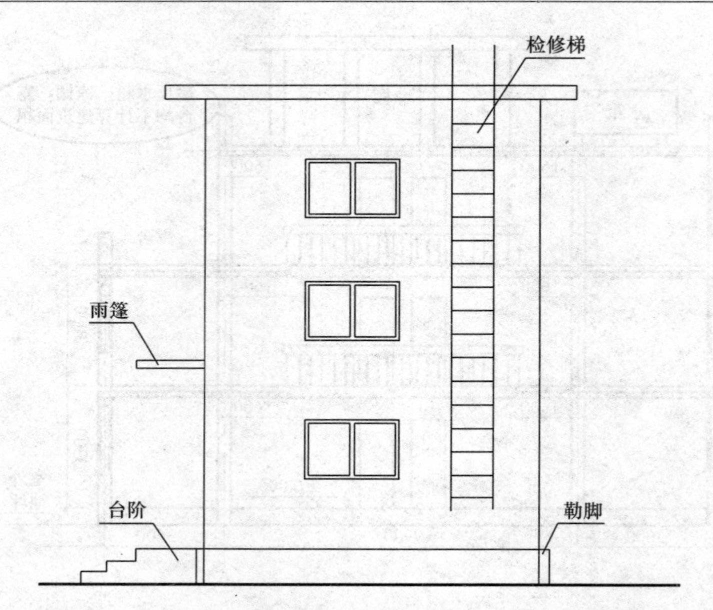

图 2-44　用于检修、消防等的室外钢楼梯、爬梯

第3章　装饰装修工程量清单计价方法与实例

3.1　工程量清单计价概述

《建设工程工程量清单计价规范》自2003年7月1日实施，是我国改革工程造价管理的一种新的计价模式，目前被广泛采用。本书根据2013年7月1日颁布的新的计价规范，即《建设工程工程量清单计价规范》GB 50500—2013编写。

工程量清单计价包含两个方面的内容，一是招标工程量清单的编制，二是工程量清单计价。

3.1.1　工程计价表

3.1.1.1　工程计价表内容及形式

2013版计价规范对工程量清单编制使用表格，招标控制价、投标报价、竣工结算的编制使用的表格，工程造价鉴定使用表格，工程量清单综合单价分析表等都规定了统一的格式。具体见《建设工程工程量清单计价规范》GB 50500—2013（以下简称《计价规范》）附录B～附录L。

3.1.1.2　计价表的使用规定

1. 工程计价表宜采用统一格式。各省、自治区、直辖市建设行政主管部门和行业建设主管部门可根据本地区、本行业的实际情况，在计价规范附录B至附录L计价表格的基础上补充完善。

2. 工程计价表格的设置应满足工程计价的需要，方便使用。

3. 工程量清单的编制应符合下列规定：

（1）工程量清单编制使用表格包括：封-1、扉-1、表-01、表-08、表-11、表-12（不含表-12-6～表-12-8）、表-13、表-20、表-21或表-22。

（2）扉页应按规定的内容填写、签字、盖章，由造价员编制的工程量清单应有负责审核的造价工程师签字、盖章。受委托编制的工程量清单，应有造价工程师签字、盖章以及工程造价咨询人盖章。

（3）总说明应按下列内容填写：

1）工程概况：建设规模、工程特征、计划工期、施工现场实际情况、自然地理条件、环境保护要求等。

2）工程招标和专业工程发包范围。

3）工程量清单编制依据。

4）工程质量、材料、施工等的特殊要求。

5）其他需要说明的问题。

4. 招标控制价、投标报价、竣工结算的编制应符合下列规定：

（1）使用表格。

1）招标控制价使用表格包括：封-2、扉-2、表-01、表-02、表-03、表-04、表-08、表-09、表-11、表-12（不含表-12-6～表-12-8）、表-13、表-20、表-21或表-22。

2）投标报价使用的表格包括：封-3、扉-3、表-01、表-02、表-03、表-04、表-08、表-09、表-11、表-12（不含表-12-6～表-12-8）、表-13、表-16、招标文件提供的表-20、表-21、表-22。

3）竣工结算使用的表格包括：封-4、扉-4、表-01、表-05、表-06、表-07、表-08、表-09、表-10、表-11、表-12、表-13、表-14、表-15、表-16、表-17、表-18、表-19、表-20、表-21或表-22。

（2）扉页应按规定的内容填写、签字、盖章，除承包人自行编制的投标报价和竣工结算外，受委托编制的招标控制价、投标报价、竣工结算，由造价员编制的应有负责审核的造价工程师签字、盖章以及工程造价咨询人盖章。

（3）总说明应按下列内容填写

1）工程概况：建设规模、工程特征、计划工期、合同工期、实际工期、施工现场及变化情况、施工组织设计的特点、自然地理条件、环境保护要求等。

2）编制依据等。

5. 工程造价鉴定应符合下列规定：

（1）工程造价鉴定使用表格包括：封-5、扉-5、表-01、表-05～表-20、表-21或表-22。

（2）扉页应按规定内容填写、签字、盖章，应有承担鉴定和负责审核的注册造价工程师签字、盖执业专用章。

（3）说明应按2013《计价规范》第14.3.5条第1款至第6款的规定填写。

6. 投标人应按招标文件的要求，附工程量清单综合单价分析表。

附录 B 工程计价文件封面

B.1 招标工程量清单封面

________________________工程

招标工程量清单

招 标 人：____________________

（单位盖章）

造价咨询人：____________________

（单位盖章）

年 月 日

封-1

B.2　招标控制价封面

______________________________工程

招标控制价

招　标　人：______________________________
（单位盖章）

造价咨询人：______________________________
（单位盖章）

年　　月　　日

封-2

B.3 投标总价封面

______________________工程

投 标 总 价

招标人：______________________

（单位盖章）

年 月 日

封-3

B.4　竣工结算书封面

____________________________工程

竣工结算书

发　包　人：________________________

（单位盖章）

承　包　人：________________________

（单位盖章）

造价咨询人：________________________

（单位盖章）

年　　月　　日

封-4

B.5 工程造价鉴定意见书封面

____________________工程

编号：××× [2×××] ××号

工程造价鉴定意见书

造价咨询人：____________________

（单位盖章）

年　　月　　日

封-5

附录C　工程计价文件扉页

C.1　招标工程量清单扉页

________________工程

招标工程量清单

招　标　人：________________　　造价咨询人：________________
（单位盖章）　　（单位资质专用章）

法定代表人
或其授权人：________________　　法定代表人
或其授权人：________________
（签字或盖章）　　（签字或盖章）

编　制　人：________________　　复　核　人：________________
（造价人员签字盖专用章）　　（造价工程师签字盖专用章）

编制时间：　年　月　日　　复核时间：　年　月　日

扉-1

C.2 招标控制价扉页

______________________________工程

招标控制价

招标控制价(小写)：______________________________

(大写)：______________________________

招　标　人：______________　　造价咨询人：______________

(单位盖章)　　(单位资质专用章)

法定代表人　　法定代表人

或其授权人：______________　　或其授权人：______________

(签字或盖章)　　(签字或盖章)

编　制　人：______________　　复　核　人：______________

(造价人员签字盖专用章)　　(造价工程师签字盖专用章)

编制时间：　年　月　日　　复核时间：　年　月　日

扉-2

C.3　投标总价扉页

投 标 总 价

招　标　人：________________________

工程名称：________________________

投标总价（小写）：________________________

（大写）：________________________

投　标　人：________________________

（单位盖章）

法定代表人

或其授权人：________________________

（签字或盖章）

编　制　人：________________________

（造价人员签字盖专用章）

编制时间：　年　月　日

扉-3

C.4　竣工结算总价扉页

________________________工程

竣工结算总价

签约合同价（小写）：______________　（大写）：______________

竣工结算价（小写）：______________　（大写）：______________

发包人：________　承包人：________　造价咨询人：________
（单位盖章）　（单位盖章）　（单位资质专用章）

法定代表人　法定代表人　法定代表人
或其授权人：________　或其授权人：________　或其授权人：________
（签字或盖章）　（签字或盖章）　（签字或盖章）

编制人：________________　核对人：________________
（造价人员签字盖专用章）　（造价工程师签字盖专用章）

编制时间：　年　月　日　　核对时间：　年　月　日

扉-4

C.5　工程造价鉴定意见书扉页

________________________工程

工程造价鉴定意见书

鉴定结论：

造价咨询人：________________________

（盖单位章及资质专用章）

法定代表人：________________________

（签字或盖章）

造价工程师：________________________

（签字盖专用章）

年　　　月　　　日

扉-5

附录 D 工程计价总说明

总 说 明

工程名称： 第 页 共 页

表-01

附录E 工程计价汇总表

E.1 建设项目招标控制价/投标报价汇总表

工程名称：　　　　　　　　　　　　　　　　　　　　　　　　　　　第　页　共　页

序号	单项工程名称	金额（元）	其中：（元）		
			暂估价	安全文明施工费	规费
合计					

注：本表适用于建设项目招标控制价或投标报价的汇总。

表-02

E.2 单项工程招标控制价/投标报价汇总表

工程名称：　　　　　　　　　　　　　　　　　　　　　　　　　　第　页　共　页

序号	单位工程名称	金额（元）	其中：（元）		
			暂估价	安全文明施工费	规费
合计					

注：本表适用于单项工程招标控制价或投标报价的汇总。暂估价包括分部分项工程中的暂估价和专业工程暂估价。

表-03

E.3　单位工程招标控制价/投标报价汇总表

工程名称：　　　　　　　　　　　　　　标段：　　　　　　　　　　　　　　第　页　共　页

序号	汇总内容	金额（元）	其中：暂估价（元）
1	分部分项工程		
1.1			
1.2			
1.3			
1.4			
1.5			
2	措施项目		—
2.1	其中：安全文明施工费		—
3	其他项目		—
3.1	其中：暂列金额		—
3.2	其中：专业工程暂估价		—
3.3	其中：计日工		—
3.4	其中：总承包服务费		—
4	规费		—
5	税金		—
招标控制价合计=1+2+3+4+5			

注：本表适用于单位工程招标控制价或投标报价的汇总，如无单位工程划分，单项工程也试用本表汇总。

表-04

E.4 建设项目竣工结算汇总表

工程名称：　　　　　　　　　　　　　　　　　　　　　　　　　　　　第　页　共　页

序号	单项工程名称	金额（元）	其中：（元）	
			安全文明施工费	规费
合计				

表-05

E.5　单项工程竣工结算汇总表

工程名称：　　　　　　　　　　　　　　　　　　　　　　　　　　　　　　　　第　页　共　页

序号	单项工程名称	金额（元）	其中：（元）	
			安全文明施工费	规费
	合计			

表-06

E.6 单位工程竣工结算汇总表

工程名称： 标段： 第 页 共 页

序号	汇总内容	金额（元）
1	分部分项工程	
1.1		
1.2		
1.3		
1.4		
1.5		
2	措施项目	
2.1	其中：安全文明施工费	
3	其他项目	
3.1	其中：专业工程结算价	
3.2	其中：计日工	
3.3	其中：总承包服务费	
3.4	其中：索赔与现场签证	
4	规费	
5	税金	
竣工结算总价合计＝1＋2＋3＋4＋5		

注：如无单位工程划分，单项工程也使用本表汇总。

表-07

附录F　分部分项工程和措施项目计价表

F.1　分部分项工程和单价措施项目清单与计价表

工程名称：　　　　　　　　　　　　　　　　标段：　　　　　　　　　　　　　　第　页　共　页

序号	项目编码	项目名称	项目特征描述	计量单位	工程量	金额（元）		
						综合单价	合价	其中
								暂估价
本页小计								
合计								

注：为计取规费等的使用，可在表中增设其中："定额人工费"。

表-08

F.2 综合单价分析表

工程名称： 标段： 第 页 共 页

<table>
<tr><td colspan="2">项目编码</td><td></td><td colspan="2">项目名称</td><td></td><td colspan="2">计量单位</td><td></td><td colspan="2">工程量</td><td></td></tr>
<tr><td colspan="12">清单综合单价组成明细</td></tr>
<tr><td rowspan="2">定额编号</td><td rowspan="2">定额项目名称</td><td rowspan="2">定额单位</td><td rowspan="2">数量</td><td colspan="4">单价</td><td colspan="4">合价</td></tr>
<tr><td>人工费</td><td>材料费</td><td>机械费</td><td>管理费和利润</td><td>人工费</td><td>材料费</td><td>机械费</td><td>管理费和利润</td></tr>
<tr><td></td><td></td><td></td><td></td><td></td><td></td><td></td><td></td><td></td><td></td><td></td><td></td></tr>
<tr><td></td><td></td><td></td><td></td><td></td><td></td><td></td><td></td><td></td><td></td><td></td><td></td></tr>
<tr><td></td><td></td><td></td><td></td><td></td><td></td><td></td><td></td><td></td><td></td><td></td><td></td></tr>
<tr><td></td><td></td><td></td><td></td><td></td><td></td><td></td><td></td><td></td><td></td><td></td><td></td></tr>
<tr><td></td><td></td><td></td><td></td><td></td><td></td><td></td><td></td><td></td><td></td><td></td><td></td></tr>
<tr><td colspan="2">人工单价</td><td colspan="6">小 计</td><td></td><td></td><td></td><td></td></tr>
<tr><td colspan="2">元/工日</td><td colspan="6">未计价材料费</td><td colspan="4"></td></tr>
<tr><td colspan="8">清单项目综合单价</td><td colspan="4"></td></tr>
<tr><td colspan="2" rowspan="9">材料费明细</td><td colspan="4">主要材料名称、规格、型号</td><td>单位</td><td>数量</td><td>单价（元）</td><td>合价（元）</td><td>暂估单价（元）</td><td>暂估合价（元）</td></tr>
<tr><td colspan="4"></td><td></td><td></td><td></td><td></td><td></td><td></td></tr>
<tr><td colspan="4"></td><td></td><td></td><td></td><td></td><td></td><td></td></tr>
<tr><td colspan="4"></td><td></td><td></td><td></td><td></td><td></td><td></td></tr>
<tr><td colspan="4"></td><td></td><td></td><td></td><td></td><td></td><td></td></tr>
<tr><td colspan="4"></td><td></td><td></td><td></td><td></td><td></td><td></td></tr>
<tr><td colspan="4"></td><td></td><td></td><td></td><td></td><td></td><td></td></tr>
<tr><td colspan="6">其他材料费</td><td>—</td><td></td><td>—</td><td></td></tr>
<tr><td colspan="6">材料费小计</td><td>—</td><td></td><td>—</td><td></td></tr>
</table>

注：1 如不使用省级或行业建设主管部门发布的计价依据，可不填定额编号、名称等。
2 招标文件提供了暂估单价的材料，按暂估的单价填入表内“暂估单价”栏及“暂估合价”栏。

表-09

F.3　综合单价调整表

工程名称：　　　　　　　　　　　　　　　　标段：　　　　　　　　　　　　　　　　第　页　共　页

序号	项目编码	项目名称	已标价清单综合单价（元）					调整后综合单价（元）				
			综合单价	其中				综合单价	其中			
				人工费	材料费	机械费	管理费和利润		人工费	材料费	机械费	管理费和利润
造价工程师（签章）：　发包人代表（签章）： 日期：								造价人员（签章）：　承包人代表（签章）： 日期：				

注：综合单价调整应附调整依据。

表-10

F.4 总价措施项目清单与计价表

工程名称：　　　　　　　　　　　　　　　　标段：　　　　　　　　　　　　　　　　第　页　共　页

序号	项目编码	项目名称	计算基础	费率（%）	金额（元）	调整费率（%）	调整后金额（元）	备注
		安全文明施工费						
		夜间施工增加费						
		二次搬运费						
		冬雨季施工增加费						
		已完工程及设备保护费						
合计								

编制人（造价人员）：　　　　　　　　　　　　　　　　　　复核人（造价工程师）：

注：1 “计算基础”中安全文明施工费可为“定额基价”、“定额人工费”或“定额人工费＋定额机械费”，其他项目可为“定额人工费”或“定额人工费＋定额机械费”。

2 按施工方案计算的措施费，若无“计算基础”和“费率”的数值，也可只填“金额”数值，但应在备注栏说明施工方案出处或计算方法。

表-11

附录G　其他项目计价表

G.1　其他项目清单与计价汇总表

工程名称：　　　　　　　　　　　　　　　　标段：　　　　　　　　　　　　　　第　页　共　页

序号	项目名称	金额（元）	结算金额（元）	备注
1	暂列金额			明细详见表-12-1
2	暂估价			
2.1	材料（工程设备）暂估价/结算价	—		明细详见表-12-2
2.2	专业工程暂估价/结算价			明细详见表-12-3
3	计日工			明细详见表-12-4
4	总承包服务费			明细详见表-12-5
5	索赔与现场签证	—		明细详见表-12-6
合计				—

注：材料（工程设备）暂估单价进入清单项目综合单价，此处不汇总。

表-12

G.2 暂列金额明细表

工程名称： 标段： 第 页 共 页

序号	项目名称	计量单位	暂定金额（元）	备注
1				
2				
3				
4				
5				
6				
7				
8				
9				
10				
11				
合 计				—

注：此表由招标人填写，如不能详列，也可只列暂定金额总额，投标人应将上述暂列金额计入投标总价中。

表-12-1

G.3　材料（工程设备）暂估单价及调整表

工程名称：　　　　　　　　　　　　　　　　标段：　　　　　　　　　　　　　　　第　页　共　页

序号	材料（工程设备）名称、规格、型号	计量单位	数量		暂估（元）		确认（元）		差额±（元）		备注
			暂估	确认	单价	合价	单价	合价	单价	合价	
合　计											

注：此表由招标人填写“暂估单价”，并在备注栏说明暂估价的材料、工程设备拟用在那些清单项目上，投标人应将上述材料、工程设备暂估单价计入工程量清单综合单价报价中。

表-12-2

G.4 专业工程暂估价及结算价表

工程名称： 标段： 第 页 共 页

序号	工程名称	工程内容	暂估金额（元）	结算金额（元）	差额±（元）	备注
合 计						

注：此表“暂估金额”由招标人填写，投标人应将“暂估金额”计入投标总价中。结算时按合同约定结算金额填写。

表-12-3

G.5 计日工表

工程名称：　　　　　　　　　　　　标段：　　　　　　　　　　　　第　页　共　页

编号	项目名称	单位	暂定数量	实际数量	综合单价（元）	合价（元）	
						暂定	实际
一	人工						
1							
2							
3							
4							
人工小计							
二	材料						
1							
2							
3							
4							
5							
6							
材料小计							
三	施工机械						
1							
2							
3							
4							
施工机械小计							
四、企业管理费和利润							
总　计							

注：此表项目名称、暂定数量由招标人填写，编制招标控制价时，单价由招标人按有关计划规定确定；投标时，单价由投标人自主报价，按暂定数量计算合价计入投标总价中。结算时，按发承包双方确认的实际数量计算合价。

表-12-4

G.6 总承包服务费计价表

工程名称：　　　　　　　　　　　　　　　　　　　　标段：　　　　　　　　　　　　　　　　　　　第　页　共　页

序号	项目名称	项目价值（元）	服务内容	计算基础	费率（%）	金额（元）
1	发包人发包专业工程					
2	发包人提供材料					
	合计	—	—		—	

注：此表项目名称、服务内容由招标人填写，编制招标控制价时，费率及金额由招标人按有关计价规定确定；投标时，费率及金额由投标人自主报价，计入投标总价中。

表-12-5

G. 7　索赔与现场签证计价汇总表

工程名称：　　　　　　　　　　　　　　　　　　标段：　　　　　　　　　　　　　　　　　　第　页　共　页

序号	签证及索赔项目名称	计量单位	数量	单价（元）	合价（元）	索赔及签证依据
—	本页小计	—	—	—		—
—	合计	—	—	—		—

注：签证及索赔依据是指经双方认可的签证单和索赔依据的编号。

表-12-6

G.8 费用索赔申请（核准）表

工程名称： 标段： 编号：

<table>
<tr><td colspan="2">致：____（发包人全称）
根据施工合同条款________条的约定，由于____________原因，我方要求索赔金额（大写）__________（小写________），请予以核准。
附：1. 费用索赔的详细理由和依据：
2. 索赔金额的计算：
3. 证明材料：

承包人（章）
造价人员____________ 承包人代表____________ 日 期________</td></tr>
<tr><td>复核意见：
根据施工合同条款________条的约定，你方提出的费用索赔申请经复核：
□不同意此项索赔，具体意见见附件
□同意此项索赔，索赔金额的计算，由造价工程师复核。

监理工程师________
日 期________</td><td>复核意见：
根据施工合同条款__________条的约定，你方提出的费用索赔申请经复核，索赔金额为（大写）__________（小写________）。

造价工程师________
日 期________</td></tr>
<tr><td colspan="2">审核意见：
□不同意此项索赔。
□同意此项索赔，与本期进度款同期支付。

发包人（章）
发包人代表________
日 期________</td></tr>
</table>

注：1 在选择栏中的“□”内作标示“√”。
2 本表一式四份，由承包人填报，发包人、监理人、造价咨询人、承包人各存一份。

表-12-7

G.9 现场签证表

工程名称：　　　　　　　　　　　　　　　　标段：　　　　　　　　　　　　　　　　编号：

<table>
<tr><td>施工部位</td><td></td><td>日期</td><td></td></tr>
<tr><td colspan="4">致：______________________________（发包人全称）
根据________（指令人姓名）　年　月　日的口头指令或你方________（或监理人）　年　月　日的书面通知，我方要求完成此项工作应支付价款金额为（大写）________（小写________），请予核准。
附：1. 签证事由及原因：
2. 附图及计算公式：

承包人（章）
造价人员____________　承包人代表____________　日　期________</td></tr>
<tr><td colspan="2">复核意见：
你方提出的此项签证申请经复核：
□不同意此项签证，具体意见见附件。
□同意此项签证，签证金额的计算，由造价工程师复核。

监理工程师________
日　　期________</td><td colspan="2">复核意见：
□此项签证按承包人中标的计日工单价计算，金额为（大写）________元，（小写________元）
□此项签证因无计日工单价，金额为（大写）________元，（小写________）。

造价工程师________
日　　期________</td></tr>
<tr><td colspan="4">审核意见：
□不同意此项签证。
□同意此项签证，价款与本期进度款同期支付。

发包人（章）
发包人代表________
日　　期________</td></tr>
</table>

注：1　在选择栏中的“□”内作标识“√”；
2　本表一式四份，由承包人在收到发包人（监理人）的口头或书面通知后填写，发包人、监理人、造价咨询人、承包人各存一份。

表-12-8

附录 H　规费、税金项目计价表

工程名称：　　　　　　　　　　　　　　　　　　标段：　　　　　　　　　　　　　　　　　　第　页　共　页

序号	项目名称	计算基础	计算基数	计算费率（%）	金额（元）
1	规费	定额人工费			
1.1	社会保险费	定额人工费			
(1)	养老保险费	定额人工费			
(2)	失业保险费	定额人工费			
(3)	医疗保险费	定额人工费			
(4)	工伤保险费	定额人工费			
(5)	生育保险费	定额人工费			
1.2	住房公积金	定额人工费			
1.3	工程排污费	按工程所在地环境保护部门收取标准，按实计入			
2	税金	分部分项工程费＋措施项目费＋其他项目费＋规费－按规定不计税的工程设备金额			
合计					

编制人（造价人员）：　　　　　　　　　　　　　　　　　　复核人（造价工程师）：

表-13

附录J　工程计量申请（核准）表

工程名称：　　　　　　　　　　　　　　　　　标段：　　　　　　　　　　　　　　　　　第　页　共　页

序号	项目编码	项目名称	计量单位	承包人申报数量	发包人核实数量	发承包人确认数量	备注

承包人代表：	监理工程师：	造价工程师：	发包人代表：
日期：	日期：	日期：	日期：

表-14

附录K 合同价款支付申请（核准）表

K.1 预付款支付申请（核准）表

工程名称：　　　　　　　　　　　　　　标段：　　　　　　　　　　　　　　编号：

致：＿＿＿＿＿＿＿＿＿＿＿＿＿＿＿＿＿＿＿＿＿＿＿＿＿＿（发包人全称）

我方根据施工合同的约定，现申请支付工程预付款额为（大写）＿＿＿＿＿＿＿＿＿（小写＿＿＿＿＿），请予核准。

序号	名称	申请金额（元）	复核金额（元）	备注
1	已签约合同价款金额			
2	其中：安全文明施工费			
3	应支付的预付款			
4	应支付的安全文明施工费			
5	合计应支付的预付款			

承包人（章）

造价人员＿＿＿＿＿＿＿　　承包人代表＿＿＿＿＿＿＿　　日　　期＿＿＿＿＿

复核意见：

□与合同约定不相符，修改意见见附件。

□与合同约定相符，具体金额由造价工程师复核。

监理工程师＿＿＿＿＿

日　　期＿＿＿＿＿

复核意见：

你方提出的支付申请经复核，应支付预付款金额为（大写）＿＿＿＿＿（小写＿＿＿＿＿）。

造价工程师＿＿＿＿＿

日　　期＿＿＿＿＿

审核意见：

□不同意。

□同意，支付时间为本表签发后的15天内。

发包人（章）

发包人代表＿＿＿＿＿

日　　期＿＿＿＿＿

注：1　在选择栏中的"□"内作标识"√"。

2　本表一式四份，由承包人填报，发包人、监理人、造价咨询人、承包人各存一份。

表-15

K.2　总价项目进度款支付分解表

工程名称：　　　　　　　　　　　　　　　　标段：　　　　　　　　　　　　　　　　单位：元

序号	项目名称	总价金额	首次支付	二次支付	三次支付	四次支付	五次支付	
	安全文明施工费							
	夜间施工增加费							
	二次搬运费							
	社会保险费							
	住房公积金							
合计								

编制人（造价人员）：　　　　　　　　　　　　　　　　　　　　复核人（造价工程师）：

注：1　本表应由承包人在投标报价时根据发包人在招标文件明确的进度款支付周期与报价填写，签订合同时，发承包双方可就支付分解协商调整后作为合同附件。
2　单价合同使用本表，“支付”栏时间应与单价项目进度款支付周期相同。
3　总价合同使用本表，“支付”栏时间应与约定的工程计量周期相同。

表-16

K.3 进度款支付申请（核准）表

工程名称：　　　　　　　　　　　　　　　　标段：　　　　　　　　　　　　　　　　编号：

致：________________________________（发包人全称）

我方于______至______期间已完成了______工作，根据施工合同的约定，现申请支付本周期的合同款额为（大写）______（小写______），请予核准。

序号	名称	实际金额（元）	申请金额（元）	复核金额（元）	备注
1	累计已完成的合同价款		—		
2	累积已实际支付的合同价款		—		
3	本周期合计完成的合同价款				
3.1	本周期已完成单价项目的金额				
3.2	本周期应支付的总价项目的金额				
3.3	本周期已完成的计日工价款				
3.4	本周期应支付的安全文明施工费				
3.5	本周期应增加的合同价款				
4	本周期合计应扣减的金额				
4.1	本周期应抵扣的预付款				
4.2	本周期应扣减的金额				
5	本周期应支付的合同价款				

附：上述3、4详见附件清单。

承包人（章）

造价人员__________　　承包人代表__________　　日　　期__________

复核意见：

□与实际施工情况不相符，修改意见见附件。

□与实际施工情况相符，具体金额由造价工程师复核。

监理工程师__________

日　　期__________

复核意见：

你方提出的支付申请经复核，本周期已完成合同款额为（大写）______（小写______），本周期应支付金额为（大写）______（小写______）。

造价工程师__________

日　　期__________

审核意见：

□不同意。

□同意，支付时间为本表签发后的15天内。

发包人（章）

发包人代表__________

日　　期__________

注：1 在选择栏中的"□"内作标识"√"。

2 本表一式四份，由承包人填报，发包人、监理人、造价咨询人、承包人各存一份。

表-17

K.4 竣工结算款支付申请（核准）表

工程名称：　　　　　　　　　　　　标段：　　　　　　　　　　　　编号：

致：＿＿＿＿＿＿＿＿＿＿＿＿＿＿＿＿（发包人全称）

我方于＿＿＿＿至＿＿＿＿期间已完成合同约定的工作，工程已经完工，根据施工合同的约定，现申请支付竣工结算合同款额为（大写）＿＿＿＿＿（小写＿＿＿＿＿），请予核准。

序号	名称	申请金额（元）	复核金额（元）	备注
1	竣工结算合同价款总额			
2	累计已实际支付的合同价款			
3	应预留的质量保证金			
4	应支付的竣工结算款金额			

承包人（章）

造价人员＿＿＿＿＿＿　承包人代表＿＿＿＿＿＿　日　期＿＿＿＿＿

复核意见：

□与实际施工情况不相符，修改意见见附件。

□与实际施工情况相符，具体金额由造价工程师复核。

监理工程师＿＿＿＿＿

日　期＿＿＿＿＿

复核意见：

你方提出的竣工结算款支付申请经复核，竣工结算总额为（大写）＿＿＿＿＿（小写＿＿＿＿＿），扣除前期支付以及质量保证金后应支付金额为（大写）＿＿＿＿＿（小写＿＿＿＿＿）。

造价工程师＿＿＿＿＿

日　期＿＿＿＿＿

审核意见：

□不同意。

□同意，支付时间为本表签发后的 15 天内。

发包人（章）

发包人代表＿＿＿＿＿

日　期＿＿＿＿＿

注：1　在选择栏中的“□”内作标识“√”。

2　本表一式四份，由承包人填报，发包人、监理人、造价咨询人、承包人各存一份。

表-18

K.5 最终结清支付申请（核准）表

工程名称： 标段： 编号：

致：__________（发包人全称）

我方于______至______期间已完成了缺陷修复工作，根据施工合同的约定，现申请支付最终结清合同款额为（大写）________（小写________），请予核准。

序号	名称	申请金额（元）	复核金额（元）	备注
1	已预留的质量保证金			
2	应增加因发包人原因造成缺陷的修复金额			
3	应扣减承包人不修复缺陷、发包人组织修复的金额			
4	最终应支付的合同价款			

上述3、4详见附件清单。

承包人（章）

造价人员__________ 承包人代表__________ 日　期__________

复核意见：

□与实际施工情况不相符，修改意见见附件。

□与实际施工情况相符，具体金额由造价工程师复核。

监理工程师__________

日　期__________

复核意见：

你方提出的支付申请经复核，最终应支付金额为（大写）________（小写________）。

造价工程师__________

日　期__________

审核意见：

□不同意。

□同意，支付时间为本表签发后的15天内。

发包人（章）

发包人代表__________

日　期__________

注：1 在选择栏中的“□”内作标识“√”。如监理人已退场，监理工程师栏可空缺。

2 本表一式四份，由承包人填报，发包人、监理人、造价咨询人、承包人各存一份。

表-19

附录L　主要材料、工程设备一览表

L.1　发包人提供材料和工程设备一览表

工程名称：　　　　　　　　　　　　　　标段：　　　　　　　　　　　　第　页　共　页

序号	材料（工程设备）名称、规格、型号	单位	数量	单价（元）	交货方式	送达地点	备注

注：此表由招标人填写，供投标人在投标报价、确定总承包服务费时参考。

表-20

L.2 承包人提供主要材料和工程设备一览表

（适用于造价信息差额调整法）

工程名称： 标段： 第 页 共 页

序号	名称、规格、型号	单位	数量	风险系数（%）	基准单价（元）	投标单价（元）	发承包人确认单价（元）	备注

注：1 此表由招标人填写除“投标单价”栏的内容，投标人在投标时自主确定投标单价。
2 招标人应优先采用工程造价管理机构发布的单价作为基准单价，未发布的，通过市场调查确定其基准单价。

表-21

L.3　承包人提供主要材料和工程设备一览表

（适用于价格指数差额调整法）

工程名称：　　　　　　　　　　　　　　　　　　　　标段：　　　　　　　　　　　　　　　　　　　第　页　共　页

序号	名称、规格、型号	变值权重 B	基本价格指数 F_0	现行价格指数 F_t	备注
	定值权重A		—	—	
合计		1	—	—	

注：1　“名称、规格、型号”、“基本价格指数”栏由招标人填写，基本价格指数应首先采用工程造价管理机构发布的价格指数，没有时，可采用发布的价格代替。如人工、机械费也采用本法调整，由招标人在“名称”栏填写。

2　“变值权重”栏由投标人根据该项人工、机械费和材料、工程设备价值在投标总报价中所占的比例填写，1减去其比例为定值权重。

3　“现行价格指数”按约定的付款证书相关周期最后一天的前42天的各项价格指数填写，该指数应首先采用工程造价管理机构发布的价格指数，没有时，可采用发布的价格代替。

表-22

3.1.2 招标工程量清单的编制

工程量清单是指载明建设工程的分部分项工程项目、措施项目、其他项目的名称和相应数量以及规费、税金项目等内容的明细清单，有招标工程量清单和已标价工程量清单。招标工程量清单是指招标人依据国家标准、招标文件、设计文件以及施工现场实际情况编制的，随招标文件发布供投标报价的工程量清单，包括其说明和表格。已标价工程量清单是指构成合同文件组成部分的投标文件中已标明价格，经算术性错误修正（如有）且承包人已确认的工程量清单，包括对其的说明和表格。

3.1.2.1 招标工程量清单的含义

招标工程量清单是招标人提供给投标人对其所招标的工程进行投标报价的明细表，该清单应由分部分项工程量清单、措施项目清单、其他项目清单、规费项目清单、税金项目清单组成，并含有这些项目的名称及相应数量等明细。

3.1.2.2 有关招标工程量清单的一般规定

（1）招标工程量清单应由具有编制能力的招标人或受其委托具有相应资质的工程造价咨询人或招标代理人编制。

（2）招标工程量清单必须作为招标文件的组成部分，其准确性和完整性由招标人负责。

（3）招标工程量清单是工程量清单计价的基础，应作为编制招标控制价、投标报价、计算工程量、工程索赔等的依据之一。

（4）工程量清单应按照现行国家标准《建设工程工程量清单计价规范》GB 50500 及相关工程的国家计算规范编制。

（5）编制工程量清单出现相关工程工程量计算规范（以下简称《计算规范》）附录中未包括的项目，编制人应作补充，并报省级或行业工程造价管理机构备案，省级或行业工程造价管理机构应汇总报住房和城乡建设部标准定额研究所。

补充的工程量清单需附有补充项目的名称、项目特征、计量单位、工程量计算规则、工作内容。不能计量的措施项目，需附有补充项目的名称、工作内容及包含范围。

3.1.2.3 招标工程量清单编制的依据

（1）本规范和相关工程的国家计量规范。

（2）国家或省级、行业建设主管部门颁发的计价依据和办法。

（3）建设工程设计文件。

（4）与建设工程有关的标准、规范、技术资料。

（5）拟定的招标文件。

（6）施工现场情况、工程特点及常规施工方案。

（7）其他相关资料。

3.1.2.4 招标工程量清单的内容和编制程序

编制装饰装修工程招标工程量清单内容和程序可参考图 3-1 所示。

3.1.2.5 分部分项工程量清单的编制

分部工程是单位工程的组成部分，系按结构部位、路段长度及施工特点或施工任务将单位工程划分为若干分部的工程；分项工程是分部工程的组成部分，系按不同施工方法、

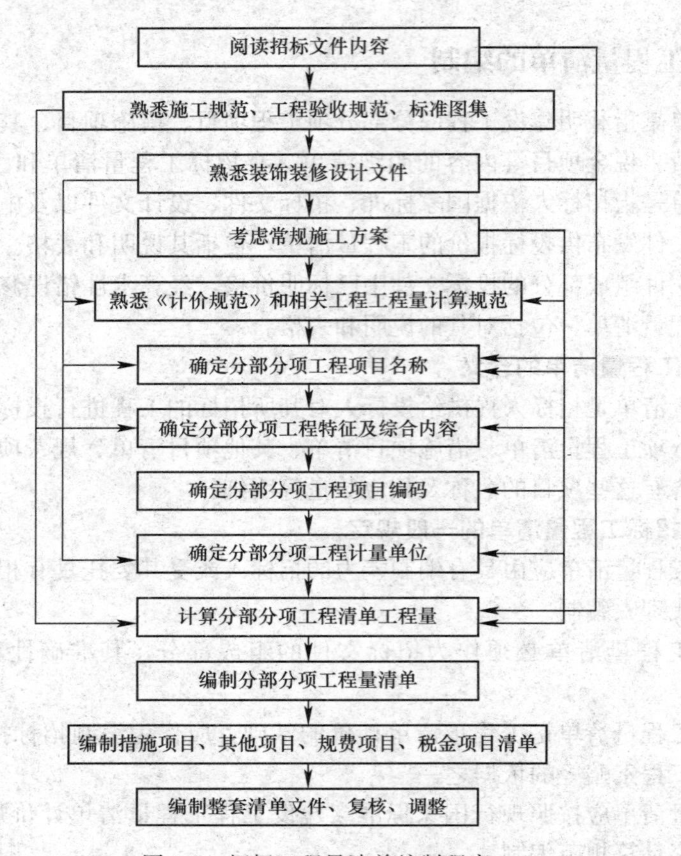

图3-1　招标工程量清单编制程序

材料、工序及路段长度等将分部工程划分为若干个分项或项目的工程，属于工程实体项目。

1. 一般规定

(1) 分部分项工程量清单应包括项目编码、项目名称、项目特征、计量单位和工程量。

(2) 分部分项工程量清单应根据规定的项目编码、项目名称、项目特征、计量单位和工程量计算规则进行编制。

(3) 分部分项工程量清单的项目编码，应采用十二位阿拉伯数字表示，一至九位应按各专业工程的《计算规范》附录的规定设置，十至十二位应根据拟建工程的工程量清单项目名称和项目特征设置，同一招标工程的项目编码不得有重码。

(4) 分部分项工程量清单的项目名称应按《计算规范》附录的项目名称结合拟建工程的实际确定。

(5) 分部分项工程量清单项目特征应按《计算规范》附录中规定的项目特征，结合拟建工程项目的实际予以描述。

(6) 分部分项工程量清单中所列工程量应按《计算规范》附录中规定的工程量计算规则计算。

(7) 分部分项工程量清单的计量单位应按《计算规范》附录中规定的计量单位确定。

(8) 若规范附录中有两个或两个以上计量单位的，应结合拟建工程项目的实际情况，选择其中一个确定。

(9) 工程计量时每一项目汇总的有效位数应遵守下列规定：

1) 以“t”为单位，应保留小数点后三位数字，第四位小数四舍五入。

2) 以“m、m^2、m^3、kg”为单位，应保留小数点后两位数字，第三位小数四舍五入。

3) 以“个、件、根、组、系统”为单位，应取整数。

2. 项目编码的确定

(1) 工程量清单规定的统一项目编码

项目编码是指分部分项工程和措施项目工程量清单项目名称的阿拉伯数字标识，共有12位。含义是：一、二位为专业工程代码（01—房屋建筑与装饰工程；02—仿古建筑工程；03—通用安装工程；04—市政工程；05—园林绿化工程；06—矿山工程；07—构筑物工程；08—城市轨道交通工程；09—爆破工程。以后进入国标的专业工程代码以此类推）；三、四位为分类顺序码；五、六位为分部工程顺序码；七、八、九位为分项工程项目名称顺序码；十至十二位为清单项目名称顺序码，如图3-2所示。

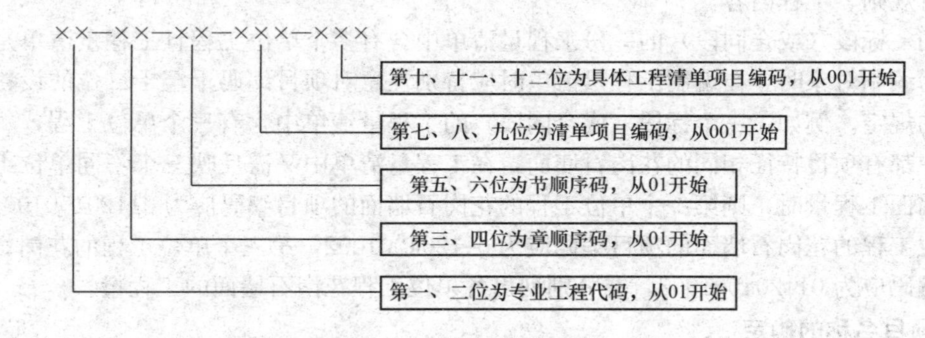

图3-2 项目编码结构图

(2)《房屋建筑与装饰工程工程量计算规范》GB 50854—2013规定的项目编码

《房屋建筑与装饰工程工程量计算规范》含有17章附录，见表3-1，清单编码的前9位按照《计算规范》附录规定设置，最后三位应根据拟建工程的工程量清单项目名称设置，见表3-2，防静电活动地板的清单项目编码为011104004，见表3-3，全钢PVC防静电活动地板的清单项目编码为011104004001。

房屋建筑与装饰工程工程量计算规范附录 **表3-1**

附录名称	附录码	工程名称	使用范围
附录A	0101	土石方工程	土建
附录B	0102	地基处理与边坡支护工程	土建
附录C	0103	桩基工程	土建
附录D	0104	砌筑工程	土建
附录E	0105	混凝土及钢筋混凝土工程	土建
附录F	0106	金属结构工程	土建、装饰
附录G	0107	木结构工程	土建、装饰

续表

附录名称	附录码	工程名称	使用范围
附录 H	0108	门窗工程	土建、装饰
附录 J	0109	屋面及防水工程	土建、装饰
附录 K	0110	保温隔热防腐工程	土建
附录 L	0111	楼地面装饰工程	装饰
附录 M	0112	墙、柱面装饰与隔断、幕墙工程	装饰
附录 N	0113	天棚工程	装饰
附录 P	0114	油漆、涂料、裱糊工程	装饰
附录 Q	0115	其他装饰工程	装饰
附录 R	0116	拆除工程	土建、装饰
附录 S	0117	措施项目	装饰

当清单缺项，补充项目的编码由本规范的代码 01 与 B 和三位阿拉伯数字组成，并应从 01B001 起顺序编制。工程量清单中需附有补充项目的名称、项目特征、计量单位、工程量计算规则、工程内容。

当同一标段（或合同段）的一份工程量清单中含有多个单位工程且工程量清单是以单位工程为编制对象时，在编制工程量清单时应特别注意对项目编码十至十二位的设置不得有重码的规定。例如，一个标段（或合同段）的工程量清单中含有三个单位工程，每一单位工程中都有项目特征相同的花岗石墙面，在工程量清单中又需反映三个不同单位工程的花岗石墙面工程量时，则第一个单位工程的花岗石墙面的项目编码应为 011204001001，第二个单位工程的花岗石墙面的项目编码应为 011204001002，第三个单位工程的花岗石墙面的项目编码应为 011204001003，并分别列出各单位工程花岗石墙面的工程量。

3. 项目名称的确定

分部分项工程量清单项目的名称应按《计算规范》附录中的项目名称，结合拟建工程的实际确定。如附录中分部分项工程的名称为防静电活动地板，实际工程中该地板使用的是全钢 PVC 材料，故项目名称可设置为全钢 PVC 防静电活动地板。

4. 项目特征描述

构成分部分项工程项目、措施项目自身价值的本质特征。见表 3-2，描述防静电活动地板，从三个方面进行考虑，第一是其支架高度、材料种类，第二是面层材料品种、规格和颜色，第三是防护材料种类。在【例 3-1】工程中，第一个特征是支架高 165mm，为黄锌材料，第二个特征是面层为全钢 PVC 防静电活动地板，设计不需要防护材料，故第三个特征没有描述。

5. 计量单位的确定

分部分项工程量清单的计量单位应按《计算规范》附录中规定的计量单位确定，见表 3-3，该项目的计量单位为平方米（m^2）。

6. 分部分项工程量清单编制举例

【例 3-1】 某工程机房部分为 150m^2 全钢 PVC 防静电地板，见表 3-2（附录 L 表 L. 4 其他材料面层）。试编制该分部分项工程量清单。

防静电地板清单设置　　表 3-2

项目编码	项目名称	项目特征	计量单位	工程量计算规则	工作内容
011104004	防静电活动地板	1. 支架高度、材料种类 2. 面层材料品种、规格、颜色 3. 防护材料种类	m^2	按设计图示尺寸以面积计算。门洞、空圈、暖气包槽、壁龛的开口部分并入相应的工程量内。	1. 基层清理 2. 固定支架安装 3. 活动面层安装 4. 刷防护材料 5. 材料运输

【解】 查附录 L，表 L.4 其他材料面层，全钢 PVC 防静电地板清单编制见表 3-3 所示。

塑料防静电地板的项目设置　　表 3-3

工程名称：某机房装饰工程　　第　页　共　页

序号	项目编码	项目名称	项目特征	计量单位	工程数量
1	011104004001	全钢 PVC 防静电活动地板	1. 全钢 PVC 活动地板 600mm×600mm×35mm 2. 黄锌支架高 165mm	m^2	150

3.1.2.6 措施项目清单编制

措施项目是指为完成工程项目施工，发生于该工程施工准备和施工过程中的技术、生活、安全、环境保护等方面的项目。

1. 一般规定

(1) 措施项目清单应根据相关工程现行国家计量规范的规定编制。

(2) 措施项目清单应根据拟建工程的实际情况列项。

2. 措施项目清单的编制方法

(1) 措施项目中列出了项目编码、项目名称、项目特征、计量单位、工程量计算规则的项目，编制工程量清单时，应按照编制分部分项工程项目清单的规范执行。如满堂脚手架（011701006001）。

(2) 措施项目仅列出项目编码、项目名称，未列出项目特征、计量单位和工程量计算规则的项目，编制工程量清单时，应按规范附录 S 措施项目规定的项目编码、项目名称确定。如安全文明施工（011707001001）。

(3) 措施项目应根据拟建工程的实际情况列项，若出现规范未列的项目，可根据工程实际情况补充。编码规则按编制分部分项清单补充项规范执行。

3.1.2.7 其他项目清单的编制

1. 其他项目清单列项内容

(1) 暂列金额

暂列金额是指招标人在工程量清单中暂定并包括在合同价款中的一笔款项。用于工程合同签订时尚未确定或者不可预见的所需材料、工程设备、服务的采购，施工中可能发生的工程变更、合同约定调整因素出现时的合同价款调整以及发生的索赔、现场签证确认等的费用。

(2) 暂估价

是指招标人在工程量清单中提供的用于支付必然发生但暂时不能确定价格的材料、工程设备的单价以及专业工程的金额。包括材料暂估单价、工程设备暂估单价、专业工程暂估价。

(3) 计日工

计日工是指在施工过程中，承包人完成发包人提出的工程合同范围以外的零星项目或工作，按合同中约定的单价计价的一种方式。

(4) 总承包服务费

总承包服务费是指总承包人为配合协调发包人进行的专业工程分包，对发包人自行采购的材料、工程设备等进行保管以及施工现场管理、竣工资料汇总整理等服务所需的费用。

2. 一般规定

(1) 暂列金额应根据工程特点，按有关计价规定估算。

(2) 暂估价中的材料、工程设备暂估价应根据工程造价信息或参照市场价格估算；专业工程暂估价应分不同专业，按有关计价规定估算。

(3) 计日工应列出项目和数量。

(4) 出现其他项目清单中未列的项目，应根据工程实际情况补充。

3.1.2.8　规费项目清单的编制

规费是指根据国家法律、法规规定，由省级政府或省级有关权力部门规定施工企业必须缴纳的，应计入建筑安装工程造价的费用。

1. 规费项目清单列项内容

(1) 工程排污费。

(2) 社会保障费：包括养老保险费、失业保险费、医疗保险费、工伤保险、生育保险。

(3) 住房公积金。

2. 一般规定

出现规费清单项目中未列的项目，应根据省级政府或省级有关权力部门的规定列项。

3.1.2.9　税金项目清单的编制

税金是指国家税法规定的应计入建筑安装工程造价内的营业税、城市维护建设税、教育费附加和地方教育附加。

1. 税金项目清单内容

(1) 营业税。

(2) 城市维护建设税。

(3) 教育费附加。

(4) 地方教育附加。

2. 一般规定

出现税金项目清单未列的项目，应根据税务部门的规定列项。

3.2　装饰工程清单工程量的计算

3.2.1　楼地面工程清单项目设置（附录L）

1. 楼地面抹灰工程

(1) 楼地面抹灰工程清单项目设置

整体面层及找平层工程量清单项目的设置、项目特征描述的内容、计量单位、工程量计算规则应按《计算规范》附录 L 的表 L.1 即本书表 3-4 执行。

（L.1）整体面层及找平层（编码：011101）　　　**表 3-4**

项目编码	项目名称	项目特征	计量单位	工程量计算规则	工作内容
011101001	水泥砂浆楼地面	1. 找平层厚度、砂浆配合比 2. 素水泥浆遍数 3. 面层厚度、砂浆配合比 4. 面层做法要求	m^2	按设计图示尺寸以面积计算。扣除凸出地面构筑物、设备基础、室内管道、地沟等所占面积，不扣除间壁墙及≤0.3m² 柱、垛、附墙烟囱及孔洞所占面积。门洞、空圈、暖气包槽、壁龛的开口部分不增加面积	1. 基层清理 2. 抹找平层 3. 抹面层 4. 材料运输
011101002	现浇水磨石楼地面	1. 找平层厚度、砂浆配合比 2. 面层厚度、水泥石子浆配合比 3. 嵌条材料种类、规格 4. 石子种类、规格、颜色 5. 颜料种类、颜色 6. 图案要求 7. 磨光、酸洗、打蜡要求			1. 基层清理 2. 抹找平层 3. 面层铺设 4. 嵌缝条安装 5. 磨光、酸洗打蜡 6. 材料运输
011101003	细石混凝土楼地面	1. 找平层厚度、砂浆配合比 2. 面层厚度、混凝土强度等级			1. 基层清理 2. 抹找平层 3. 面层铺设 4. 材料运输
011101004	菱苦土楼地面	1. 找平层厚度、砂浆配合比 2. 面层厚度 3. 打蜡要求			1. 基层清理 2. 抹找平层 3. 面层铺设 4. 打蜡 5. 材料运输
011101005	自流平楼地面	1. 找平层砂浆配合比、厚度 2. 界面剂材料种类 3. 中层漆材料种类、厚度 4. 面漆材料种类、厚度 5. 面层材料种类			1. 基层处理 2. 抹找平层 3. 涂界面剂 4. 涂刷中层漆 5. 打磨、吸尘 6. 镘自流平面漆（浆） 7. 拌合自流平浆料 8. 铺面层
011101006	平面砂浆找平层	找平层厚度、砂浆配合比		按设计图示尺寸以面积计算	1. 基层清理 2. 抹找平层 3. 材料运输

注：1. 水泥砂浆面层处理是拉毛还是提浆压光应在面层做法要求中描述。
2. 平面砂浆找平层只适用于仅做找平层的平面抹灰。
3. 间壁墙指墙厚≤120mm 的墙。
4. 地面混凝土垫层另按附录 E.1 垫层项目编码列项，除混凝土外的其他材料垫层按本规范表 D.4 垫层项目编码列项。

（2）楼地面抹灰工程清单工程量计算案例

楼地面找平层及整体面层清单工程量＝设计图示净面积－构筑物所占面积

【例 3-2】 某工程平面如图 3-3 所示，地面做法为：60mm 厚 C20 细石混凝土找平层，20mm 厚 1∶2.5 白水泥色石子水磨石面层，嵌 3mm 厚玻璃条。试设置该工程清单项目并计算地面清单工程量。墙体厚度都为 240mm。

【解】 根据规范 L.1 清单工程量计算规则，该分项工程项目设置结果见表 3-5。

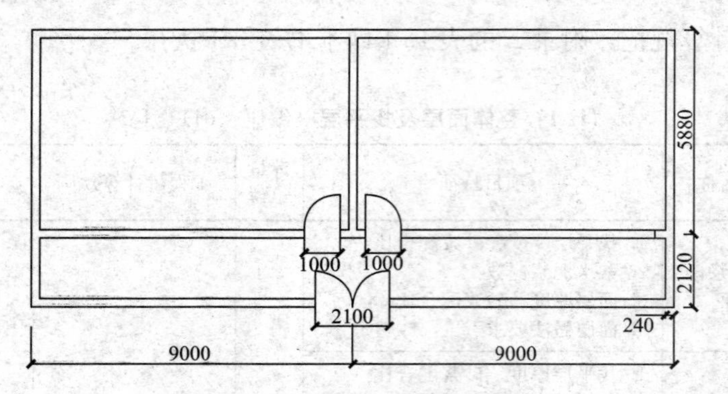

图 3-3　地面抹灰示意图

白水泥色石子水磨石面层工程量 $=(9-0.36)\times(5.88-0.24-0.12)\times2+(18-0.24\times2)\times(2.12-0.24-0.12)=126.23\text{m}^2$

白水泥色石子水磨石地面清单项目设置表　　　　**表 3-5**

工程名称：某装饰工程　　　　第　页　共　页

序号	项目编码	项目名称	项目特征	计量单位	工程数量
1	011101002001	白水泥色石子水磨石地面	1. 60mm 厚 C20 细石混凝土找平层 2. 20mm 厚 1∶2.5 白水泥色石子水磨石面层 3. 地面嵌玻璃条，$\delta=3$mm	m²	126.23

2. 楼地面镶贴工程

（1）楼地面镶贴工程清单项目设置

楼地面镶贴工程量清单项目的设置、项目特征描述的内容、计量单位、工程量计算规则应按表 3-6（《计算规范》表 L.2）执行。

（L.2）楼地面镶贴（块料面层）（编码：011102）　　　　**表 3-6**

项目编码	项目名称	项目特征	计量单位	工程量计算规则	工作内容
011102001	石材楼地面	1. 找平层厚度、砂浆配合比 2. 结合层厚度、砂浆配合比 3. 面层材料品种、规格、颜色 4. 嵌缝材料种类 5. 防护层材料种类 6. 酸洗、打蜡要求	m²	按设计图示尺寸以面积计算。门洞、空圈、暖气包槽、壁龛的开口部分并入相应的工程量内	1. 基层清理、抹找平层 2. 面层铺设、磨边 3. 嵌缝 4. 刷防护材料 5. 酸洗、打蜡 6. 材料运输
011102002	碎石材楼地面				
011102003	块料楼地面	1. 找平层厚度、砂浆配合比 2. 结合层厚度、砂浆配合比 3. 面层材料品种、规格、颜色 4. 嵌缝材料种类 5. 防护层材料种类 6. 酸洗、打蜡要求			

注：1. 在描述碎石材项目的面层材料特征时可不用描述规格、颜色。
2. 石材、块料与粘结材料的结合面刷防渗材料的种类在防护层材料种类中描述。
3. 表中工作内容的磨边指施工现场磨边，后面章节工作内容中涉及的磨边含义同此条。

(2) 楼地面镶贴清单工程量计算案例

楼地面块料面层清单工程量＝设计图示净面积－不做面层面积＋增加门窗洞口等其他面积

【例 3-3】 如图 3-4 所示为某酒店装饰装修工程大堂花岗石地面施工图，试根据图纸设置该工程清单项目并计算地面清单工程量。

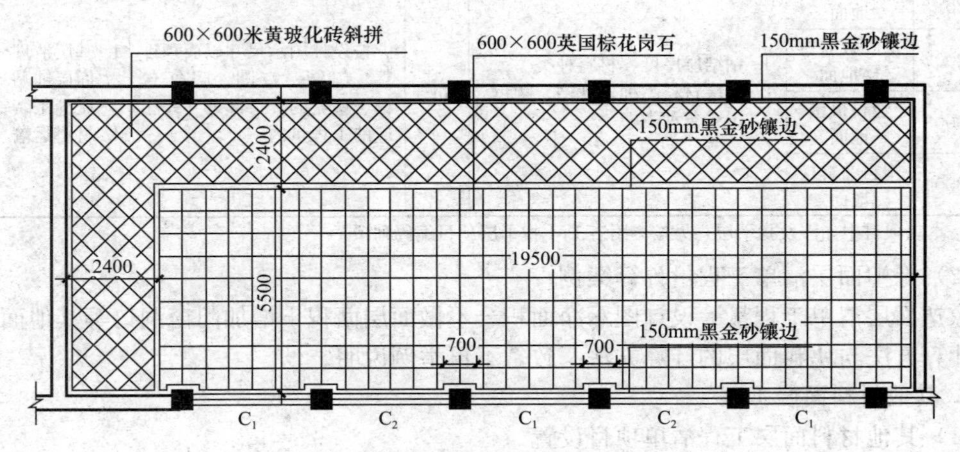

图 3-4 花岗石地面铺装图

【解】

600mm×600mm 的英国棕花岗岩清单工程量＝(19.5－0.15)×(5.5－0.15)－0.7×0.15×6＝102.89m²

600mm×600mm 米黄玻化砖斜拼清单工程量＝(19.5＋2.4－0.15×2)×(2.4－0.15×2)＋5.5×(2.4－0.15×2)＝56.91m²

黑金砂镶边清单工程量＝[5.5＋19.5－0.15＋(5.5＋2.4)×2＋(2.4＋19.5－0.15×2)×2＋0.15×12－0.4×6]×0.15＝12.49m²

清单说明设置见表 3-7。

地面镶贴清单项目设置表 **表 3-7**

工程名称：某装饰工程　　　　第　页　共　页

序号	项目编码	项目名称	项目特征	计量单位	工程数量
1	011102001001	英国棕花岗石石材楼地面	1. 水泥砂浆（1∶4）粘贴 2. 600mm×600mm 英国棕花岗石面层	m²	102.89
2	011102003001	米黄玻化砖块料楼地面	1. 水泥砂浆（1∶4）粘贴 2. 600mm×600mm 米黄玻化砖斜拼面层	m²	56.91
3		黑金砂花岗石镶边	1. 水泥砂浆（1∶4）粘贴 2. 600mm×600mm 英国棕花岗石面层	m²	12.49

3. 橡塑面层工程

(1) 橡塑面层工程清单项目设置

橡塑面层工程量清单项目的设置、项目特征描述的内容、计量单位、工程量计算规则应按表3-8（规范L.3）执行。

（L.3）橡塑面层（编码：011103）　　**表3-8**

项目编码	项目名称	项目特征	计量单位	工程量计算规则	工作内容
011103001	橡胶板楼地面	1. 粘结层厚度、材料种类 2. 面层材料品种、规格、颜色 3. 压线条种类	m^2	按设计图示尺寸以面积计算。门洞、空圈、暖气包槽、壁龛的开口部分并入相应的工程量内	1. 基层清理 2. 面层铺贴 3. 压缝条装钉 4. 材料运输
011103002	橡胶板卷材楼地面				
011103003	塑料板楼地面				
011103004	塑料卷材楼地面				

注：本表项目中如涉及找平层，另按本附表L.1找平层项目编码列项。

（2）橡塑面层清单工程量计算案例

橡塑面层清单工程量＝设计图示净面积－不做面层面积＋增加门窗洞口等其他面积

计算方法与块料面层的计算方法一致，不再举例说明。

4. 其他材料面层工程

（1）其他材料面层工程清单项目设置

其他材料面层工程量清单项目的设置、项目特征描述的内容、计量单位、工程量计算规则应按表3-9（规范L.4）执行。

（L.4）其他材料面层（编码：011104）　　**表3-9**

项目编码	项目名称	项目特征	计量单位	工程量计算规则	工作内容
011104001	地毯楼地面	1. 面层材料品种、规格、颜色 2. 防护材料种类 3. 粘结材料种类 4. 压线条种类	m^2	按设计图示尺寸以面积计算。门洞、空圈、暖气包槽、壁龛的开口部分并入相应的工程量内	1. 基层清理 2. 铺贴面层 3. 刷防护材料 4. 装钉压条 5. 材料运输
011104002	竹、木（复合）地板	1. 龙骨材料种类、规格、铺设间距 2. 基层材料种类、规格 3. 面层材料品种、规格、颜色 4. 防护材料种类			1. 基层清理 2. 龙骨铺设 3. 基层铺设 4. 面层铺贴 5. 刷防护材料 6. 材料运输
011104003	金属复合地板	1. 龙骨材料种类、规格、铺设间距 2. 基层材料种类、规格 3. 面层材料品种、规格、颜色 4. 防护材料种类			
011104004	防静电活动地板	1. 支架高度、材料种类 2. 面层材料品种、规格、颜色 3. 防护材料种类			1. 基层清理 2. 固定支架安装 3. 活动面层安装 4. 刷防护材料 5. 材料运输

（2）其他材料面层清单工程量计算及案例

其他材料面层清单工程量＝设计图示净面积－不做面层面积＋增加门窗洞口等其他面积

计算方法与块料面层的计算方法一致，不再举例说明。

5. 踢脚线工程

（1）踢脚线工程清单项目设置

踢脚线工程量清单项目的设置、项目特征描述的内容、计量单位、工程量计算规则应按表 3-10（规范 L.5）执行。

（L.5）踢脚线（编码：011105） **表 3-10**

项目编码	项目名称	项目特征	计量单位	工程量计算规则	工作内容
011105001	水泥砂浆踢脚线	1. 踢脚线高度 2. 底层厚度、砂浆配合比 3. 面层厚度、砂浆配合比	1. m^2 2. m	1. 按设计图示长度乘高度以面积计算 2. 按延长米计算	1. 基层清理 2. 底层和面层抹灰 3. 材料运输
011105002	石材踢脚线	1. 踢脚线高度 2. 粘贴层厚度、材料种类 3. 面层材料品种、规格、颜色 4. 防护材料种类			1. 基层清理 2. 底层抹灰 3. 面层铺贴、磨边 4. 擦缝 5. 磨光、酸洗、打蜡 6. 刷防护材料 7. 材料运输
011105003	块料踢脚线				
011105004	塑料板踢脚线	1. 踢脚线高度 2. 粘结层厚度、材料种类 3. 面层材料种类、规格、颜色			1. 基层清理 2. 基层铺贴 3. 面层铺贴 4. 材料运输
011105005	木质踢脚线	1. 踢脚线高度 2. 基层材料种类、规格 3. 面层材料品种、规格、颜色			
011105006	金属踢脚线				
011105007	防静电踢脚线				

注：石材、块料与粘结材料的结合面刷防渗材料的种类在防护层材料种类中描述。

（2）踢脚线清单工程量计算案例

踢脚线工程量＝踢脚线设计长度×高度（如块料面层踢脚板）或

踢脚线工程量＝踢脚线设计长度（如成品踢脚线）

【例 3-4】 某工程平面如图 3-5 所示，室内水泥砂浆粘贴 200mm 高花岗岩踢脚板。试计算清单工程量并设置清单项目。墙厚为 240mm。

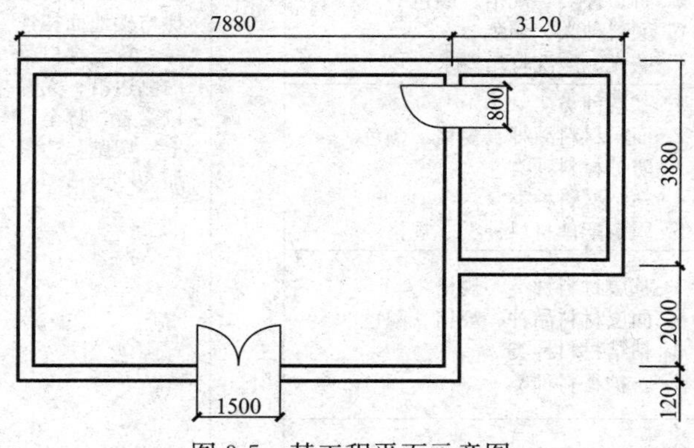

图 3-5 某工程平面示意图

【解】 根据规范 L.5 清单工程量计算规则，该分项工程项目设置结果见表 3-11。

踢脚线工程量＝[(7.88－0.12－0.24)×2＋(3.88＋2－0.24－0.12)×2－1.5－0.8
＋(3.88－0.24－0.12)×2＋(3.12－0.24－0.12)

$\times 2-0.8+0.24\times 2\times 2$(门洞侧面)$]\times 0.2$

$=8.07m^2$

花岗石踢脚板清单项目设置表 **表 3-11**

工程名称：某装饰工程 第 页 共 页

序号	项目编码	项目名称	项目特征	计量单位	工程数量
1	011105002001	花岗石踢脚板	1. 水泥砂浆（1：3）粘贴 2. 花岗石踢脚板	m^2	8.07

6. 楼梯面层工程

(1) 楼梯面层工程清单项目设置

楼梯面层工程量清单项目的设置、项目特征描述的内容、计量单位、工程量计算规则应按表 3-12（规范 L.6）执行。

(L.6) 楼梯面层（编码：011106） **表 3-12**

项目编码	项目名称	项目特征	计量单位	工程量计算规则	工作内容
011106001	石材楼梯面层	1. 找平层厚度、砂浆配合比 2. 粘结层厚度、材料种类 3. 面层材料品种、规格、颜色 4. 防滑条材料种类、规格 5. 勾缝材料种类 6. 防护层材料种类 7. 酸洗、打蜡要求	m^2	按设计图示尺寸以楼梯（包括踏步、休息平台及≤500mm的楼梯井）水平投影面积计算。楼梯与楼地面相连时，算至梯口梁内侧边沿；无梯口梁者，算至最上一层踏步边沿加300mm	1. 基层清理 2. 抹找平层 3. 面层铺贴、磨边 4. 贴嵌防滑条 5. 勾缝 6. 刷防护材料 7. 酸洗、打蜡 8. 材料运输
011106002	块料楼梯面层				
011106003	拼碎块料面层				
011106004	水泥砂浆楼梯面层	1. 找平层厚度、砂浆配合比 2. 面层厚度、砂浆配合比 3. 防滑条材料种类、规格			1. 基层清理 2. 抹找平层 3. 抹面层 4. 抹防滑条 5. 材料运输
011106005	现浇水磨石楼梯面层	1. 找平层厚度、砂浆配合比 2. 面层厚度、水泥石子浆配合比 3. 防滑条材料种类、规格 4. 石子种类、规格、颜色 5. 颜料种类、颜色 6. 磨光、酸洗打蜡要求			1. 基层清理 2. 抹找平层 3. 抹面层 4. 贴嵌防滑条 5. 磨光、酸洗、打蜡 6. 材料运输
011106006	地毯楼梯面层	1. 基层种类 2. 面层材料品种、规格、颜色 3. 防护材料种类 4. 粘结材料种类 5. 固定配件材料种类、规格			1. 基层清理 2. 铺贴面层 3. 固定配件安装 4. 刷防护材料 5. 材料运输
011106007	木板楼梯面层	1. 基层材料种类、规格 2. 面层材料品种、规格、颜色 3. 粘结材料种类 4. 防护材料种类			1. 基层清理 2. 基层铺贴 3. 面层铺贴 4. 刷防护材料 5. 材料运输
011106008	橡胶板楼梯面层	1. 粘结层厚度、材料种类 2. 面层材料品种、规格、颜色 3. 压线条种类			1. 基层清理 2. 面层铺贴 3. 压缝条装钉 4. 材料运输
011106009	塑料板楼梯面层				

注：1. 在描述碎石材项目的面层材料特征时可不用描述规格、颜色。

2. 石材、块料与粘结材料的结合面刷防渗材料的种类在防护层材料种类中描述。

（2）楼梯面层清单工程量计算案例

1）楼梯工程量＝楼梯间净宽×(休息平台宽＋踏步宽×步数)×(楼层数－1)；

2）当楼梯井宽度大于500mm时，

楼梯工程量＝(楼梯间净宽－梯井宽度＋0.5)×(休息平台宽＋踏步宽×步数)×(楼层数－1)；

3）楼梯与楼地面相连时，算至楼梯梁内侧边沿；无梯口梁者，算至最上一层踏步边沿加300mm。

【例3-5】 某2层楼房平行双跑楼梯平面如图3-6所示，一层层高为3m，楼梯面层水泥砂浆粘贴花岗石板(考虑防滑条)。试计算其清单工程量并设置清单项目。墙厚为240mm。

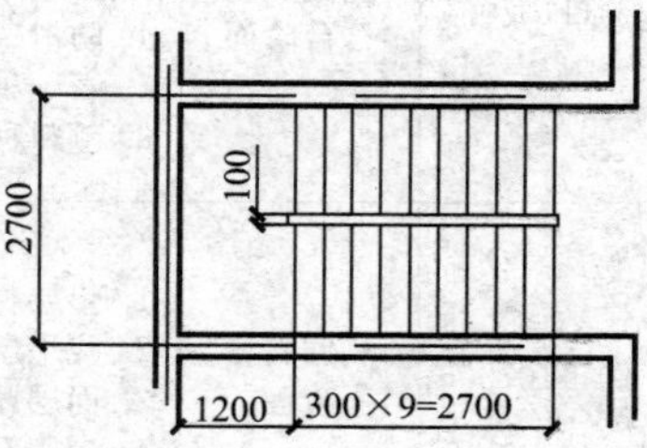

图3-6 楼梯间平面示意图

【解】 根据规范L.6清单工程量计算规则，该分项工程项目设置结果见表3-13。

花岗石板楼梯工程量＝(2.7－0.24)×(1.2＋2.7＋0.3)＝10.33m²

花岗石楼梯清单项目设置表 **表3-13**

工程名称：某装饰工程　　　　第　页　共　页

序号	项目编码	项目名称	项目特征	计量单位	工程数量
1	011106001001	石材楼梯面层	1. 水泥砂浆（1∶3）粘贴 2. 芝麻灰花岗石板	m²	7.11

7. 台阶装饰工程

（1）台阶装饰工程清单项目设置

台阶装饰工程量清单项目的设置、项目特征描述的内容、计量单位、工程量计算规则应按表3-14（规范L.7）执行。

（L.7）台阶装饰（编码：011107） **表3-14**

项目编码	项目名称	项目特征	计量单位	工程量计算规则	工作内容
011107001	石材台阶面	1. 找平层厚度、砂浆配合比 2. 粘结层材料种类 3. 面层材料品种、规格、颜色 4. 勾缝材料种类 5. 防滑条材料种类、规格 6. 防护材料种类	m²	按设计图示尺寸以台阶（包括最上层踏步边沿加300mm）水平投影面积计算	1. 基层清理 2. 抹找平层 3. 面层铺贴 4. 贴嵌防滑条 5. 勾缝 6. 刷防护材料 7. 材料运输
011107002	块料台阶面				
011107003	拼碎块料台阶面				
011107004	水泥砂浆台阶面	1. 垫层材料种类、厚度 2. 找平层厚度、砂浆配合比 3. 面层厚度、砂浆配合比 4. 防滑条材料种类			1. 基层清理 2. 铺设垫层 3. 抹找平层 4. 抹面层 5. 抹防滑条 6. 材料运输

续表

项目编码	项目名称	项目特征	计量单位	工程量计算规则	工作内容
011107005	现浇水磨石台阶面	1. 垫层材料种类、厚度 2. 找平层厚度、砂浆配合比 3. 面层厚度、水泥石子浆配合比 4. 防滑条材料种类、规格 5. 石子种类、规格、颜色 6. 颜料种类、颜色	m^2	按设计图示尺寸以台阶（包括最上层踏步边沿加300mm）水平投影面积计算	1. 清理基层 2. 铺设垫层 3. 抹找平层 4. 抹面层 5. 贴嵌防滑条 6. 打磨、酸洗、打蜡 7. 材料运输
011107006	剁假石台阶面	1. 垫层材料种类、厚度 2. 找平层厚度、砂浆配合比 3. 面层厚度、砂浆配合比 4. 剁假石要求			1. 清理基层 2. 铺设垫层 3. 抹找平层 4. 抹面层 5. 剁假石 6. 材料运输

注：1. 在描述碎石材项目的面层材料特征时可不用描述规格、品牌、颜色。
2. 石材、块料与粘结材料的结合面刷防渗材料的种类在防护层材料种类中描述。

（2）台阶装饰项目清单工程量计算案例

楼梯工程量 = 台阶设计净宽 ×（踏步水平投影宽 × 步数 + 300）

【例3-6】 某花岗石台阶工程，尺寸如图3-7所示，台阶为1∶2.5水泥砂浆粘贴花岗石石板，每级踏面上设计2根金属防滑条。试计算台阶花岗石石板贴面工程量并设置清单项。

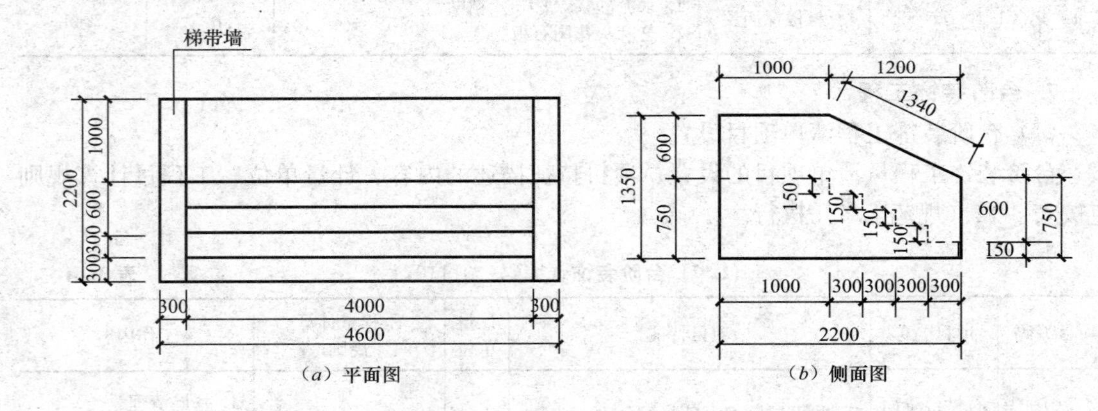

图3-7 台阶示意图

【解】 根据规范L.7清单工程量计算规则，该分项工程项目设置结果见表3-15。

台阶花岗石石板贴面清单工程量 = 4.0 ×（0.3 × 4 + 0.3）

= $6m^2$

花岗石台阶清单项目设置表 **表3-15**

工程名称：某装饰工程　　　　第　页　共　页

序号	项目编码	项目名称	项目特征	计量单位	工程数量
1	011107001001	石材台阶面层	1. 水泥砂浆（1∶3）粘贴 2. 芝麻灰花岗石板 3. 金属防滑条2根	m^2	6

8. 零星装饰项目工程

(1) 零星装饰工程清单项目设置

零星装饰工程量清单项目的设置、项目特征描述的内容、计量单位、工程量计算规则应按表3-16(规范L.8)执行。

(L.8)零星装饰项目(编码:011108) **表3-16**

项目编码	项目名称	项目特征	计量单位	工程量计算规则	工作内容
011108001	石材零星项目	1. 工程部位 2. 找平层厚度、砂浆配合比 3. 贴结合层厚度、材料种类 4. 面层材料品种、规格、颜色 5. 勾缝材料种类 6. 防护材料种类 7. 酸洗、打蜡要求	m^2	按设计图示尺寸以面积计算	1. 清理基层 2. 抹找平层 3. 面层铺贴、磨边 4. 勾缝 5. 刷防护材料 6. 酸洗、打蜡 7. 材料运输
011108002	拼碎石材零星项目				
011108003	块料零星项目				
011108004	水泥砂浆零星项目	1. 工程部位 2. 找平层厚度、砂浆配合比 3. 面层厚度、砂浆厚度			1. 清理基层 2. 抹找平层 3. 抹面层 4. 材料运输

注:1. 楼梯、台阶牵边和侧面镶贴块料面层,≤0.5m^2的少量分散的楼地面镶贴块料面层,应按本表执行。
2. 石材、块料与粘结材料的结合面刷防渗材料的种类在防护层材料种类中描述。

(2) 零星装饰项目清单工程量计算案例

【例3-7】 某花岗石台阶工程,尺寸如图3-7所示,台阶两侧梯带墙为黄金麻荔枝面花岗石。试计算梯带墙花岗石贴面清单工程量并设置清单项。

【解】 根据规范L.8清单工程量计算规则,该分项工程项目设置结果见表3-17。

零星贴面清单工程量 $=[(1+2.2)\times0.6\div2+0.75\times2.2]\times4+(1+1.34+0.6+0.15)\times0.3\times2-(1+0.3+0.3)\times0.6\times2$

$=10.37m^2$

花岗石梯带墙零星装饰清单项目设置表 **表3-17**

工程名称:某装饰工程　　　　第　页　共　页

序号	项目编码	项目名称	项目特征	计量单位	工程数量
1	011108001001	石材零星项目	1. 水泥砂浆(1∶3)粘贴 2. 黄金麻荔枝面花岗石	m^2	10.37

3.2.2 墙、柱面装饰与隔断、幕墙工程清单项目设置(附录M)

1. 墙面抹灰工程

(1) 墙面抹灰工程清单项目设置

墙面抹灰工程量清单项目的设置、项目特征描述的内容、计量单位、工程量计算规则应按表3-18(规范M.2)执行。

(M.2) 墙面抹灰（编码：011201）　　　　**表 3-18**

项目编码	项目名称	项目特征	计量单位	工程量计算规则	工作内容
011201001	墙面一般抹灰	1. 墙体类型 2. 底层厚度、砂浆配合比 3. 面层厚度、砂浆配合比 4. 装饰面材料种类 5. 分格缝宽度、材料种类	m^2	按设计图示尺寸以面积计算。扣除墙裙、门窗洞口及单个＞0.3m^2的孔洞面积，不扣除踢脚线、挂镜线和墙与构件交接处的面积，门窗、洞口和孔洞的侧壁及顶面不增加面积。附墙柱、梁、垛、烟囱侧壁并入相应的墙面面积内。 1. 外墙抹灰面积按外墙垂直投影面积计算 2. 外墙裙抹灰面积按其长度乘以高度计算 3. 内墙抹灰面积按主墙间的净长乘以高度计算 （1）无墙裙的，高度按室内楼地面至天棚底面计算 （2）有墙裙的，高度按墙裙顶至天棚底面计算 4. 内墙裙抹灰面按内墙净长乘以高度计算	1. 基层清理 2. 砂浆制作、运输 3. 底层抹灰 4. 抹面层 5. 抹装饰面 6. 勾分格缝
011201002	墙面装饰抹灰				
011201003	墙面勾缝	1. 墙体类型 2. 找平的砂浆厚度、配合比			1. 基层清理 2. 砂浆制作、运输 3. 抹灰找平
011201004	立面砂浆找平层	1. 墙体类型 2. 勾缝类型 3. 勾缝材料种类			1. 基层清理 2. 砂浆制作、运输 3. 勾缝

注：1. 立面砂浆找平项目适用于仅做找平层的立面抹灰。
2. 抹石灰砂浆、水泥砂浆、混合砂浆、聚合物水泥砂浆、麻刀石灰浆、石膏灰浆等按墙面一般抹灰列项，水刷石、斩假石、干粘石、假面砖等按墙面装饰抹灰列项。
3. 飘窗凸出外墙面增加的抹灰不计算工程量，在综合单价中考虑。
4. 吊顶天棚的内墙抹灰，抹至吊顶以上部分在综合单价中考虑。

(2) 墙面抹灰清单工程量计算案例

【例 3-8】 某工程如图 3-8 所示，内墙为 1∶2 水泥砂浆抹灰，外墙为普通水泥白石子水刷石，门窗洞口尺寸分别为：M-1(900mm×2000mm)，M-2(1200mm×2000mm)，C-1(1500mm×1500mm)，C-2mm (3000mm×1500mm)，窗台高度为 1.0m，内外墙抹灰高度为 3.3m。试计算内外墙面抹灰清单工程量并设置清单项。

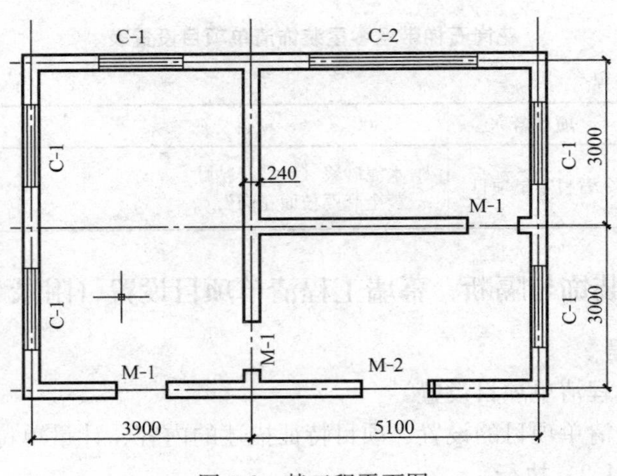

图 3-8　某工程平面图

【解】 根据规范 M.1 清单工程量计算规则，该分项工程项目设置结果见表 3-19。

外墙面抹灰清单工程量＝墙面工程量－门洞口工程量

＝(3.9＋5.1＋0.24＋3×2＋0.24)×2×3.3

－(1.5×1.5×5＋1.5×3)－(0.9×2＋1.2×2)

＝82.22m^2

内墙面抹灰工程量＝墙面工程量＋墙垛侧壁工程量－门窗洞口工程量

＝(3.9－0.24＋3×2－0.24)×2×3.3－1.5×1.5×3－0.9

×2×2＋(5.1－0.24＋3－0.24)×2×3.3－1..2×2－0.9

×2×2－1.5×1.5＋(5.1－0.24＋3－0.24)×2×3.3－0.9

×2－3×1.5－1.5×1.5

＝135.61m^2

墙面抹灰清单项目设置表 **表 3-19**

工程名称：某装饰工程 第 页 共 页

序号	项目编码	项目名称	项目特征	计量单位	工程数量
1	011201001001	内墙一般抹灰	水泥砂浆（1：2）抹灰	m^2	135.61
2	011201002001	外墙水刷石抹灰	水泥白石子面层	m^2	82.22

2. 柱（梁）面抹灰工程

(1) 柱（梁）面抹灰工程清单项目设置

柱（梁）面工程量清单项目的设置、项目特征描述的内容、计量单位、工程量计算规则应按表 3-20（M.2）执行。

（M.2）柱（梁）面抹灰（编码：011202） **表 3-20**

项目编码	项目名称	项目特征	计量单位	工程量计算规则	工作内容
011202001	柱、梁面一般抹灰	1. 柱体类型 2. 底层厚度、砂浆配合比 3. 面层厚度、砂浆配合比 4. 装饰面材料种类 5. 分格缝宽度、材料种类	m^2	1. 柱面抹灰：按设计图示柱断面周长乘高度以面积计算 2. 梁面抹灰：按设计图示梁断面周长乘长度以面积计算	1. 基层清理 2. 砂浆制作、运输 3. 底层抹灰 4. 抹面层 5. 勾分格缝
011202002	柱、梁面装饰抹灰				
011202003	柱、梁面砂浆找平	1. 柱体类型 2. 找平的砂浆厚度、配合比			1. 基层清理 2. 砂浆制作、运输 3. 抹灰找平
011202004	柱面勾缝	1. 勾缝类型 2. 勾缝材料种类		按设计图示柱断面周长乘高度以面积计算	1. 基层清理 2. 砂浆制作、运输 3. 勾缝

注：1. 砂浆找平项目适用于仅做找平层的柱（梁）面抹灰。

2. 抹石灰砂浆、水泥砂浆、混合砂浆、聚合物水泥砂浆、麻刀石灰浆、石膏灰浆等按柱（梁）面一般抹灰编码列项，水刷石、斩假石、干粘石、假面砖等按柱（梁）面装饰抹灰编码列项。

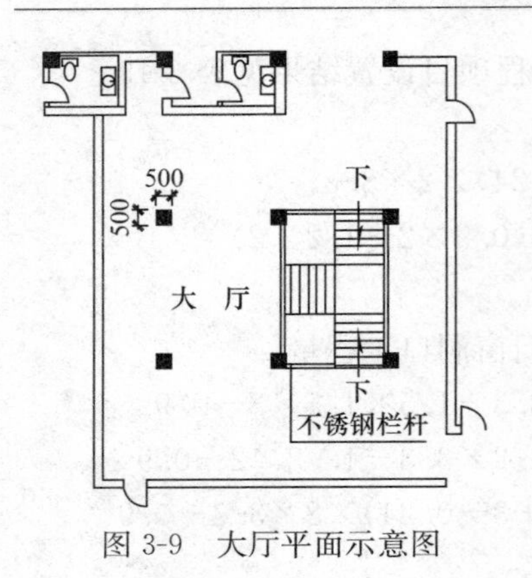

图 3-9　大厅平面示意图

(2) 柱、梁面抹灰清单工程量计算案例

【例 3-9】 如图 3-9 所示，某二楼大厅内有混凝土框架柱 6 根，在精装修前做了水泥砂浆抹面，柱净高 3.5m。试计算柱面水泥砂浆抹灰清单工程量并设置清单项。

【解】 根据规范 M.2 清单工程量计算规则，该分项工程项目设置结果见表 3-21。

$$柱面抹灰清单工程量 = 0.5 \times 4 \times 3.5 \times 6 = 42\text{m}^2$$

柱面抹灰清单项目设置表　　**表 3-21**

工程名称：某装饰工程　　第　页　共　页

序号	项目编码	项目名称	项目特征	计量单位	工程数量
1	011202001001	柱面一般抹灰	1. 混凝土独立柱 2. 底层 1∶3 水泥砂浆抹灰 3. 面层 1∶2.5 水泥砂浆抹灰	m^2	42

3. 零星抹灰工程

(1) 零星抹灰工程清单项目设置

零星抹灰工程量清单项目的设置、项目特征描述的内容、计量单位、工程量计算规则应按表 3-22（M.3）执行。

(M.3) 零星抹灰（编码：011203）　　**表 3-22**

项目编码	项目名称	项目特征	计量单位	工程量计算规则	工作内容
011203001	零星项目一般抹灰	1. 墙体类型 2. 底层厚度、砂浆配合比 3. 面层厚度、砂浆配合比 4. 装饰面材料种类 5. 分格缝宽度、材料种类	m^2	按设计图示尺寸以面积计算	1. 基层清理 2. 砂浆制作、运输 3. 底层抹灰 4. 抹面层 5. 抹装饰面 6. 勾分格缝
011203002	零星项目装饰抹灰	1. 墙体类型 2. 底层厚度、砂浆配合比 3. 面层厚度、砂浆配合比 4. 装饰面材料种类 5. 分格缝宽度、材料种类			
011203003	零星项目砂浆找平	1. 基层类型 2. 找平的砂浆厚度、配合比			1. 基层清理 2. 砂浆制作、运输 3. 抹灰找平

注：1. 抹石灰砂浆、水泥砂浆、混合砂浆、聚合物水泥砂浆、麻刀石灰浆、石膏灰浆等按零星项目一般抹灰编码列项，水刷石、斩假石、干粘石、假面砖等按零星项目装饰抹灰编码列项。

2. 墙、柱（梁）面≤0.5m^2 的少量分散的抹灰按本表零星抹灰项目编码列项。

（2）零星抹灰清单工程量计算案例

【例 3-10】 如图 3-10 某包房立面图所示，试计算墙面拉毛批灰清单工程量并设置清单项。

【解】 根据规范 M.3 清单工程量计算规则，该分项工程项目设置结果见表 3-23。

零星抹灰清单工程量＝设计构件表面积

墙面拉毛批灰清单工程量＝0.372×0.927

＝0.34m²

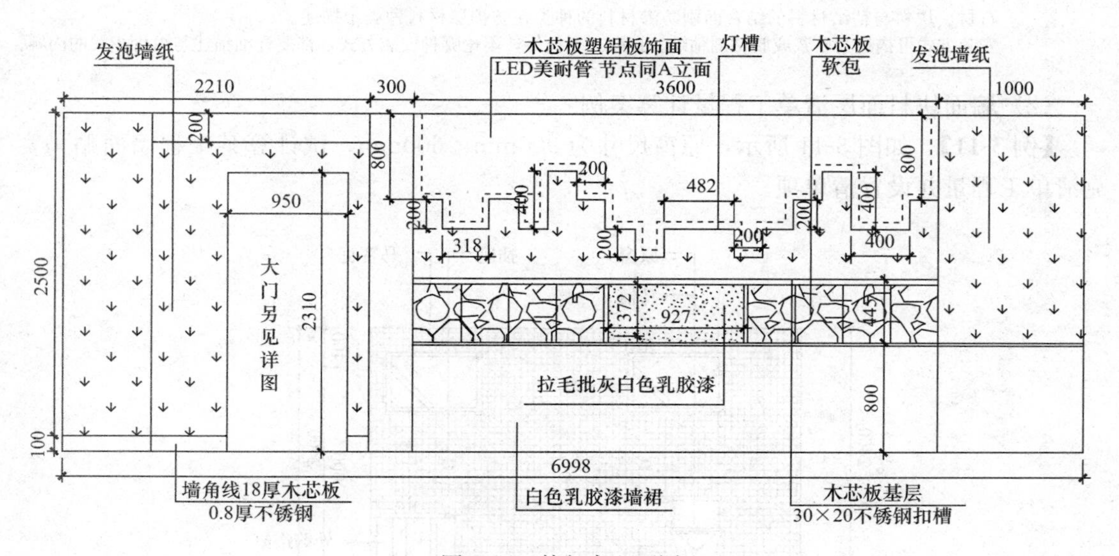

图 3-10 某包房立面图

零星抹灰清单项目设置表 表 3-23

工程名称：某包房装饰工程 第 页 共 页

序号	项目编码	项目名称	项目特征	计量单位	工程数量
1	011203001001	零星抹灰	1. 底层 10mm1∶0.5∶1 水泥石灰砂浆 2. 面层 1∶3 水泥砂浆甩毛	m²	0.34

4. 墙面块料面层工程

（1）墙面块料面层工程清单项目设置

墙面块料面层工程量清单项目的设置、项目特征描述的内容、计量单位、工程量计算规则应按表 3-24（规范 M.4）执行。

（M.4）墙面块料面层（编码：011204） 表 3-24

项目编码	项目名称	项目特征	计量单位	工程量计算规则	工作内容
011204001	石材墙面	1. 墙体类型 2. 安装方式 3. 面层材料品种、规格、颜色 4. 缝宽、嵌缝材料种类 5. 防护材料种类 6. 磨光、酸洗、打蜡要求	m²	按镶贴表面积计算	1. 基层清理 2. 砂浆制作、运输 3. 粘结层铺贴 4. 面层安装 5. 嵌缝 6. 刷防护材料 7. 磨光、酸洗、打蜡
011204002	拼碎石材墙面				
011204003	块料墙面				

续表

项目编码	项目名称	项目特征	计量单位	工程量计算规则	工作内容
011204004	干挂石材钢骨架	1. 骨架种类、规格 2. 防锈漆品种遍数	t	按设计图示以质量计算	1. 骨架制作、运输、安装 2. 刷漆

注：1. 在描述碎块项目的面层材料特征时可不用描述规格、品牌、颜色。
2. 石材、块料与粘结材料的结合面刷防渗材料的种类在防护层材料种类中描述。
3. 安装方式可描述为砂浆或胶粘剂粘贴、挂贴、干挂等，不论哪种安装方式，都要详细描述与组价相关的内容。

（2）墙面块料面层清单工程量计算案例

【例 3-11】 如图 3-11 所示，原窗尺寸为 900mm×600mm，试计算某工程墙面贴马赛克清单工程量并设置清单项。

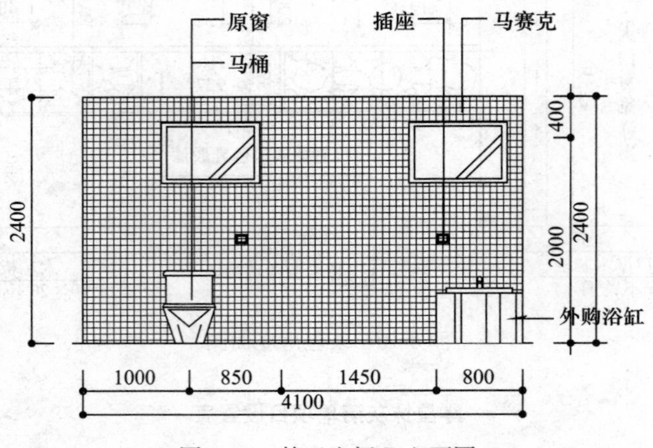

图 3-11 某卫生间 B 立面图

【解】 根据规范 M.4 清单工程量计算规则，该分项工程项目设置结果见表 3-25。

墙面马赛克清单工程量＝镶贴表面积

墙面马赛克清单工程量＝4.1×2.4－0.9×0.6×2

＝8.76m^2

墙面马赛克清单项目设置表 **表 3-25**

工程名称：某装饰工程 第 页 共 页

序号	项目编码	项目名称	项目特征	计量单位	工程数量
1	011204003001	块料墙面	1. 墙面 1∶2.5 水泥砂浆抹灰 2. 墙面刷防水涂料 3. 马赛克饰面	m^2	8.76

5. 柱（梁）面镶贴块料面层工程

（1）柱（梁）面镶贴块料面层工程清单项目设置

柱（梁）面镶贴块料面层工程量清单项目的设置、项目特征描述的内容、计量单位、工程量计算规则应按表 3-26（规范 M.5）执行。

（M.5）柱（梁）面镶贴块料（编码：011205） **表 3-26**

项目编码	项目名称	项目特征	计量单位	工程量计算规则	工作内容
011205001	石材柱面	1. 柱截面类型、尺寸 2. 安装方式 3. 面层材料品种、规格、颜色 4. 缝宽、嵌缝材料种类 5. 防护材料种类 6. 磨光、酸洗、打蜡要求	m^2	按镶贴表面积计算	1. 基层清理 2. 砂浆制作、运输 3. 粘结层铺贴 4. 面层安装 5. 嵌缝 6. 刷防护材料 7. 磨光、酸洗、打蜡
011205002	块料柱面				
011205003	拼碎块柱面				
011205004	石材梁面	1. 安装方式 2. 面层材料品种、规格、颜色 3. 缝宽、嵌缝材料种类 4. 防护材料种类 5. 磨光、酸洗、打蜡要求			
011205005	块料梁面				

注：1. 在描述碎块项目的面层材料特征时可不用描述规格、品牌、颜色。
2. 石材、块料与粘接材料的结合面刷防渗材料的种类在防护层材料种类中描述。
3. 柱梁面干挂石材的钢骨架按表 M.4 相应项目编码列项。

（2）柱（梁）面镶贴块料面层清单工程量计算案例

【例 3-12】 如图 3-12 所示为某餐厅 B 立面图，欧亚米黄大理石柱侧面尺寸为 150mm。试计算餐厅柱面大理石清单工程量并设置清单项。

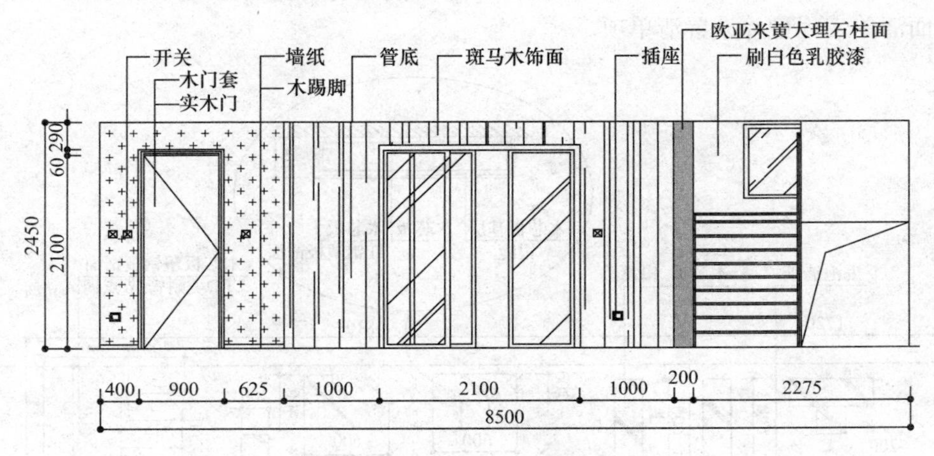

图 3-12 某餐厅 B 立面图

【解】 根据规范 M.5 清单工程量计算规则，该分项工程项目设置结果见表 3-27。

柱面大理石清单工程量＝镶贴表面积

柱面大理石清单工程量＝(0.2＋0.15×2)×2.45

＝1.23m^2

柱面清单项目设置表 **表 3-27**

工程名称：某装饰工程　　　　第 页 共 页

序号	项目编码	项目名称	项目特征	计量单位	工程数量
1	011204003001	块料墙面	1. 墙面 1∶2.5 水泥砂浆粘贴 2. 300mm×200mm 大理石贴面	m^2	1.23

6. 镶贴零星块料面层工程

（1）镶贴零星块料面层工程清单项目设置

镶贴零星块料面层工程量清单项目的设置、项目特征描述的内容、计量单位、工程量计算规则应按表 3-28（规范 M.6）执行。

（M.6）镶贴零星块料（编码：011206）　　**表 3-28**

项目编码	项目名称	项目特征	计量单位	工程量计算规则	工作内容
011206001	石材零星项目	1. 安装方式 2. 面层材料品种、规格、颜色 3. 缝宽、嵌缝材料种类 4. 防护材料种类 5. 磨光、酸洗、打蜡要求	m^2	按镶贴表面积计算	1. 基层清理 2. 砂浆制作、运输 3. 面层安装 4. 嵌缝 5. 刷防护材料 6. 磨光、酸洗、打蜡
011206002	块料零星项目				
011206003	拼碎块零星项目				

注：1. 在描述碎块项目的面层材料特征时可不用描述规格、品牌、颜色。
2. 石材、块料与粘结材料的结合面刷防渗材料的种类在防护层材料种类中描述。
3. 零星项目干挂石材的钢骨架按表 M.4 相应项目编码列项。
4. 墙柱面≤0.5m^2 的少量分散的镶贴块料面层应按零星项目执行。

（2）镶贴零星块料面层清单工程量计算案例

【例 3-13】 如图 3-13 某包房 A 立面图所示，墙面有几处文化石零星饰面，试计算文化石贴面清单工程量并设置清单项。

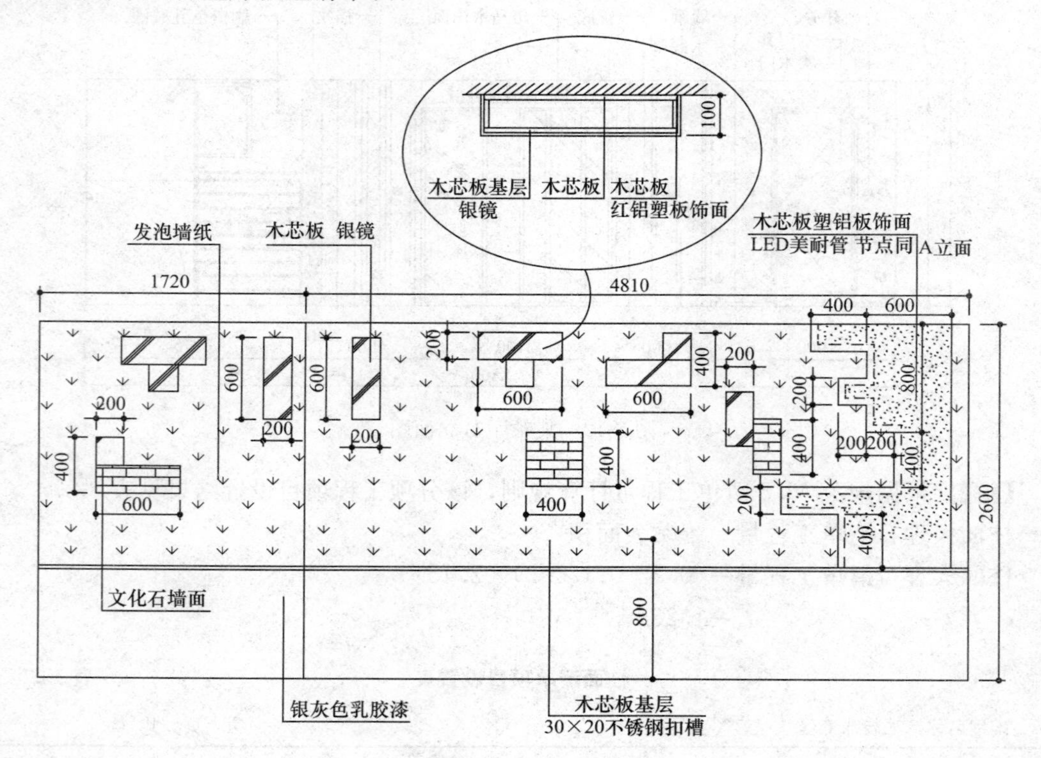

图 3-13　某包房立面图

【解】 根据规范 M.6 清单工程量计算规则，该分项工程项目设置结果见表 3-29。

$$零星贴面清单工程量 = 0.2 \times 0.6 + 0.4 \times 0.4 + 0.4 \times 0.2 = 0.36m^2$$

花岗石梯带墙零星装饰清单项目设置表　　**表 3-29**

工程名称：某装饰工程　　第　页　共　页

序号	项目编码	项目名称	项目特征	计量单位	工程数量
1	011108001001	石材零星项目	1. 用1∶1水泥砂浆处理基层及勾缝 2. 1∶3水泥砂浆打底18mm 3. 1∶2水泥砂浆粘贴 4. 石灰石文化石	m^2	0.36

7. 墙饰面工程

(1) 墙饰面工程清单项目设置

墙饰面工程量清单项目的设置、项目特征描述的内容、计量单位、工程量计算规则应按表3-30（规范M.7）执行。

(M.7) 墙饰面（编码：011207）　　**表 3-30**

项目编码	项目名称	项目特征	计量单位	工程量计算规则	工作内容
011207001	墙面装饰板	1. 龙骨材料种类、规格、中距 2. 隔离层材料种类、规格 3. 基层材料种类、规格 4. 面层材料品种、规格、颜色 5. 压条材料种类、规格	m^2	按设计图示墙净长乘净高以面积计算。扣除门窗洞口及单个>$0.3m^2$的孔洞所占面积	1. 基层清理 2. 龙骨制作、运输、安装 3. 钉隔离层 4. 基层铺钉 5. 面层铺贴
011207002	墙面装饰浮雕	1. 基层类型 2. 浮雕材料种类 3. 浮雕样式		按设计图示尺寸以面积计算	

(2) 镶贴零星块料面层清单工程量计算案例

【例 3-14】 如图3-10所示为某包房立面图，试计算软包墙面清单工程量并设置清单项。

【解】 根据规范M.7清单工程量计算规则，该分项工程项目设置结果见表3-31。

$$墙面软包饰面清单工程量 = 0.372 \times (3.6 - 0.927) = 0.994m^2$$

花岗石梯带墙零星装饰清单项目设置表　　**表 3-31**

工程名称：某装饰工程　　第　页　共　页

序号	项目编码	项目名称	项目特征	计量单位	工程数量
1	011207001001	石材零星项目	1. 木芯板基层，δ=18mm 2. 软包饰面	m^2	0.994

8. 柱（梁）饰面饰面工程

(1) 柱（梁）饰面工程清单项目设置

柱（梁）饰面工程量清单项目的设置、项目特征描述的内容、计量单位、工程量计算规则应按表3-32（M.8）执行。

（M.8）柱（梁）饰面（编码：011208）　　**表3-32**

项目编码	项目名称	项目特征	计量单位	工程量计算规则	工作内容
011208001	柱（梁）面装饰	1. 龙骨材料种类、规格、中距 2. 隔离层材料种类 3. 基层材料种类、规格 4. 面层材料品种、规格、颜色 5. 压条材料种类、规格	m^2	按设计图示饰面外围尺寸以面积计算。柱帽、柱墩并入相应柱饰面工程量内	1. 清理基层 2. 龙骨制作、运输、安装 3. 钉隔离层 4. 基层铺钉 5. 面层铺贴
011208001	成品装饰柱	1. 柱截面、高度尺寸 2. 柱材质	1. 根 2. m	以根计算，按设计数量计算 以米计算，按设计长度计算	柱运输、固定、安装

（2）柱（梁）饰面清单工程量计算案例

【例3-15】 如图3-14为某独立柱示意图，已知该柱为500mm×500mm方柱，柱脚、柱帽口皆为方形。试计算不锈钢柱饰面清单工程量并设置清单项。

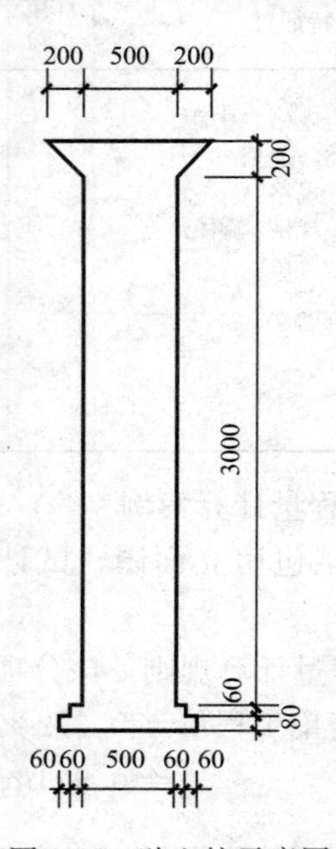

图3-14　独立柱示意图

【解】 根据规范M.8清单工程量计算规则，该分项工程项目设置结果见表3-33。

不锈钢独立柱清单工程量＝设计柱面表面积＋柱墩表面积＋柱帽表面积

柱身：$0.5\times4\times3.0=6.0m^2$

柱帽：$[0.5+(0.5+0.2\times2)]\times0.2\sqrt{2}\div2\times4=0.79m^2$

柱脚：$[(0.5+0.06\times4)\times0.12+(0.5+0.06\times2)\times0.06]\times4+(0.5+0.06\times4)^2-0.5\times0.5=0.78m^2$

不锈钢独立柱清单工程量$=6.0+0.79+0.78=7.57m^2$

不锈钢独立柱饰面清单项目设置表　　表 3-33

工程名称：某装饰工程　　第　页　共　页

序号	项目编码	项目名称	项目特征	计量单位	工程数量
1	011208001001	不锈钢柱饰面	1. 20mm×30mm 木龙骨基层 2. 木芯板基层，δ=18mm 3. 8K 不锈钢板	m^2	7.57

9. 幕墙工程饰面工程

（1）幕墙工程饰面工程清单项目设置

幕墙工程饰面工程量清单项目的设置、项目特征描述的内容、计量单位、工程量计算规则应按表 3-34（规范 M.9）执行。

（M.9）幕墙工程（编码：011209）　　表 3-34

项目编码	项目名称	项目特征	计量单位	工程量计算规则	工作内容
011209001	带骨架幕墙	1. 骨架材料种类、规格、中距 2. 面层材料品种、规格、颜色 3. 面层固定方式 4. 隔离带、框边封闭材料品种、规格 5. 嵌缝、塞口材料种类	m^2	按设计图示框外围尺寸以面积计算，与幕墙同种材质的窗所占面积不扣除	1. 骨架制作、运输、安装 2. 面层安装 3. 隔离带、框边封闭 4. 嵌缝、塞口 5. 清洗
011209002	全玻（无框玻璃）幕墙	1. 玻璃品种、规格、颜色 2. 粘结塞口材料种类 3. 固定方式		按设计图示尺寸以面积计算。带肋全玻幕墙按展开面积计算	1. 幕墙安装 2. 嵌缝、塞口 3. 清洗

注：幕墙钢骨架按本附录表 M.4 干挂石材钢骨架编码列项。

（2）幕墙工程清单工程量计算案例

【例 3-16】 某银行营业大楼正立面设计为铝合金玻璃幕墙，幕墙上带铝合金窗，尺寸为 1400mm×2200mm。如图 3-15 所示。求铝合金玻璃幕墙清单工程量。

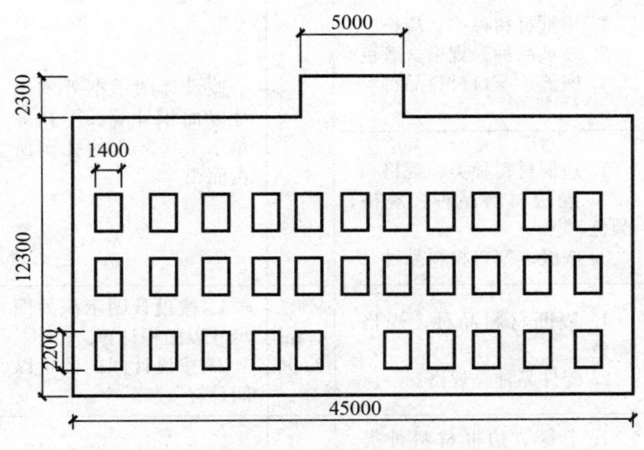

图 3-15　幕墙示意图

【解】 根据规范 M.9 清单工程量计算规则，该分项工程项目设置结果见表 3-35。

幕墙清单工程量=按设计图示框外围尺寸以面积计算（含同种材质窗户所占面积）

$$铝合金幕墙清单工程量 = 45 \times 12.3 + 2.3 \times 5 = 565m^2$$

幕墙清单项目设置表　　　　**表 3-35**

工程名称：某装饰工程　　　　第　页　共　页

序号	项目编码	项目名称	项目特征	计量单位	工程数量
1	011209001001	带骨架玻璃幕墙	1. 8.0槽钢骨架 2. 断桥铝材，表面氟碳喷涂 3. 钢化 LOW-E 镀膜玻璃 6mm＋9A＋6mm钢化透明浮法玻璃	m^2	7.57

10. 隔断工程饰面工程

（1）隔断工程饰面工程清单项目设置

隔断工程饰面工程量清单项目的设置、项目特征描述的内容、计量单位、工程量计算规则应按表 3-36（M.10）执行。

（M.10）隔断（编码：011210）　　　　**表 3-36**

项目编码	项目名称	项目特征	计量单位	工程量计算规则	工作内容
011210001	木隔断	1. 骨架、边框材料种类、规格 2. 隔板材料品种、规格、颜色 3. 嵌缝、塞口材料品种 4. 压条材料种类	m^2	按设计图示框外围尺寸以面积计算。不扣除单个≤0.3m^2 的孔洞所占面积；浴厕门的材质与隔断相同时，门的面积并入隔断面积内	1. 骨架及边框制作、运输、安装 2. 隔板制作、运输、安装 3. 嵌缝、塞口 4. 装钉压条
011210002	金属隔断	1. 骨架、边框材料种类、规格 2. 隔板材料品种、规格、颜色 3. 嵌缝、塞口材料品种		按设计图示框外围尺寸以面积计算。不扣除单个≤0.3m^2 的孔洞所占面积；浴厕门的材质与隔断相同时，门的面积并入隔断面积内	1. 骨架及边框制作、运输、安装 2. 隔板制作、运输、安装 3. 嵌缝、塞口
011210003	玻璃隔断	1. 边框材料种类、规格 2. 玻璃品种、规格、颜色 3. 嵌缝、塞口材料品种		按设计图示框外围尺寸以面积计算。不扣除单个≤0.3m^2 的孔洞所占面积	1. 边框制作、运输、安装 2. 玻璃制作、运输、安装 3. 嵌缝、塞口
011210004	塑料隔断	1. 边框材料种类、规格 2. 隔板材料品种、规格、颜色 3. 嵌缝、塞口材料品种			1. 骨架及边框制作、运输、安装 2. 隔板制作、运输、安装 3. 嵌缝、塞口
011210005	成品隔断	1. 隔断材料品种、规格、颜色 2. 配件品种、规格。	1. m^2 2. 间	1. 按设计图示框外围尺寸以面积计算。 2. 按设计间的数量以间计算	1. 隔断运输、安装 2. 嵌缝、塞口
011210006	其他隔断	1. 骨架、边框材料种类、规格 2. 隔板材料品种、规格、颜色 3. 嵌缝、塞口材料品种	m^2	按设计图示框外围尺寸以面积计算。不扣除单个≤0.3m^2 的孔洞所占面积	1. 骨架及边框安装 2. 隔板安装 3. 嵌缝、塞口

（2）隔断工程清单工程量计算案例

【例 3-17】 某木骨架全玻璃隔断工程如图 3-16 所示，试求玻璃隔断清单工程量。

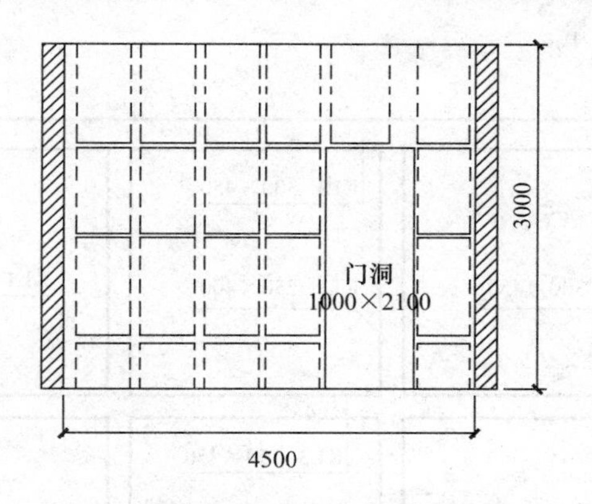

图 3-16 木骨架全玻璃隔断

【解】 根据规范 M.10 清单工程量计算规则，该分项工程项目设置结果见表 3-37。

隔断清单工程量＝间隔间面积－门洞面积

木骨架全玻璃隔断清单工程量＝4.5×3－1×2.1

＝11.4m²

木隔断全玻清单项目设置表 **表 3-37**

工程名称：某装饰工程 第 页 共 页

序号	项目编码	项目名称	项目特征	计量单位	工程数量
1	011210006001	木骨架全玻璃隔断	1. 双向 30mm×40mm 木方隔断，刷防火涂料二遍 2. 双面钢化浮法玻璃打孔，δ＝10mm 3. 广告钉固定，2 颗/m²	m²	11.4

3.2.3 天棚工程清单项目设置（附录 N）

1. 天棚抹灰工程饰面工程

（1）天棚抹灰工程饰面工程清单项目设置

天棚抹灰工程工程量清单项目的设置、项目特征描述的内容、计量单位、工程量计算规则应按表 3-38（N.1）执行。

（N.1）天棚抹灰（编码：011301） **表 3-38**

项目编码	项目名称	项目特征	计量单位	工程量计算规则	工作内容
011301001	天棚抹灰	1. 基层类型 2. 抹灰厚度、材料种类 3. 砂浆配合比	m²	按设计图示尺寸以水平投影面积计算。不扣除间壁墙、垛、柱、附墙烟囱、检查口和管道所占的面积，带梁天棚、梁两侧抹灰面积并入天棚面积内，板式楼梯底面抹灰按斜面积计算，锯齿形楼梯底板抹灰按展开面积计算	1. 基层清理 2. 底层抹灰 3. 抹面层

（2）天棚抹灰工程清单工程量计算案例

【例 3-18】 如图 3-17 所示现浇混凝土井字梁天棚，麻刀石灰浆面层，楼板厚 120mm。试计算天棚抹灰清单工程量。

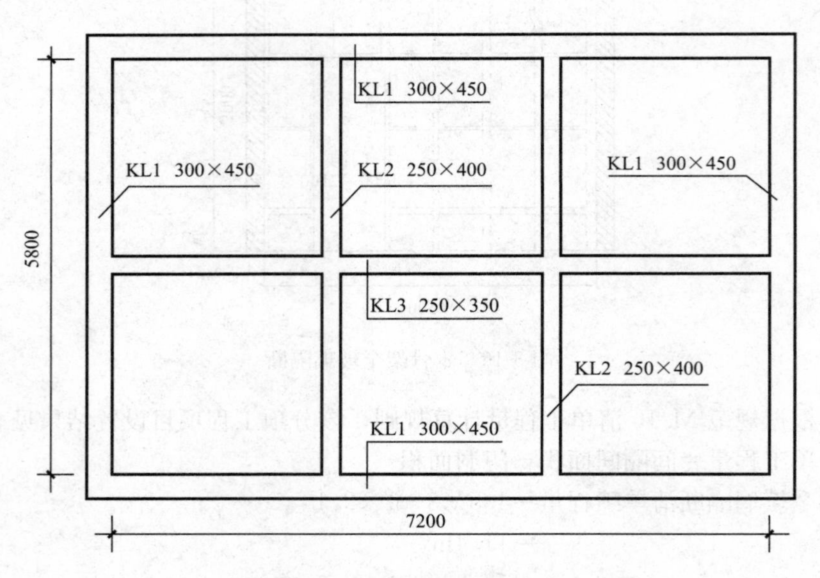

图 3-17 井字梁天棚示意图

【解】 根据规范 N.1 清单工程量计算规则，该分项工程项目设置结果见表 3-39。

天棚抹灰清单工程量＝图示尺寸水平投影面积＋梁侧面积

井字梁天棚抹灰清单工程量 $=7.2\times5.8+(7.2-0.25\times2)\times2\times(0.45-0.12+0.35-0.12)$
$+(5.8-0.25)\times[(0.45-0.12)\times2+(0.4-0.12)\times4]$
$=59.14\text{m}^2$

井字梁天棚抹灰清单项目设置表 **表 3-39**

工程名称：某装饰工程 第 页 共 页

序号	项目编码	项目名称	项目特征	计量单位	工程数量
1	011301001001	井字梁天棚抹灰	1. 混凝土面天棚 2. 1∶1∶4 水泥石灰砂浆	m^2	59.14

2. 天棚吊顶饰面工程

（1）天棚吊顶工程清单项目设置

天棚吊顶工程量清单项目的设置、项目特征描述的内容、计量单位、工程量计算规则应按表 3-40（N.2）执行。

（N.2）天棚吊顶（编码：011302） **表 3-40**

项目编码	项目名称	项目特征	计量单位	工程量计算规则	工作内容
011302001	吊顶天棚	1. 吊顶形式、吊杆规格、高度 2. 龙骨材料种类、规格、中距 3. 基层材料种类、规格 4. 面层材料品种、规格、 5. 压条材料种类、规格 6. 嵌缝材料种类 7. 防护材料种类	m²	按设计图示尺寸以水平投影面积计算。天棚面中的灯槽及跌级、锯齿形、吊挂式、藻井式天棚面积不展开计算。不扣除间壁墙、检查口、附墙烟囱、柱垛和管道所占面积，扣除单个>0.3m² 的孔洞、独立柱及与天棚相连的窗帘盒所占的面积	1. 基层清理、吊杆安装 2. 龙骨安装 3. 基层板铺贴 4. 面层铺贴 5. 嵌缝 6. 刷防护材料
011302002	格栅吊顶	1. 龙骨材料种类、规格、中距 2. 基层材料种类、规格 3. 面层材料品种、规格、 4. 防护材料种类		按设计图示尺寸以水平投影面积计算	1. 基层清理 2. 安装龙骨 3. 基层板铺贴 4. 面层铺贴 5. 刷防护材料
011302003	吊筒吊顶	1. 吊筒形状、规格 2. 吊筒材料种类 3. 防护材料种类			1. 基层清理 2. 吊筒制作安装 3. 刷防护材料
011302004	藤条造型悬挂吊顶	1. 骨架材料种类、规格 2. 面层材料品种、规格			1. 基层清理 2. 龙骨安装 3. 铺贴面层
011302005	织物软雕吊顶				
011302006	网架（装饰）吊顶	1. 网架材料品种、规格			1. 基层清理 2. 网架制作安装

（2）天棚吊顶工程清单工程量计算案例

【例 3-19】 如图 3-18 所示，某公司会议室天棚面石膏板吊顶，采用不上人型装配式

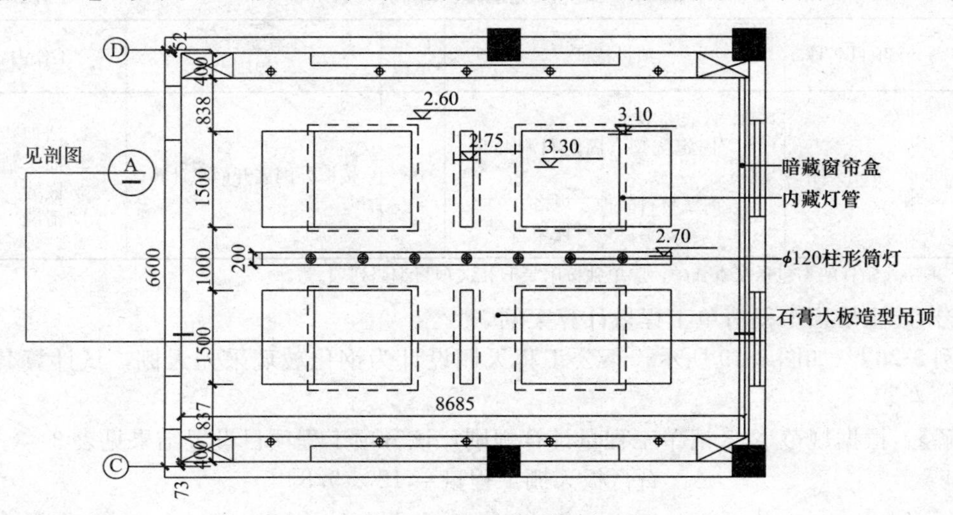

图 3-18 会议室天花石膏板吊顶布置图（一）

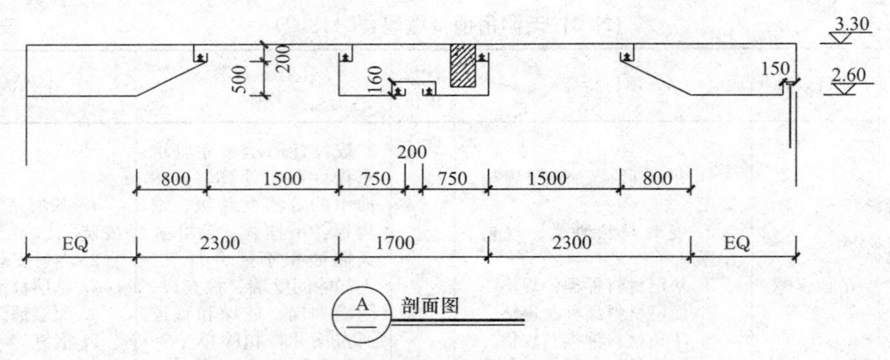

图 3-18　会议室天花石膏板吊顶布置图（二）

U形轻钢龙骨，间距600mm×600mm，龙骨上安装600mm×600mm铝合金方扣板。试计算天棚石膏板吊顶清单工程量。

【解】 根据规范N.1清单工程量计算规则，该分项工程项目设置结果见表3-41。

石膏板天棚工程量 $=(6.6-0.052-0.073)\times 8.685-0.15\times(6.6-0.052-0.073-0.4\times 2)$

$=6.475\times 8.685-0.15\times 5.675$

$=55.38\text{m}^2$

天花石膏板吊顶清单项目设置表　　表3-41

工程名称：某装饰工程　　第　页　共　页

序号	项目编码	项目名称	项目特征	计量单位	工程数量
1	011302001001	吊顶天棚	1. 不上人型装配式U形轻钢龙骨 2. 石膏板造型吊顶	m^2	55.38

3. 采光天棚吊顶饰面工程

(1) 采光天棚吊顶工程清单项目设置

采光天棚工程量清单项目的设置、项目特征描述的内容、计量单位、工程量计算规则应按表3-42（N.3）执行。

(N.3) 采光天棚工程（编码：011303）　　表3-42

项目编码	项目名称	项目特征	计量单位	工程量计算规则	工作内容
011303001	采光天棚	1. 骨架类型 2. 固定类型、固定材料品种、规格 3. 面层材料品种、规格 4. 嵌缝、塞口材料种类	m^2	按框外围展开面积计算	1. 清理基层 2. 面层制安 3. 嵌缝、塞口 4. 清洗

注：采光天棚骨架不包括在本节中，应单独按附录F相关项目编码列项。

(2) 天棚吊顶工程清单工程量计算案例

【例3-20】 如图3-19所示，某公工程天棚设计为钢化玻璃采光天棚，试计算其清单工程量。

【解】 根据规范N.3清单工程量计算规则，该分项工程项目设置结果见表3-43。

石膏板天棚工程量 $=12\times 9.8$

$=117.6\text{m}^2$

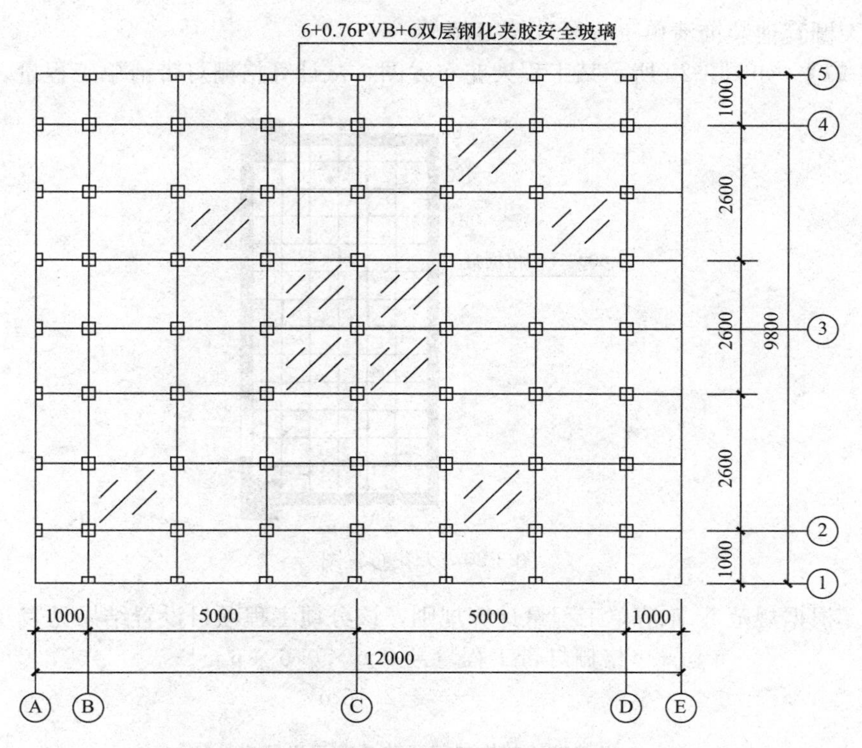

图 3-19　钢化玻璃采光天棚示意图

采光天棚清单项目设置表　　　　**表 3-43**

工程名称：某装饰工程　　　　第　页　共　页

序号	项目编码	项目名称	项目特征	计量单位	工程数量
1	011303001001	采光天棚	1. 采光天棚 6＋0.76PVB＋6 双层钢化夹层玻璃 2. 型钢骨架	m^2	117.6

4. 天棚其他装饰工程

(1) 天棚其他装饰清单项目设置

天棚其他装饰工程清单项目的设置、项目特征描述的内容、计量单位、工程量计算规则应按表 3-44（N.4）执行。

(N.4) 天棚其他装饰（编码：011304）　　　　**表 3-44**

项目编码	项目名称	项目特征	计量单位	工程量计算规则	工作内容
011304001	灯带（槽）	1. 灯带型式、尺寸 2. 格栅片材料品种、规格 3. 安装固定方式	m^2	按设计图示尺寸以框外围面积计算	安装、固定
011304002	送风口、回风口	1. 风口材料品种、规格 2. 安装固定方式 3. 防护材料种类	个	按设计图示数量计算	1. 安装、固定 2. 刷防护材料

（2）天棚其他装饰清单工程量计算案例

【例 3-21】 如图 3-20 所示某工程天花布置图，试计算格栅灯带清单工程量。

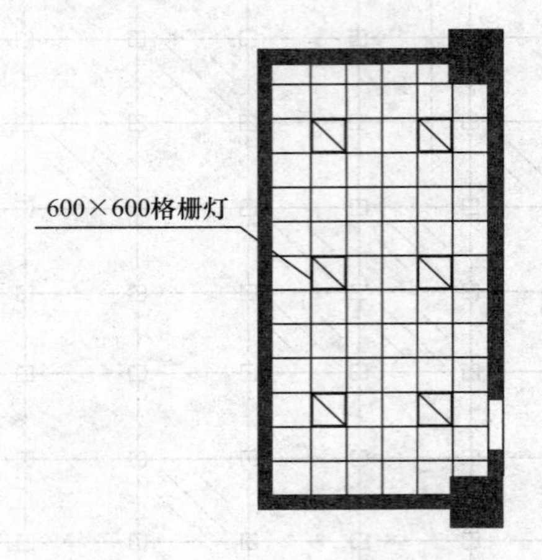

图 3-20　天花布置图

【解】 根据规范 N.4 清单工程量计算规则，该分项工程项目设置结果见表 3-45。

$$\text{格栅灯带工程量} = 0.6 \times 0.6 \times 6 = 2.16\text{m}^2$$

天棚其他装饰工程顶清单项目设置表　　**表 3-45**

工程名称：某装饰工程　　　　第　页　共　页

序号	项目编码	项目名称	项目特征	计量单位	工程数量
1	011304001001	天棚格栅灯带	1. 轻钢龙骨格式灯孔 2. 600mm×600mm 嵌入式格栅灯	m²	2.16

3.2.4　油漆、涂料、裱糊工程清单项目设置（附录 P）

1. 油漆、涂料、裱糊工程

（1）油漆、涂料、裱糊工程清单项目设置

油漆、涂料、裱糊工程清单项目的设置、项目特征描述的内容、计量单位、工程量计算规则应按表 3-46（P.1）执行。

（P.1）门油漆（编号：011401）　　**表 3-46**

项目编码	项目名称	项目特征	计量单位	工程量计算规则	工作内容
011401001	木门油漆	1. 门类型 2. 门代号及洞口尺寸 3. 腻子种类 4. 刮腻子遍数 5. 防护材料种类 6. 油漆品种、刷漆遍数	1. 樘 2. m²	1. 以樘计量，按设计图示数量计量 2. 以平方米计量，按设计图示洞口尺寸以面积计算	1. 基层清理 2. 刮腻子 3. 刷防护材料、油漆
011401002	金属门油漆				1. 除锈、基层清理 2. 刮腻子 3. 刷防护材料、油漆

注：1. 木门油漆应区分木大门、单层木门、双层（一玻一纱）木门、双层（单裁口）木门、全玻自由门、半玻自由门、装饰门及有框门或无框门等项目，分别编码列项。
2. 金属门油漆应区分平开门、推拉门、钢制防火门列项。
3. 以平方米计量，项目特征可不必描述洞口尺寸。

（2）油漆、涂料、裱糊工程清单工程量计算案例

【例 3-22】 如图 3-21 为某办公室平面布置图，M1 为装饰木门，尺寸为 900mm×2100mm；M2 为半玻自由门，尺寸为 1500mm×2100mm；M3 为装饰木门，尺寸为 1500mm×2100mm；M4 为电梯门（不计）；M5 为门洞；M6 为卷闸门（成品购置安装，不计）。试计算办公室门的清单工程量。

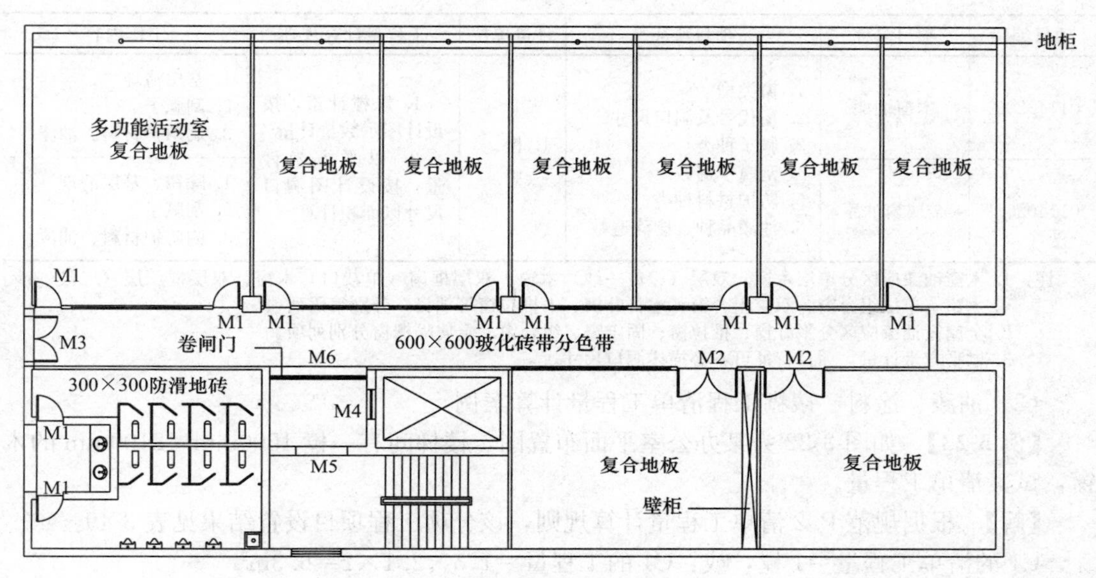

图 3-21 某办公室平面布置图

【解】 根据规范 P.1 清单工程量计算规则，该分项工程项目设置结果见表 3-47。

M1 的清单工程量＝10 樘或：M1 的工程量＝0.9×2.1×10＝18.9m^2

M2 的清单工程量＝2 樘或：M2 的工程量＝1.5×2.1×2＝6.3m^2

M3 的清单工程量＝1 樘或：M3 的工程量＝1.5×2.1＝3.15m^2

天棚其他装饰工程顶清单项目设置表 **表 3-47**

工程名称：某装饰工程 第 页 共 页

序号	项目编码	项目名称	项目特征	计量单位	工程数量
1	011401001001	木门油漆	1. 装饰木门 2. 门洞口尺寸为 900×2100mm 3. 润油粉，刮腻子二遍 4. 聚氨酯漆两遍	樘	10
2	011401001002	半玻门油漆	1. 半玻自由门 2. 门洞口尺寸为 1500×2100mm 3. 润油粉，刮腻子二遍 4. 聚氨酯漆两遍 5. 玻璃厚度 δ＝10mm	樘	2
3	011401001003	木门油漆	1. 装饰木门 2. 门洞口尺寸为 1500×2100mm 3. 润油粉，刮腻子二遍 4. 聚氨酯漆两遍	樘	1

2. 窗油漆工程

（1）窗油漆工程清单项目设置

窗油漆工程清单项目的设置、项目特征描述的内容、计量单位、工程量计算规则应按表3-48（P.2）执行。

（P.2）窗油漆（编号：011402）　　**表3-48**

项目编码	项目名称	项目特征	计量单位	工程量计算规则	工作内容
011402001	木窗油漆	1. 窗类型 2. 窗代号及洞口尺寸 3. 腻子种类 4. 刮腻子遍数 5. 防护材料种类 6. 油漆品种、刷漆遍数	1. 樘 2. m^2	1. 以樘计量，按设计图示数量计量 2. 以平方米计量，按设计图洞口尺寸以面积计算	1. 基层清理 2. 刮腻子 3. 刷防护材料、油漆
011402002	金属窗油漆				1. 除锈、基层清理 2. 刮腻子 3. 刷防护材料、油漆

注：1. 木窗油漆应区分单层木窗、双层（一玻一纱）木窗、双层框扇（单裁口）木窗、双层框三层（二玻一纱）木窗、单层组合窗、双层组合窗、木百叶窗、木推拉窗等项目，分别编码列项。
2. 金属窗油漆应区分平开窗、推拉窗、固定窗、组合窗、金属隔栅窗分别列项。
3. 以平方米计量，项目特征可不必描述洞口尺寸。

（2）油漆、涂料、裱糊工程清单工程量计算案例

【例3-23】 如图3-22为某办公室平面布置图，楼梯间有一樘1500mm×2100mm的木窗，试其清单工程量。

【解】 根据规范P.2清单工程量计算规则，该分项工程项目设置结果见表3-49。

C1的清单工程量=1樘，或：C1的工程量=1.5×2.1×2=6.3m^2

天棚其他装饰工程清单项目设置表　　**表3-49**

工程名称：某装饰工程　　第　页　共　页

序号	项目编码	项目名称	项目特征	计量单位	工程数量
1	011402001001	木窗油漆	1. 装饰木门 2. 门洞口尺寸为900mm×2100mm 3. 底漆一遍，刮腻子调和漆两遍	樘	1

3. 木扶手及其他板条、线条油漆工程

（1）木扶手及其他板条、线条油漆工程清单项目设置

木扶手及其他板条、线条油漆工程清单项目的设置、项目特征描述的内容、计量单位、工程量计算规则应按表3-50（P.3）执行。

（P.3）木扶手及其他板条、线条油漆（编号：011403）　　**表3-50**

项目编码	项目名称	项目特征	计量单位	工程量计算规则	工作内容
011403001	木扶手油漆	1. 断面尺寸 2. 腻子种类 3. 刮腻子遍数 4. 防护材料种类 5. 油漆品种、刷漆遍数	m	按设计图示尺寸以长度计算	1. 基层清理 2. 刮腻子 3. 刷防护材料、油漆
011403002	窗帘盒油漆				
011403003	封檐板、顺水板油漆				
011403004	挂衣板、黑板框油漆				
011403005	挂镜线、窗帘棍、单独木线油漆				

注：木扶手应区分带托板与不带托板，分别编码列项，若是木栏杆代扶手，木扶手不应单独列项，应包含在木栏杆油漆中。

（2）木扶手及其他板条、线条油漆工程清单工程量计算案例

【例 3-24】 如图 3-18 为某会议室天花布置图，试计算窗帘盒的清单工程量。

【解】 根据规范 P.3 清单工程量计算规则，该分项工程项目设置结果见表 3-51。

窗帘盒的清单工程量＝1＋1.5×2＋0.837＋0.838＋0.4×2

＝6.48m

窗帘盒清单项目设置表 **表 3-51**

工程名称：某装饰工程 第 页 共 页

序号	项目编码	项目名称	项目特征	计量单位	工程数量
1	011402001001	窗帘盒油漆	1. 木芯板窗帘盒 2. 断面尺寸为 150mm×200mm 3. 底漆一遍，刮腻子二遍 4. 调和漆两遍	m	6.48

4. 木材面油漆工程

（1）木材面油漆工程清单项目设置

木材面油漆工程清单项目的设置、项目特征描述的内容、计量单位、工程量计算规则应按表 3-52（P.4）执行。

（P.4）木材面油漆（编号：011404） **表 3-52**

<table>
<tr><th>项目编码</th><th>项目名称</th><th>项目特征</th><th>计量单位</th><th>工程量计算规则</th><th>工作内容</th></tr>
<tr><td>011404001</td><td>木板、纤维板、胶合板油漆</td><td rowspan="10">1. 腻子种类
2. 刮腻子遍数
3. 防护材料种类
4. 油漆品种、刷漆遍数</td><td rowspan="15">m^2</td><td rowspan="7">按设计图示尺寸以面积计算</td><td rowspan="14">1. 基层清理
2. 刮腻子
3. 刷防护材料、油漆</td></tr>
<tr><td>011404002</td><td>木护墙、木墙裙油漆</td></tr>
<tr><td>011404003</td><td>窗台板、筒子板、盖板、门窗套、踢脚线油漆</td></tr>
<tr><td>011404004</td><td>清水板条天棚、檐口油漆</td></tr>
<tr><td>011404005</td><td>木方格吊顶天棚油漆</td></tr>
<tr><td>011404006</td><td>吸声板墙面、天棚面油漆</td></tr>
<tr><td>011404007</td><td>暖气罩油漆</td></tr>
<tr><td>011404008</td><td>木间壁、木隔断油漆</td><td rowspan="3">按设计图示尺寸以单面外围面积计算</td></tr>
<tr><td>011404009</td><td>玻璃间壁露明墙筋油漆</td></tr>
<tr><td>011404010</td><td>木栅栏、木栏杆（带扶手）油漆</td></tr>
<tr><td>011404011</td><td>衣柜、壁柜油漆</td><td rowspan="4"></td><td rowspan="2">按设计图示尺寸以油漆部分展开面积计算</td></tr>
<tr><td>011404012</td><td>梁柱饰面油漆</td></tr>
<tr><td>011404013</td><td>零星木装修油漆</td><td rowspan="3">按设计图示尺寸以面积计算。空洞、空圈、暖气包槽、壁龛的开口部分并入相应的工程量内</td></tr>
<tr><td>011404014</td><td>木地板油漆</td></tr>
<tr><td>011404015</td><td>木地板烫硬蜡面</td><td>1. 硬蜡品种
2. 面层处理要求</td><td>1. 基层清理
2. 烫蜡</td></tr>
</table>

（2）木材面油漆工程清单工程量计算案例

【例 3-25】 如图 3-22 所示为某财务室壁柜，试计算其油漆的清单工程量。

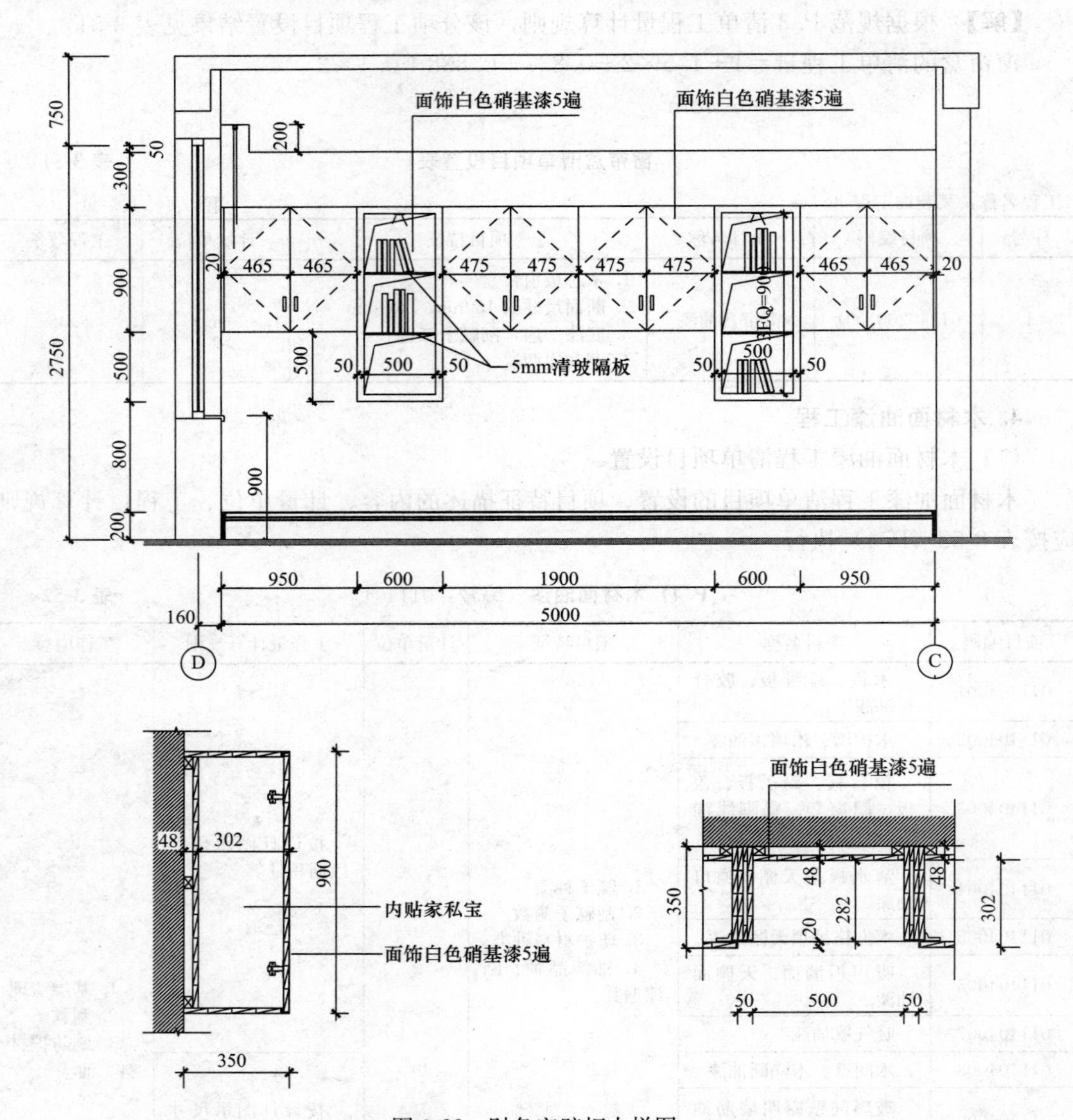

图 3-22　财务室壁柜大样图

【解】 根据规范 P.4 清单工程量计算规则，该分项工程项目设置结果见表 3-53。

壁柜油漆清单工程量 $=(0.465\times4+0.475\times4)\times0.9+0.6\times1.4\times2+0.302\times0.5\times4+1.4\times0.302\times4$

$=7.36\text{m}^2$

窗帘盒清单项目设置表 表 3-53

工程名称：某装饰工程 第 页 共 页

序号	项目编码	项目名称	项目特征	计量单位	工程数量
1	011404011001	窗帘盒油漆	1. 底漆一遍，刮腻子二遍 2. 基层贴家私宝（背面带胶的免漆复合皮子） 3. 面饰白色硝基漆 5 遍	m^2	7.36

5. 金属面油漆

（1）金属面油漆工程清单项目设置

工程量清单项目设置、项目特征描述的内容、计量单位、工程量计算规则应按表 3-54（P.5）的规定执行。

（P.5）金属面油漆（编号：011405） 表 3-54

项目编码	项目名称	项目特征	计量单位	工程量计算规则	工作内容
011405001	金属面油漆	1. 构件名称 2. 腻子种类 3. 刮腻子要求 4. 防护材料种类 5. 油漆品种、刷漆遍数	1. t 2. m^2	1. 以吨计量，按设计图示尺寸以质量计算。 2. 以平方米计量，按设计展开面积计算	1. 基层清理 2. 刮腻子 3. 刷防护材料、油漆

（2）金属面油漆清单工程量计算案例

【例 3-26】 如图 3-23 所示某售楼中心有一根钢柱支撑，表面刷银粉漆。试计算其油漆清单工程量。

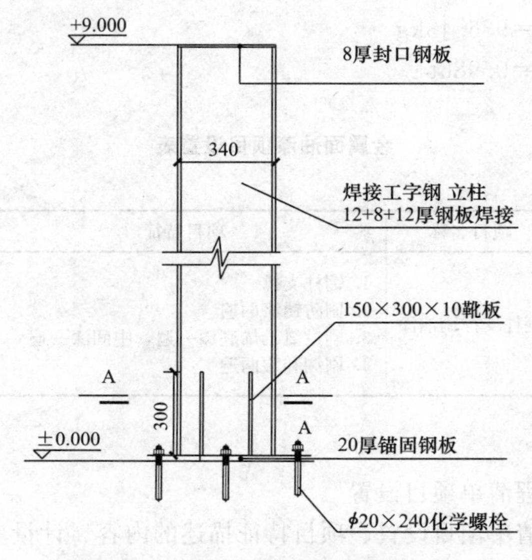

图 3-23 售楼中心钢柱支撑详图（一）

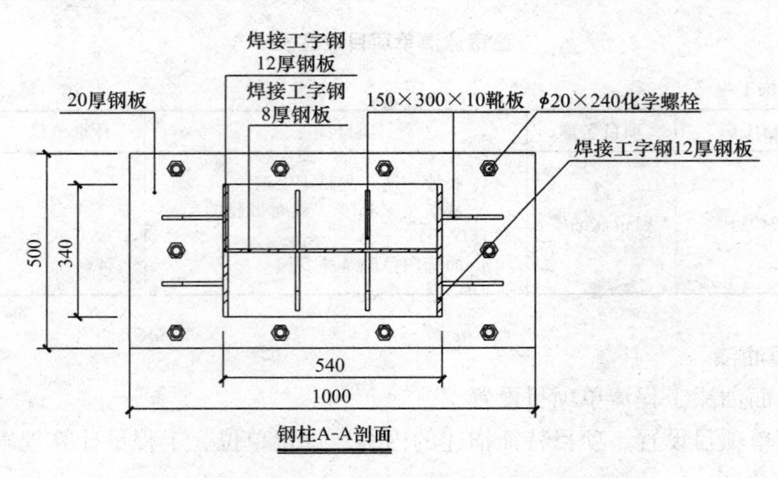

图 3-23 售楼中心钢柱支撑详图（二）

【解】 根据规范 P.5 清单工程量计算规则，该分项工程项目设置结果见表 3-55。

20mm 厚钢板工程量 $W=1\times0.5\times157\text{kg/m}^2$（20mm 厚钢板质量）

$=78.5\text{kg}$

靴板 10mm 厚 $W=0.15\times0.3\times8$ 块$\times78.5\text{kg/m}^2$（10mm 厚靴板质量）

$=28.26\text{kg}$

12mm 厚钢板 $W=9\times0.34\times2$ 块$\times94.2\text{kg/m}^2$（12mm 厚钢板质量）

$=576.5\text{kg}$

8mm 厚钢板 $W=(0.54-0.024)\times9\times62.8\text{kg/m}^2$（8mm 厚钢板质量）

$=291.64\text{kg}$

8mm 厚盖板 $W=0.54\times0.34\times62.8\text{kg/m}^2$（8mm 厚钢板质量）

$=11.53\text{kg}$

钢材重量总计：$W=78.5+28.26+576.5+291.64+11.53$

$=986.43\text{kg}$

$=0.986\text{t}$

金属面油漆项目设置表 **表 3-55**

工程名称：某装饰工程　　　　第　页　共　页

序号	项目编码	项目名称	项目特征	计量单位	工程数量
1	011405001001	钢柱支撑刷油漆	1. 钢柱支撑 2. 刷防锈漆两遍 3. 刷过氯乙烯底漆一遍，中间漆一遍 4. 刷调和漆两遍	t	0.986

6. 抹灰面油漆

（1）抹灰面油漆工程清单项目设置

抹灰面油漆工程量清单项目设置、项目特征描述的内容、计量单位、工程量计算规则应按表 3-56（P.6）的规定执行。

(P.6) 抹灰面油漆（编号：011406）　　　　**表 3-56**

项目编码	项目名称	项目特征	计量单位	工程量计算规则	工作内容
011406001	抹灰面油漆	1. 基层类型 2. 腻子种类 3. 刮腻子遍数 4. 防护材料种类 5. 油漆品种、刷漆遍数	m^2	按设计图示尺寸以面积计算	1. 基层清理 2. 刮腻子 3. 刷防护材料、油漆
011406002	抹灰线条油漆	1. 线条宽度、道数 2. 腻子种类 3. 刮腻子遍数 4. 防护材料种类 5. 油漆品种、刷漆遍数	m	按设计图示尺寸以长度计算	
011406003	满刮腻子	1. 基层类型 2. 腻子种类 3. 刮腻子遍数	M2	按设计图示尺寸以面积计算	1. 基层清理 2. 刮腻子

(2) 抹灰面油漆清单工程量计算案例

【例 3-27】 如图 3-24 所示某办公室立面图，刷乳胶漆部分混合砂浆墙面满刮腻子两遍。试计算刮腻子清单工程量。

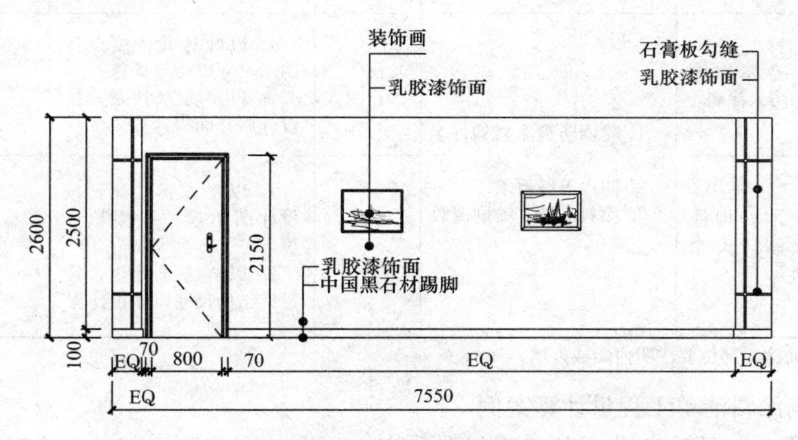

图 3-24　办公室立面图

【解】 根据规范 P.6 清单工程量计算规则，该分项工程项目设置结果见表 3-57。

刮腻子清单工程量＝7.55×2.5－(0.8＋0.07×2)×2.15（门）

＝16.85m^2

抹灰面刮腻子项目设置表　　　　**表 3-57**

工程名称：某装饰工程　　　　第　页　共　页

序号	项目编码	项目名称	项目特征	计量单位	工程数量
1	011406003001	抹灰面满刮腻子	1. 混合砂浆墙面 2. 刮普通腻子粉两遍	m^2	16.85

7. 喷刷涂料

(1) 喷刷涂料工程清单项目设置

喷刷涂料工程量清单项目设置、项目特征描述的内容、计量单位、工程量计算规则应按表3-58(P.7)的规定执行。

(P.7) 喷刷涂料(编号:011407) 表3-58

项目编码	项目名称	项目特征	计量单位	工程量计算规则	工作内容
011407001	墙面喷刷涂料	1. 基层类型 2. 喷刷涂料部位 3. 腻子种类 4. 刮腻子要求 5. 涂料品种、喷刷遍数	m^2	按设计图示尺寸以面积计算	1. 基层清理 2. 刮腻子 3. 刷、喷涂料
011407002	天棚喷刷涂料				
011407003	空花格、栏杆刷涂料	1. 腻子种类 2. 刮腻子遍数 3. 涂料品种、刷喷遍数	m^2	按设计图示尺寸以单面外围面积计算	1. 基层清理 2. 刮腻子 3. 刷、喷涂料
011407004	线条刷涂料	1. 基层清理 2. 线条宽度 3. 刮腻子遍数 4. 刷防护材料、油漆	m	按设计图示尺寸以长度计算	
011407005	金属构件刷防火涂料	1. 喷刷防火涂料构件名称 2. 防火等级要求 3. 涂料品种、喷刷遍数	1. m^2 2. t	1. 以吨计量,按设计图示尺寸以质量计算 2. 以平方米计量,按设计展开面积计算	1. 基层清理 2. 刷防护材料、油漆
011407006	木材构件喷刷防火涂料		1. m^2 2. m^3	1. 以平方米计量,按设计图示尺寸以面积计算。 2. 以立方米计量,按设计结构尺寸以体积计算	1. 基层清理 2. 刷防火材料

注:喷刷墙面涂料部位要注明内墙或外墙。

(2) 喷刷涂料清单工程量计算案例

【例3-28】 如图3-25所示某工程某办公室立面图,刷乳胶漆部分混合砂浆墙面满刮腻子两遍,试计算乳胶漆清单工程量。

【解】 根据规范P.7清单工程量计算规则,该分项工程项目设置结果见表3-59。

刮腻子清单工程量$=7.55\times2.5-(0.8+0.07\times2)\times2.15$(门)

$=16.85m^2$

抹灰面刮腻子项目设置表 表3-59

工程名称:某装饰工程 第 页 共 页

序号	项目编码	项目名称	项目特征	计量单位	工程数量
1	011406003001	抹灰面满刮腻子	1. 混合砂浆墙面 2. 刮普通腻子粉两遍 3. 环保乳胶漆三遍	m^2	16.85

8. 裱糊工程

（1）裱糊工程清单项目设置

裱糊工程清单项目的设置、项目特征描述的内容、计量单位、工程量计算规则应按表3-60（P.8）执行。

（P.8）裱糊（编号：011408） **表3-60**

项目编码	项目名称	项目特征	计量单位	工程量计算规则	工作内容
011408001	墙纸裱糊	1. 基层类型 2. 裱糊部位 3. 腻子种类 4. 刮腻子遍数 5. 粘结材料种类 6. 防护材料种类 7. 面层材料品种、规格、颜色	m^2	按设计图示尺寸以面积计算	1. 基层清理 2. 刮腻子 3. 面层铺粘 4. 刷防护材料
011408002	织锦缎裱糊				

（2）裱糊工程清单工程量计算案例

【例3-29】 如图3-25所示为某装饰工程01号包房B立面图，试计算墙纸清单工程量。

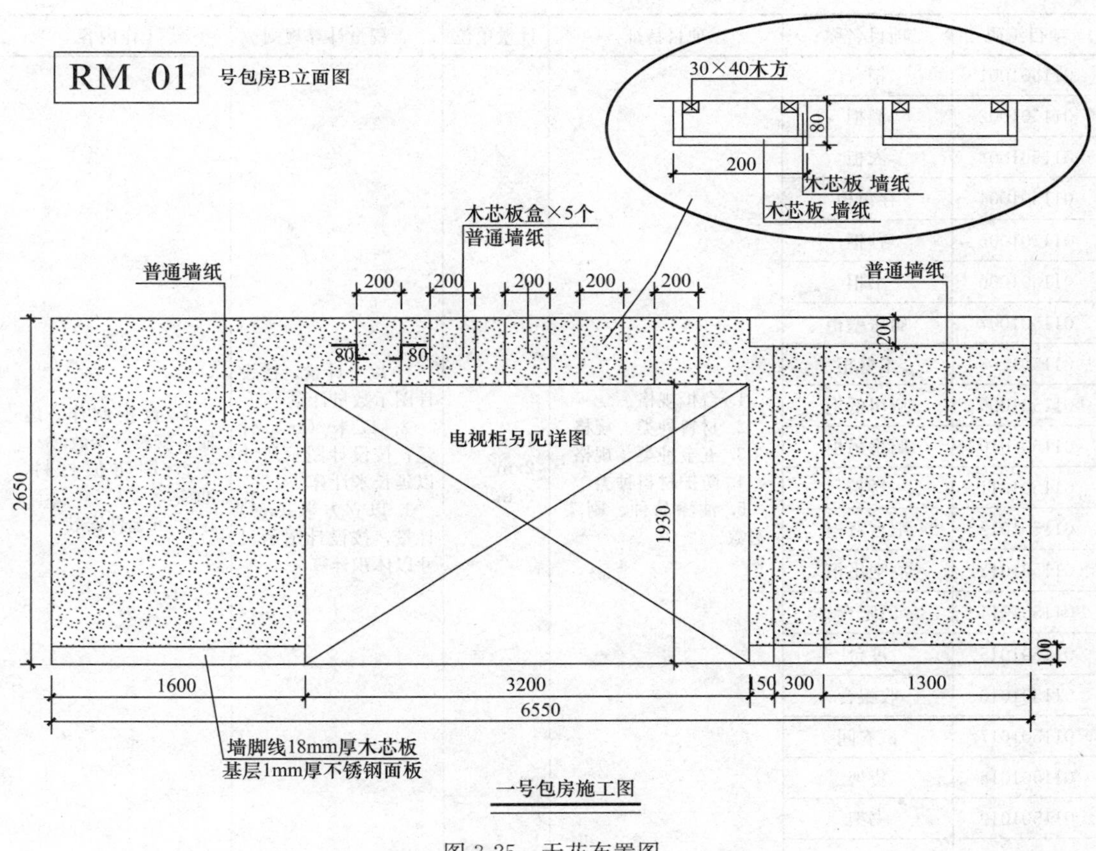

图3-25 天花布置图

【解】 根据规范 P.8 清单工程量计算规则，该分项工程项目设置结果见表 3-61。

墙纸清单工程量＝(2.65－0.1)×6.55－3.2×1.93－0.2×(0.15＋0.3＋1.3)

＋0.08×2×(2.65－1.93)×5

＝10.75m²

墙纸工程顶清单项目设置表　　**表 3-61**

工程名称：某装饰工程　　第　页　共　页

序号	项目编码	项目名称	项目特征	计量单位	工程数量
1	011408001001	墙纸裱糊	1. 刮腻子两遍 2. 墙面粘贴对花普通墙纸	m²	10.75

3.2.5　其他装饰工程清单项目设置（附录 Q）

1. 柜类、货架

（1）柜类、货架工程清单项目设置

柜类、货架工程量清单项目设置、项目特征描述的内容、计量单位、工程量计算规则应按表 3-62（Q.1）的规定执行。

（Q.1）柜类、货架（编号：011501）　　**表 3-62**

项目编码	项目名称	项目特征	计量单位	工程量计算规则	工作内容
011501001	柜台	1. 台柜规格 2. 材料种类、规格 3. 五金种类、规格 4. 防护材料种类 5. 油漆品种、刷漆遍数	1. 个 2. m 3. m³	1. 以个计量，按设计图示数量计量 2. 以米（m）计量，按设计图示尺寸以延长米计算 3. 以立方米（m³）计量，按设计图示尺寸以体积计算	1. 台柜制作、运输、安装（安放） 2. 刷防护材料、油漆 3. 五金件安装
011501002	酒柜				
011501003	衣柜				
011501004	存包柜				
011501005	鞋柜				
011501006	书柜				
011501007	厨房壁柜				
011501008	木壁柜				
011501009	厨房低柜				
011501010	厨房吊柜				
011501011	矮柜				
011501012	吧台背柜				
011501013	酒吧吊柜				
011501014	酒吧台				
011501015	展台				
011501016	收银台				
011501017	试衣间				
011501018	货架				
011501019	书架				
011501020	服务台				

（2）柜类、货架清单工程量计算案例

【例 3-30】 如图 3-26 所示某工程鞋柜大样图，试计算鞋柜清单工程量。

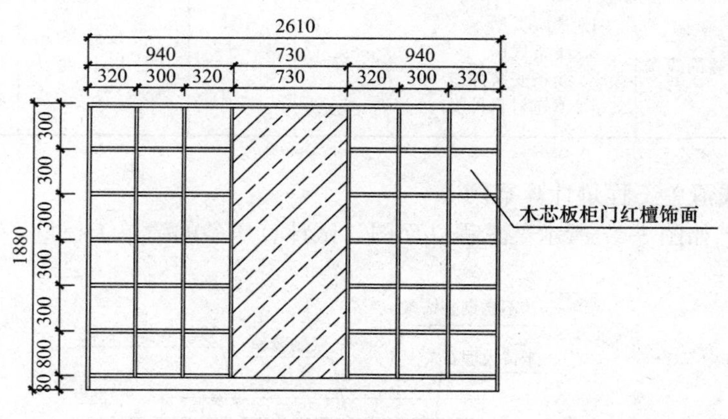

图 3-26 鞋柜大样图

【解】 根据规范 Q.1 清单工程量计算规则，该分项工程项目设置结果见表 3-63。

鞋柜制作清单工程量＝2.61m

柜类项目设置表 **表 3-63**

工程名称：某装饰工程　　　　第　页　共　页

序号	项目编码	项目名称	项目特征	计量单位	工程数量
1	011501005001	鞋柜	1. 鞋柜规格为 2610mm×1880mm×30mm 2. 柜体为细木工板分格 3. 木芯板柜门红檀饰面 4. 磨砂玻璃厚 δ＝8mm 5. 树脂漆 2 遍	m	2.61

2. 压条、装饰线工程

（1）压条、装饰线工程清单项目设置

压条、装饰线工程量清单项目设置、项目特征描述的内容、计量单位、工程量计算规则应按表 3-64（Q.2）的规定执行。

（Q.2）装饰线（编号：011502） **表 3-64**

项目编码	项目名称	项目特征	计量单位	工程量计算规则	工作内容
011502001	金属装饰线	1. 基层类型 2. 线条材料品种、规格、颜色 3. 防护材料种类	m	按设计图示尺寸以长度计算	1. 线条制作、安装 2. 刷防护材料
011502002	木质装饰线				
011502003	石材装饰线				
011502004	石膏装饰线				
011502005	镜面玻璃线	1. 基层类型 2. 线条材料品种、规格、颜色 3. 防护材料种类			
011502006	铝塑装饰线				
011502007	塑料装饰线				

续表

项目编码	项目名称	项目特征	计量单位	工程量计算规则	工作内容
011502008	GRC装饰线条	1. 基层类型 2. 线条规格 3. 线条安装部位 4. 填充材料种类	m	按设计图示尺寸以长度计算	线条制作、安装

（2）装饰线清单工程量计算案例

【例3-31】 如图3-27所示某工程立面图，试计算压条的清单工程量。

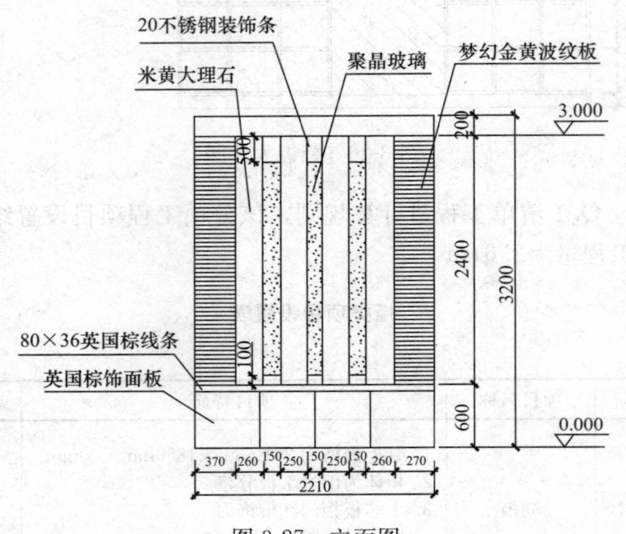

图3-27　立面图

【解】 根据规范Q.2清单工程量计算规则，该分项工程项目设置结果见表3-65。

80mm×36mm英国棕线条清单工程量＝2.2m

20mm不锈钢装饰条清单工程量＝2.4×8

＝19.2m^2

装饰线项目设置表　　**表3-65**

工程名称：某装饰工程　　共　页　第　页

序号	项目编码	项目名称	项目特征	计量单位	工程数量
1	011502003001	石材装饰线	英国棕花岗岩线条	m	2.2
2	011502001001	金属装饰线条	1. 木芯板基层 2. 不锈钢装饰线条 δ=20mm	m	19.2

3. 扶手、栏杆、栏板装饰工程

（1）扶手、栏杆、栏板装饰工程清单项目设置

扶手、栏杆、栏板装饰工程量清单项目的设置、项目特征描述的内容、计量单位、工程量计算规则应按表3-66（Q.3）执行。

(Q.3) 扶手、栏杆、栏板装饰（编码：011503） **表 3-66**

<table>
<tr><th>项目编码</th><th>项目名称</th><th>项目特征</th><th>计量单位</th><th>工程量计算规则</th><th>工作内容</th></tr>
<tr><td>011503001</td><td>金属扶手、栏杆、栏板</td><td rowspan="4">1. 扶手材料种类、规格、品牌
2. 栏杆材料种类、规格、品牌
3. 栏板材料种类、规格、品牌、颜色
4. 固定配件种类
5. 防护材料种类</td><td rowspan="8">m</td><td rowspan="8">按设计图示以扶手中心线长度（包括弯头长度）计算</td><td rowspan="8">1. 制作
2. 运输
3. 安装
4. 刷防护材料</td></tr>
<tr><td>011503002</td><td>硬木扶手、栏杆、栏板</td></tr>
<tr><td>011503003</td><td>塑料扶手、栏杆、栏板</td></tr>
<tr><td>011503004</td><td>GRC栏杆、扶手</td></tr>
<tr><td>011503005</td><td>金属靠墙扶手</td><td rowspan="4">1. 扶手材料种类、规格、品牌
2. 固定配件种类
3. 防护材料种类</td></tr>
<tr><td>011503006</td><td>硬木靠墙扶手</td></tr>
<tr><td>011503007</td><td>塑料靠墙扶手</td></tr>
<tr><td>011503008</td><td>玻璃栏板</td></tr>
</table>

（2）扶手、栏杆、栏板装饰清单工程量计算及案例

【例 3-32】 如图 3-28 所示某工程楼梯大样图，根据图上标注数据试计算两跑楼梯扶手的清单工程量。

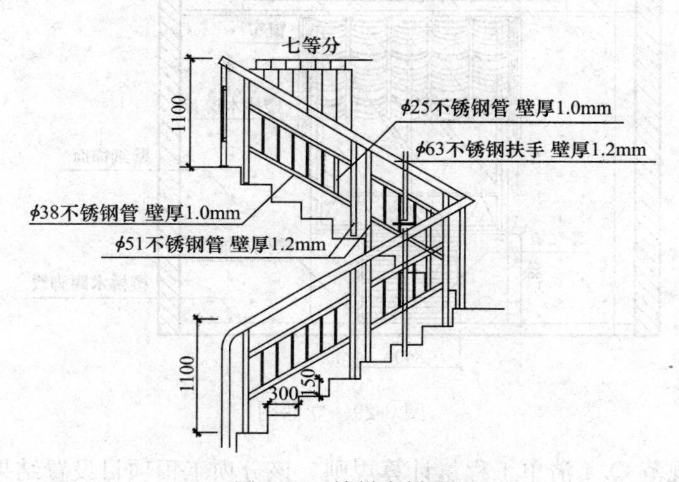

图 3-28 楼梯大样图

【解】 根据规范 Q.3 清单工程量计算规则，该分项工程项目设置结果见表 3-67。

楼梯扶手清单工程量 $=\sqrt{0.3^2+0.15^2}\times8\times2=2.68\times2=5.36\text{m}$

扶手装饰项目设置表 **表 3-67**

工程名称：某装饰工程 第 页 共 页

序号	项目编码	项目名称	项目特征	计量单位	工程数量
1	011503001001	金属扶手、栏杆、栏板	1. $\phi63$ 不锈钢管扶手，$\delta=1.2$mm 2. $\phi25$ 不锈钢管，$\delta=1.0$mm 3. $\phi38$ 不锈钢管，$\delta=1.0$mm 4. $\phi51$ 不锈钢管扶手，$\delta=1.0$mm 5. 不锈钢弯头	m^2	2.16

4. 暖气罩工程

(1) 暖气罩工程清单项目设置

暖气罩工程量清单项目设置、项目特征描述的内容、计量单位、工程量计算规则、应按表3-68（Q.4）的规定执行。

(Q.4) 暖气罩（编号：011504）　　**表3-68**

项目编码	项目名称	项目特征	计量单位	工程量计算规则	工作内容
011504001	饰面板暖气罩	1. 暖气罩材质 2. 防护材料种类	m^2	按设计图示尺寸以垂直投影面积（不展开）计算	1. 暖气罩制作、运输、安装 2. 刷防护材料、油漆
011504002	塑料板暖气罩				
011504003	金属暖气罩				

(2) 暖气罩清单工程量计算及案例

【例3-33】 如图3-29所示为某酒店豪华包房立面图，试计算暖气罩清单工程量。

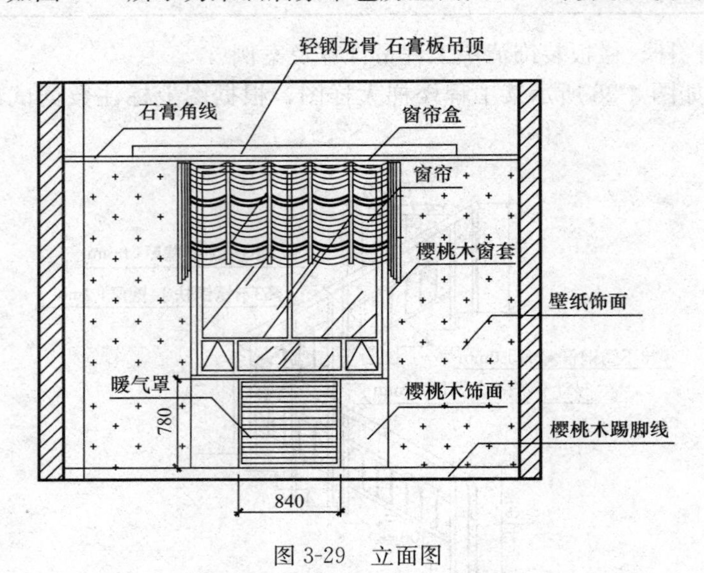

图3-29　立面图

【解】 根据规范Q.4清单工程量计算规则，该分项工程项目设置结果见表3-69。

暖气罩清单工程量＝0.78×0.84

＝0.66m^2

暖气罩项目设置表　　**表3-69**

工程名称：某装饰工程　　第　页　共　页

序号	项目编码	项目名称	项目特征	计量单位	工程数量
1	011504001001	饰面板暖气罩	1. 樱桃木饰面板 2. 成品木压条	m^2	0.66

5. 浴厕配件

(1) 浴厕配件工程清单项目设置

浴厕配件工程量清单项目设置、项目特征描述的内容、计量单位、工程量计算规则应按表3-70（Q.5）的规定执行。

（Q.5）浴厕配件（编号：011505） 表 3-70

项目编码	项目名称	项目特征	计量单位	工程量计算规则	工作内容
011505001	洗漱台	1. 材料品种、规格、品牌、颜色 2. 支架、配件品种、规格、品牌	1. m^2 2. 个	1. 按设计图示尺寸以台面外接矩形面积计算。不扣除孔洞、挖弯、削角所占面积，挡板、吊沿板面积并入台面面积内。 2. 按设计图示数量计算	1. 台面及支架、运输、安装 2. 杆、环、盒、配件安装 3. 刷油漆
011505002	晒衣架		个	按设计图示数量计算	
011505003	帘子杆				
011505004	浴缸拉手				
011505005	卫生间扶手				
011505006	毛巾杆（架）	1. 材料品种、规格、品牌、颜色 2. 支架、配件品种、规格、品牌	套	按设计图示数量计算	1. 台面及支架制作、运输、安装 2. 杆、环、盒、配件安装 3. 刷油漆
011505007	毛巾环		副		
011505008	卫生纸盒		个		
011505009	肥皂盒				
011505010	镜面玻璃	1. 镜面玻璃品种、规格 2. 框材质、断面尺寸 3. 基层材料种类 4. 防护材料种类	m^2	按设计图示尺寸以边框外围面积计算	1. 基层安装 2. 玻璃及框制作、运输、安装
011505011	镜箱	1. 箱材质、规格 2. 玻璃品种、规格 3. 基层材料种类 4. 防护材料种类 5. 油漆品种、刷漆遍数	个	按设计图示数量计算	1. 基层安装 2. 箱体制作、运输、安装 3. 玻璃安装 4. 刷防护材料、油漆

（2）浴厕配件清单工程量计算及案例

【例 3-34】 如图 3-30 所示某卫生间立面图，镜子尺寸为 1800mm×1000mm，镜框为木芯板基层，1.0mm 不锈钢包边。试计算洗漱台、镜子的清单工程量。

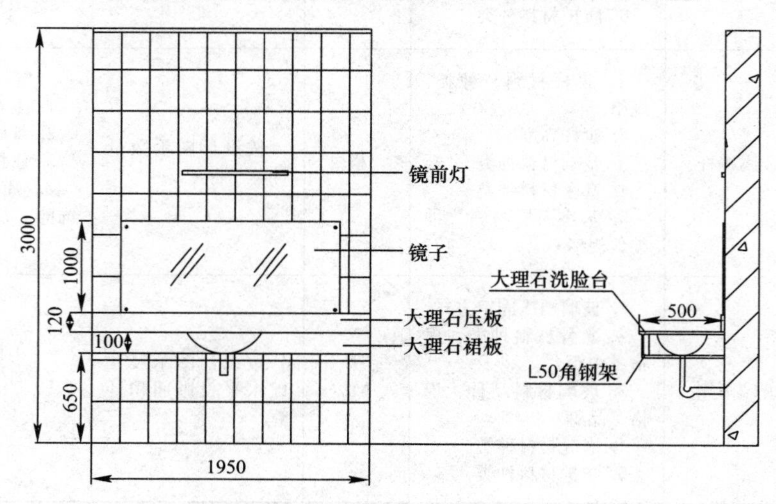

图 3-30 卫生间立面图

【解】 根据规范Q.5清单工程量计算规则，该分项工程项目设置结果见表3-71。

洗漱台清单工程量 $S=1.95\times0.5+0.1\times1.95+0.12\times1.95$
$=1.40\text{m}^2$

镜子清单工程量 $=1.8\times1=1.8\text{m}^2$

浴厕配件项目设置表 **表3-71**

工程名称：某装饰工程　　第　页　共　页

序号	项目编码	项目名称	项目特征	计量单位	工程数量
1	011505001001	洗漱台	1.50角铁架 2.大理石洗脸台	m^2	1.40
2	011505010001	镜子	1.镜框木芯板基层，不锈钢饰面 $\delta=$ 1.0mm 2.玻璃银镜 $\delta=5$mm	m^2	1.8

6. 雨篷、旗杆

（1）雨篷、旗杆工程清单项目设置

雨篷、旗杆工程量清单项目设置、项目特征描述的内容、计量单位、工程量计算规则应按表3-72（Q.6）的规定执行。

（Q.6）雨篷、旗杆（编号：011506） **表3-72**

项目编码	项目名称	项目特征	计量单位	工程量计算规则	工作内容
011506001	雨篷吊挂饰面	1.基层类型 2.龙骨材料种类、规格、中距 3.面层材料品种、规格、品牌 4.吊顶（天棚）材料品种、规格、品牌 5.嵌缝材料种类 6.防护材料种类	m^2	按设计图示尺寸以水平投影面积计算	1.底层抹灰 2.龙骨基层安装 3.面层安装 4.刷防护材料、油漆
011506002	金属旗杆	1.旗杆材料、种类、规格 2.旗杆高度 3.基础材料种类 4.基座材料种类 5.基座面层材料、种类、规格	根	按设计图示数量计算	1.土石挖、填、运 2.基础混凝土浇筑 3.旗杆制作、安装 4.旗杆台座制作、饰面
011506003	玻璃雨篷	1.玻璃雨篷固定方式 2.龙骨材料种类、规格、中距 3.玻璃材料品种、规格、品牌 4.嵌缝材料种类 5.防护材料种类	M2	按设计图示尺寸以水平投影面积计算	1.龙骨基层安装 2.面层安装 3.刷防护材料、油漆

（2）雨篷、旗杆清单工程量计算及案例

【例 3-35】 如图 3-31 所示某工程玻璃采光雨篷示意图，已知弧形部分为四分之一圆面积，半径为 3120mm。W=4500mm，试计算玻璃雨篷清单工程量。

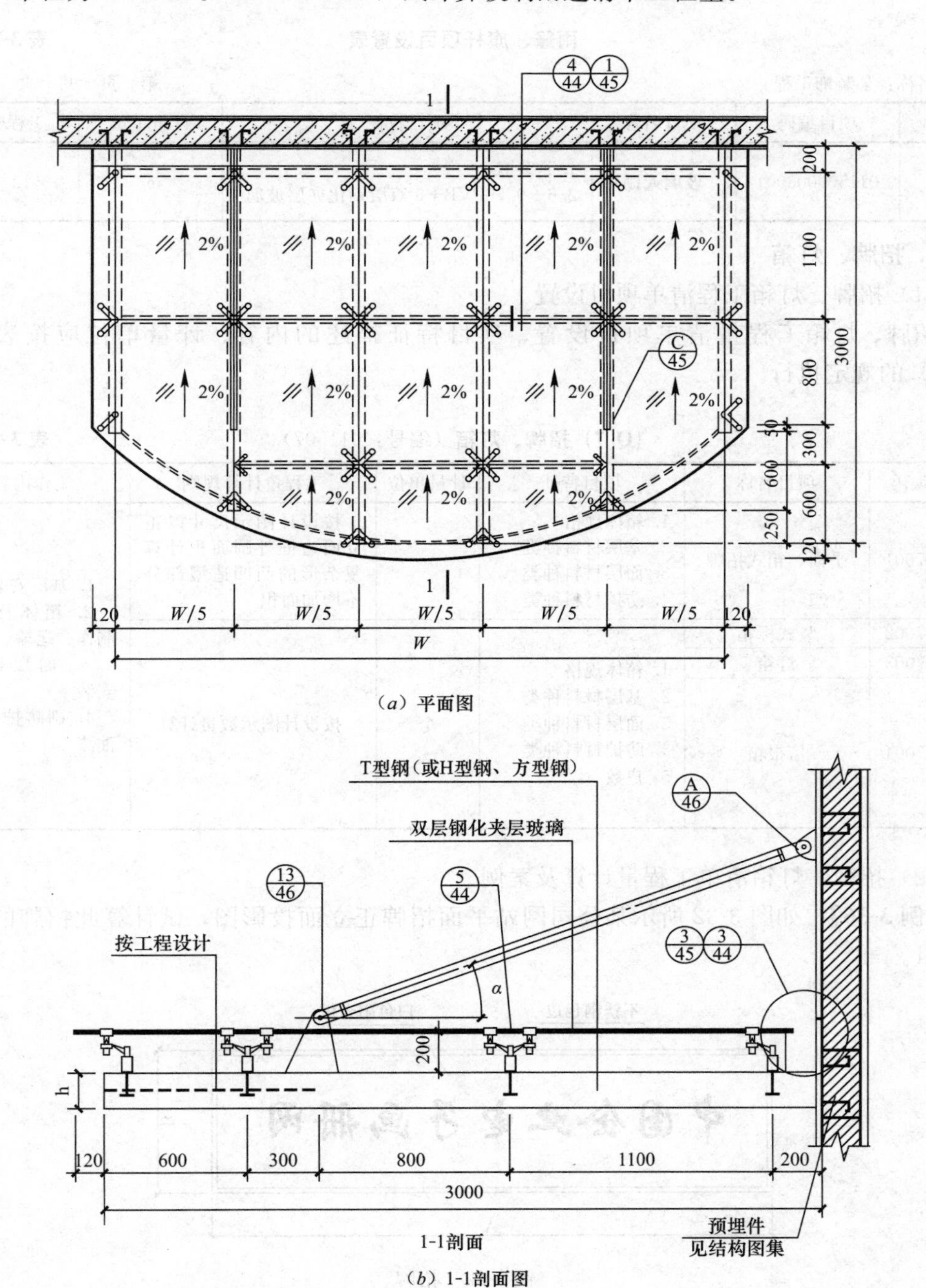

（*a*）平面图

（*b*）1-1剖面图

图 3-31 玻璃采光雨篷示意图

【解】 根据规范 Q. 6 清单工程量计算规则，该分项工程项目设置结果见表 3-73。

玻璃雨篷清单工程量＝3.14×(3＋0.12)^2×1/4（1/4圆）＋(0.2＋1.1＋0.8＋0.05)
×(2.25＋0.12)（两个三角形）
＝12.74m^2

雨篷、旗杆项目设置表　　　　**表 3-73**

工程名称：某装饰工程　　　　第　页　共　页

序号	项目编码	项目名称	项目特征	计量单位	工程数量
1	011506003001	玻璃天棚	1.T型钢 2.6＋0.76PVB＋6双层钢化夹层玻璃	m^2	12.74

7. 招牌、灯箱

（1）招牌、灯箱工程清单项目设置

招牌、灯箱工程量清单项目设置、项目特征描述的内容、计量单位应按表3-74（Q.7）的规定执行。

（Q.7）招牌、灯箱（编号：011507）　　　　**表 3-74**

<table>
<tr><th>项目编码</th><th>项目名称</th><th>项目特征</th><th>计量单位</th><th>工程量计算规则</th><th>工作内容</th></tr>
<tr><td>011507001</td><td>平面、箱式招牌</td><td>1. 箱体规格
2. 基层材料种类
3. 面层材料种类
4. 防护材料种类</td><td>m^2</td><td>按设计图示尺寸以正立面边框外围面积计算复杂形的凸凹造型部分不增加面积</td><td rowspan="4">1. 基层安装
2. 箱体及支架制作、运输、安装
3. 面层制作、安装
4. 刷防护材料、油漆</td></tr>
<tr><td>011507002</td><td>竖式标箱</td><td rowspan="3">1. 箱体规格
2. 基层材料种类
3. 面层材料种类
4. 防护材料种类
5. 户数</td><td rowspan="3">个</td><td rowspan="3">按设计图示数量计算</td></tr>
<tr><td>011507003</td><td>灯箱</td></tr>
<tr><td>011507004</td><td>信报箱</td></tr>
</table>

（2）招牌、灯箱清单工程量计算及案例

【例 3-36】 如图3-32所示某公司网站平面招牌正立面投影图，试计算此招牌的清单工程量。

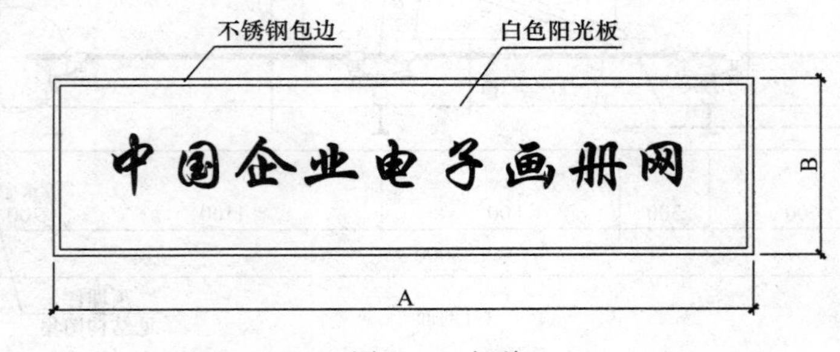

图3-32　招牌

【解】 根据规范Q.7清单工程量计算规则，该分项工程项目设置结果见表3-75。

平面招牌清单工程量＝2.6×0.8
＝2.08m^2

招牌、灯箱项目设置表 **表 3-75**

工程名称：某装饰工程　　　　第　页　共　页

序号	项目编码	项目名称	项目特征	计量单位	工程数量
1	011304001001	平面招牌	1. L25×25×3 角钢骨架 2. 不锈钢包边 3. 白色阳光板面层	m^2	2.08

8. 美术字工程

（1）美术字工程清单项目设置

美术字工程量清单项目设置、项目特征描述的内容、计量单位应按表 3-76（Q.8）的规定执行。

（Q.8）美术字（编号：011508） **表 3-76**

项目编码	项目名称	项目特征	计量单位	工程量计算规则	工作内容
011508001	泡沫塑料字	1. 基层类型 2. 镌字材料品种、颜色 3. 字体规格 4. 固定方式 5. 油漆品种、刷漆遍数	个	按设计图示数量计算	1. 字制作、运输、安装 2. 刷油漆
011508002	有机玻璃字				
011508003	木质字				
011508004	金属字				
011508005	吸塑字				

（2）美术字清单工程量计算及案例

【例 3-37】 如图 3-32 所示为某网站公司招牌上粘贴红色有机玻璃字。试计算美术字清单工程量。

【解】 根据规范 Q.8 清单工程量计算规则，该分项工程项目设置结果见表 3-77。

格栅灯带美术字清单工程量清单工程量＝9 个

美术字清单项目设置表 **表 3-77**

工程名称：某装饰工程　　　　第　页　共　页

序号	项目编码	项目名称	项目特征	计量单位	工程数量
1	011304001001	有机玻璃字	1. 白色阳光板 2. 红色有机玻璃字	m^2	9

3.2.6 拆除工程清单项目设置（附录 R）

一般精装修都属于二次装修，要么在土建工程完工后进行，要么就是进行改造，重新设计装修，因此就存在一些拆除项目，拆除项目的算量计价也包含在整个预算里，2013 版清单规范对拆除工程的项目设置计算作出了明确的规定，由于拆除项目与制作项目的计算方法大体类似，本章不一一列举案例，只陈述项目编码、项目名称、项目特征、计量单位以及计算规则、工作内容。

1. 砖砌体拆除

工程量清单项目的设置、项目特征描述的内容、计量单位、工程量计算规则应按表 3-78（R.1）执行。

(R.1) 砖砌体拆除（编码：011601）　　表 3-78

项目编码	项目名称	项目特征	计量单位	工程量计算规则	工作内容
011601001	砖砌体拆除	1. 砌体名称 2. 砌体材质 3. 拆除高度 4. 拆除砌体的截面尺寸 5. 砌体表面的附着物种类	1. m^3 2. m	1. 以立方米计量单位，按拆除的体积计算。 2. 以米计量单位，按拆除的延长米计算	1. 拆除 2. 控制扬尘 3. 清理 4. 建渣场内、外运输

注：1. 砌体名称指墙、柱、水池等。
2. 砌体表面的附着物种类指抹灰层、块料层、龙骨及装饰面层等。
3. 以米计量，如砖地沟、砖明沟等必须描述拆除部位的截面尺寸；以立方米计量，截面尺寸则不必描述。

2. 混凝土及钢筋混凝土构件拆除

工程量清单项目的设置、项目特征描述的内容、计量单位、工程量计算规则应按表 3-79（R.2）执行。

(R.2) 混凝土及钢筋混凝土构件拆除（编码：011602）　　表 3-79

项目编码	项目名称	项目特征	计量单位	工程量计算规则	工作内容
011602001	混凝土构件拆除	1. 构件名称 2. 拆除构件的厚度或规格尺寸 3. 构件表面的附着物种类	1. m^3 2. m^2 3. m	1. 以立方米计算单位，按拆除构件的混凝土体积计算。 2. 以平方米计算单位，按拆除部位的面积计算。 3. 以米计算单位，按拆除部位的延长米计算	1. 拆除 2. 控制扬尘 3. 清理 4. 建渣场内、外运输
011602002	钢筋混凝土构件拆除				

注：1. 以立方米作为计量单位时，可不描述构件的规格尺寸，以平方米作为计量单位时，则应描述构件的厚度，以米作为计量单位时，则必须描述构件的规格尺寸。
2. 构件表面的附着物种类指抹灰层、块料层、龙骨及装饰面层等。

3. 木构件拆除

工程量清单项目的设置、项目特征描述的内容、计量单位、工程量计算规则应按表 3-80（R.3）执行。

(R.3) 木构件拆除（编码：011603）　　表 3-80

项目编码	项目名称	项目特征	计量单位	工程量计算规则	工作内容
011603001	木构件拆除	1. 构件名称 2. 拆除构件的厚度或规格尺寸 3. 构件表面的附着物种类	1. m^3 2. m^2 3. m	1. 以立方米计算，按拆除构件的混凝土体积计算 2. 以平方米计算，按拆除面积计算 3. 以米计算，按拆除延长米计算	1. 拆除 2. 控制扬尘 3. 清理 4. 建渣场内、外运输

注：1. 拆除木构件应按木梁、木柱、木楼梯、木屋架、承重木楼板等分别在构件名称中描述。
2. 以立方米作为计量单位时，可不描述构件的规格尺寸，以平方米作为计量单位时，则应描述构件的厚度，以米作为计量单位时，则必须描述构件的规格尺寸。
3. 构件表面的附着物种类指抹灰层、块料层、龙骨及装饰面层等。

4. 抹灰层拆除

工程量清单项目的设置、项目特征描述的内容、计量单位、工程量计算规则应按表 3-81

(R.4)执行。

(R.4)抹灰面拆除(编码:011604) **表 3-81**

项目编码	项目名称	项目特征	计量单位	工程量计算规则	工作内容
011604001	平面抹灰层拆除	1. 拆除部位 2. 抹灰层种类	m^2	按拆除部位的面积计算	1. 拆除 2. 控制扬尘 3. 清理 4. 建渣场内、外运输
011604002	立面抹灰层拆除				
011604003	天棚抹灰面拆除				

注:1. 单独拆除抹灰层应按表 P.4 项目编码列项。
2. 抹灰层种类可描述为一般抹灰或装饰抹灰。

5. 块料面层拆除

工程量清单项目的设置、项目特征描述的内容、计量单位、工程量计算规则应按表 3-82(R.5)执行。

(R.5)块料面层拆除(编码:011605) **表 3-82**

项目编码	项目名称	项目特征	计量单位	工程量计算规则	工作内容
011605001	平面块料拆除	1. 拆除的基层类型 2. 饰面材料种类	m^2	按拆除面积计算	1. 拆除 2. 控制扬尘 3. 清理 4. 建渣场内、外运输
011605002	立面块料拆除				

注:1. 如仅拆除块料层,拆除的基层类型不用描述。
2. 拆除的基层类型的描述指砂浆层、防水层、干挂或挂贴所采用的钢骨架层等。

6. 龙骨及饰面拆除

工程量清单项目的设置、项目特征描述的内容、计量单位、工程量计算规则应按表 3-83(R.6)执行。

(R.6)龙骨及饰面拆除(编码:011606) **表 3-83**

项目编码	项目名称	项目特征	计量单位	工程量计算规则	工作内容
011606001	楼地面龙骨及饰面拆除	1. 拆除的基层类型 2. 龙骨及饰面种类	m^2	按拆除面积计算	1. 拆除 2. 控制扬尘 3. 清理 4. 建渣场内、外运输
011606002	墙柱面龙骨及饰面拆除				
011606003	天棚面龙骨及饰面拆除				

注:1. 基层类型的描述指砂浆层、防水层等。
2. 如仅拆除龙骨及饰面,拆除的基层类型不用描述。
3. 如只拆除饰面,不用描述龙骨材料种类。

7. 屋面拆除

工程量清单项目的设置、项目特征描述的内容、计量单位、工程量计算规则应按表 3-84(R.7)执行。

(R.7) 屋面拆除（编码：011607）　　**表 3-84**

项目编码	项目名称	项目特征	计量单位	工程量计算规则	工作内容
011607001	刚性层拆除	刚性层厚度	m^2	按铲除部位的面积计算	1. 铲除 2. 控制扬尘 3. 清理 4. 建渣场内、外运输
011607002	防水层拆除	防水层种类			

8. 铲除油漆涂料裱糊面

工程量清单项目的设置、项目特征描述的内容、计量单位、工程量计算规则按表 3-85（R.8）执行。

(R.8) 铲除油漆涂料裱糊面（编码：011608）　　**表 3-85**

项目编码	项目名称	项目特征	计量单位	工程量计算规则	工作内容
011608001	铲除油漆面	1. 铲除部位名称 2. 铲除部位的截面尺寸	1. m^2 2. m	1. 以平方米计算单位，按铲除部位的面积计算 2. 以米计算单位，按铲除部位的延长米计算	1. 铲除 2. 控制扬尘 3. 清理 4. 建渣场内、外运输
011608002	铲除涂料面				
011608003	铲除裱糊面				

注：1. 单独铲除油漆涂料裱糊面的工程按表 P.8 编码列项。
2. 铲除部位名称的描述指墙面、柱面、天棚、门窗等。
3. 按米（m）计量，必须描述铲除部位的截面尺寸，以平方米（m^2）计量时，则不用描述铲除部位的截面尺寸。

9. 栏杆栏板、轻质隔断隔墙拆除

工程量清单项目的设置、项目特征描述的内容、计量单位、工程量计算规则应按表 3-86（R.9）执行。

(R.9) 栏杆栏板、轻质隔断隔墙拆除（编码：011609）　　**表 3-86**

项目编码	项目名称	项目特征	计量单位	工程量计算规则	工作内容
011609001	栏杆、栏板拆除	1. 栏杆（板）的高度 2. 栏杆、栏板种类	1. m^2 2. m	1. 以平方米计量，按拆除部位的面积计算。 2. 以米计量，按拆除的延长米计算	1. 拆除 2. 控制扬尘 3. 清理 4. 建渣场内、外运输
011609002	隔断隔墙拆除	1. 拆除隔墙的骨架种类 2. 拆除隔墙的饰面种类	m^2	按拆除部位的面积计算	

注：以平方米计量，不用描述栏杆（板）的高度。

10. 门窗拆除

工程量清单项目的设置、项目特征描述的内容、计量单位、工程量计算规则应按表 3-87（R.10）执行。

（R.10）门窗拆除（编码：011610） 表 3-87

项目编码	项目名称	项目特征	计量单位	工程量计算规则	工作内容
011610001	木门窗拆除	1. 室内高度 2. 门窗洞口尺寸	1. m^2 2. 樘	1. 以平方米计量，按拆除面积计算。 2. 按樘计量，按拆除樘数计算	1. 拆除 2. 控制扬尘 3. 清理 4. 建渣场内、外运输
011610002	金属门窗拆除				

注：门窗拆除以平方米计量，不用描述门窗的洞口尺寸。室内高度指室内楼地面至门窗的上边框。

11. 金属构件拆除

工程量清单项目的设置、项目特征描述的内容、计量单位、工程量计算规则应按表 3-88（R.11）执行。

（R.11）金属构件拆除（编码：011611） 表 3-88

项目编码	项目名称	项目特征	计量单位	工程量计算规则	工作内容
011611001	钢梁拆除	1. 构件名称 2. 拆除构件的规格尺寸	1. t 2. m	1. 以吨计算，按拆除构件的质量计算。 2. 以米计算，按拆除延长米计算	1. 拆除 2. 控制扬尘 3. 清理 4. 建渣场内、外运输
011611002	钢柱拆除				
011611003	钢网架拆除		t	按拆除构件的质量计算	
011611004	钢支撑、钢墙架拆除		1. t 2. m	1. 以吨计算，按拆除构件的质量计算。 2. 以米计算，按拆除延长米计算	
011611005	其他金属构件拆除				

12. 管道及卫生洁具拆除

工程量清单项目的设置、项目特征描述的内容、计量单位、工程量计算规则应按表 3-89（R.12）执行。

（R.12）管道及卫生洁具拆除（编码：011612） 表 3-89

项目编码	项目名称	项目特征	计量单位	工程量计算规则	工作内容
011612001	管道拆除	1. 管道种类、材质 2. 管道上的附着物种类	m	按拆除管道的延长米计算	1. 拆除 2. 控制扬尘 3. 清理 4. 建渣场内、外运输
011612002	卫生洁具拆除	卫生洁具种类	1. 套 2. 个	按拆除的数量计算	

13. 灯具、玻璃拆除

工程量清单项目的设置、项目特征描述的内容、计量单位、工程量计算规则应按表 3-90（R.13）执行。

(R.13) 灯具、玻璃拆除（编码：011613） **表 3-90**

项目编码	项目名称	项目特征	计量单位	工程量计算规则	工作内容
011613001	灯具拆除	1 拆除灯具高度 2. 灯具种类	套	按拆除的数量计算	1. 拆除 2. 控制扬尘 3. 清理 4. 建渣场内、外运输
011613002	玻璃拆除	1. 玻璃厚度 2. 拆除部位	m^2	按拆除的面积计算	

注：拆除部位的描述指门窗玻璃、隔断玻璃、墙玻璃、家具玻璃等。

14. 其他构件拆除

工程量清单项目的设置、项目特征描述的内容、计量单位、工程量计算规则应按表 3-91 (R.14) 执行。

(R.14) 其他构件拆除（编码：011614） **表 3-91**

项目编码	项目名称	项目特征	计量单位	工程量计算规则	工作内容
011614001	暖气罩拆除	暖气罩材质	1. 个 2. m	1. 以个为单位计量，按拆除个数计算。 2. 以米为单位计量，按拆除延长米计算	1. 拆除 2. 控制扬尘 3. 清理 4. 建渣场内、外运输
011614002	柜体拆除	1. 柜体材质 2. 柜体尺寸：长、宽、高			
011614003	窗台板拆除	窗台板平面尺寸	1. 块 2. m	1. 以块计量，按拆除数量计算。 2. 以米计量，按拆除的延长米计算	
011614004	筒子板拆除	筒子板的平面尺寸			
011614005	窗帘盒拆除	窗帘盒的平面尺寸	m	按拆除的延长米计算	
011614006	窗帘轨拆除	窗帘轨的材质			

注：双轨窗帘轨拆除按双轨长度分别计算工程量。

15. 开孔（打洞）

工程量清单项目的设置、项目特征描述的内容、计量单位、工程量计算规则应按表 3-92 (R.15) 执行。

(R.15) 开孔（打洞）（编码：011615） **表 3-92**

项目编码	项目名称	项目特征	计量单位	工程量计算规则	工作内容
011615001	开孔（打洞）	1. 部位 2. 打洞部位材质 3. 洞尺寸	个	按数量计算	1. 拆除 2. 控制扬尘 3. 清理 4. 建渣场内、外运输

注：1. 部位可描述为墙面或楼板。
2. 打洞部位材质可描述为页岩砖或空心砖或钢筋混凝土等。

3.2.7 措施项目清单设置（附录S）

措施项目是为满足实体项目施工而发生的，不构成工程实体，对于装饰工程来说，主要有脚手架、垂直运输、安全文明施工及其他措施项目。

1. 脚手架工程

(1) 脚手架工程清单项目设置

脚手架工程量清单项目设置、项目特征描述的内容、计量单位及工程量计算规则，应按表 3-93（S.1）的规定执行。

(S.1) 脚手架工程（编码：011701） **表 3-93**

项目编码	项目名称	项目特征	计量单位	工程量计算规则	工作内容
011701001	综合脚手架	1. 建筑结构形式 2. 檐口高度	m^2	按建筑面积计算	1. 场内、场外材料搬运 2. 搭、拆脚手架、斜道、上料平台 3. 安全网的铺设 4. 选择附墙点与主体连接 5. 测试电动装置、安全锁等 6. 拆除脚手架后材料的堆放
011701002	外脚手架	1. 搭设方式 2. 搭设高度 3. 脚手架材质	m^2	按所服务对象的垂直投影面积计算	1. 场内、场外材料搬运 2. 搭、拆脚手架、斜道、上料平台 3. 安全网的铺设 4. 拆除脚手架后材料的堆放
011701003	里脚手架				
011701004	悬空脚手架	1. 搭设方式 2. 悬挑宽度 3. 脚手架材质		按搭设的水平投影面积计算	
011701005	挑脚手架		m	按搭设长度乘以搭设层数以延长米计算	
011701006	满堂脚手架	1. 搭设方式 2. 搭设高度 3. 脚手架材质	m^2	按搭设的水平投影面积计算	
011701007	整体提升架	1. 搭设方式及启动装置 2. 搭设高度	m^2	按所服务对象的垂直投影面积计算	1. 场内、场外材料搬运 2. 选择附墙点与主体连接 3. 搭、拆脚手架、斜道、上料平台 4. 安全网的铺设 5. 测试电动装置、安全锁等 6. 拆除脚手架后材料的堆放
011701008	外装饰吊篮	1. 升降方式及启动装置 2. 搭设高度及吊篮型号	m^2	按所服务对象的垂直投影面积计算	1. 场内、场外材料搬运 2. 吊篮的安装 3. 测试电动装置、安全锁、平衡控制器等 4. 吊篮的拆卸

注：1. 使用综合脚手架时，不再使用外脚手架、里脚手架等单项脚手架；综合脚手架适用于能够按“建筑面积计算规则”计算建筑面积的建筑工程脚手架，不适用于房屋加层、构筑物及附属工程脚手架。
2. 同一建筑物有不同檐高时，按建筑物竖向切面分别按不同檐高编列清单项目。
3. 整体提升架已包括 2m 高的防护架体设施。
4. 建筑面积计算按《建筑工程建筑面积计算规范》GB/T 50353—2005。
5. 脚手架材质可以不描述，但应注明由投标人根据工程情况按照国家现行标准《建筑施工扣件式钢管脚手架安全技术规范》JGJ 130、《建筑施工附着升降脚手架管理暂行规定》（建建［2000］230 号）等规范自行确定。

（2）脚手架工程清单工程量计算及案例

【例 3-38】 某多层建筑物底层室内净高为 9m，室内净面积 $300m^2$，天棚需刷油。试计算满堂脚手架费用。

【解】 根据规范 S.1 清单工程量计算规则，该分项工程项目设置结果见表 3-94。

满堂脚手架清单工程量＝300m²

满堂脚手架清单项目设置表　　表 3-94

工程名称：某装饰工程　　　　第　页　共　页

序号	项目编码	项目名称	项目特征	计量单位	工程数量
1	011701006001	满堂脚手架	1. 投标人根据工程情况按照国家现行标准《建筑施工扣件式钢管脚手架安全技术规范》JGJ 130、《建筑施工附着升降脚手架管理暂行规定》（建建［2000］230号）等规范自行确定搭设方式。 2. 室内净高9m。 3. 钢管脚手架	m²	300

2. 垂直运输工程项目

（1）垂直运输工程清单项目设置

垂直运输工程量清单项目设置、项目特征描述的内容、计量单位及工程量计算规则，应按表3-95（S.3）的规定执行。

(S.3) 垂直运输（011703）　　表 3-95

项目编码	项目名称	项目特征	计量单位	工程量计算规则	工作内容
011703001	垂直运输	1. 建筑物建筑类型及结构形式 2. 地下室建筑面积 3. 建筑物檐口高度、层数	1. m² 2. 天	1. 按《建筑工程建筑面积计算规范》GB/T 50353—2005的规定计算建筑物的建筑面积 2. 按施工工期日历天数	1. 垂直运输机械的固定装置、基础制作、安装 2. 行走式垂直运输机械轨道的铺设、拆除、摊销

注：1. 建筑物的檐口高度是指设计室外地坪至檐口滴水的高度（平屋顶系指屋面板底高度），凸出主体建筑物屋顶的电梯机房、楼梯出口间、水箱间、瞭望塔、排烟机房等不计入檐口高度。
2. 垂直运输机械指施工工程在合理工期内所需垂直运输机械。
3. 同一建筑物有不同檐高时，按建筑物的不同檐高做纵向分割，分别计算建筑面积，以不同檐高分别编码列项

（2）脚手架工程清单工程量计算及案例

【例 3-39】 某建筑物4层，每层建筑面积均为1200m²，地下室一层1200m²。试计算该工程垂直运输工程量。

【解】 根据规范Q.3清单工程量计算规则，该分项工程项目设置结果见表3-96。

垂直运输清单工程量＝1200×5
　　　　　　　　　＝6000m²

垂直运输清单项目设置表　　表 3-96

工程名称：某装饰工程　　　　第　页　共　页

序号	项目编码	项目名称	项目特征	计量单位	工程数量
1	011701006001	垂直运输	按《建筑工程建筑面积计算规范》GB/T 50353—2005的规定计算建筑物的建筑面积	m²	6000

3. 安全文明施工及其他措施项目

安全文明施工及其他措施项目工程量清单项目设置、项目特征描述的内容、计量单位及工程量计算规则，应按表3-97（S.7）的规定执行，各单位依据规范根据各省的费用定额按实际情况计算。

（S.7）安全文明施工及其他措施项目（011707） **表3-97**

项目编码	项目名称	工作内容及包含范围
011707001	安全文明施工	1. 环境保护包含范围：现场施工机械设备降低噪音、防扰民措施费用；水泥和其他易飞扬细颗粒建筑材料密闭存放或采取覆盖措施等费用；工程防扬尘洒水费用；土石方、建渣外运车辆冲洗、防洒漏等费用；现场污染源的控制、生活垃圾清理外运、场地排水排污措施的费用；其他环境保护措施费用 2. 文明施工包含范围："五牌一图"的费用；现场围挡的墙面美化（包括内外粉刷、刷白、标语等）、压顶装饰费用；现场厕所便槽刷白、贴面砖，水泥砂浆地面或地砖费用，建筑物内临时便溺设施费用；其他施工现场临时设施的装饰装修、美化措施费用；现场生活卫生设施费用；符合卫生要求的饮水设备、淋浴、消毒等设施费用；生活用洁净燃料费用；防煤气中毒、防蚊虫叮咬等措施费用；施工现场操作场地的硬化费用；现场绿化费用、治安综合治理费用；现场配备医药保健器材、物品费用和急救人员培训费用；用于现场工人的防暑降温费、电风扇、空调等设备及用电费用；其他文明施工措施费用 3. 安全施工包含范围：安全资料、特殊作业专项方案的编制，安全施工标志的购置及安全宣传的费用；"三宝"（安全帽、安全带、安全网）、"四口"（楼梯口、电梯井口、通道口、预留洞口），"五临边"（阳台围边、楼板围边、屋面围边、槽坑围边、卸料平台两侧），水平防护架、垂直防护架、外架封闭等防护的费用；施工安全用电的费用，包括配电箱三级配电、两级保护装置要求、外电防护措施；起重机、塔吊等起重设备（含井架、门架）及外用电梯的安全防护措施（含警示标志）费用及卸料平台的临边防护、层间安全门、防护棚等设施费用；建筑工地起重机械的检验检测费用；施工机具防护棚及其围栏的安全保护设施费用；施工安全防护通道的费用；工人的安全防护用品、用具购置费用；消防设施与消防器材的配置费用；电气保护、安全照明设施费；其他安全防护措施费用 4. 临时设施包含范围：施工现场采用彩色、定型钢板，砖、混凝土砌块等围挡的安砌、维修、拆除费或摊销费；施工现场临时建筑物、构筑物的搭设、维修、拆除或摊销的费用，如临时宿舍、办公室，食堂、厨房、厕所、诊疗所、临时文化福利用房、临时仓库、加工场、搅拌台、临时简易水塔、水池等。施工现场临时设施的搭设、维修、拆除或摊销的费用，如临时供水管道、临时供电管线、小型临时设施等；施工现场规定范围内临时简易道路铺设，临时排水沟、排水设施安砌、维修、拆除的费用；其他临时设施费搭设、维修、拆除或摊销的费用
011707002	夜间施工	1. 夜间固定照明灯具和临时可移动照明灯具的设置、拆除 2. 夜间施工时，施工现场交通标志、安全标牌、警示灯等的设置、移动、拆除 3. 包括夜间照明设备摊销及照明用电、施工人员夜班补助、夜间施工劳动效率降低等费用
011707003	非夜间施工照明	为保证工程施工正常进行，在如地下室等特殊施工部位施工时所采用的照明设备的安拆、维护、摊销及照明用电等费用
011707004	二次搬运	包括由于施工场地条件限制而发生的材料、成品、半成品等一次运输不能到达堆放地点，必须进行二次或多次搬运的费用

续表

项目编码	项目名称	工作内容及包含范围
011707005	冬雨季施工	1. 冬雨（风）期施工时增加的临时设施（防寒保温、防雨、防风设施）的搭设、拆除 2. 冬雨（风）期施工时，对砌体、混凝土等采用的特殊加温、保温和养护措施 3. 冬雨（风）期施工时，施工现场的防滑处理、对影响施工的雨雪的清除 4. 包括冬雨（风）期施工时增加的临时设施的摊销、施工人员的劳动保护用品、冬雨（风）期施工劳动效率降低等费用
011707006	地上、地下设施、建筑物的临时保护设施	在工程施工过程中，对已建成的地上、地下设施和建筑物进行的遮盖、封闭、隔离等必要保护措施所发生的费用
011707007	已完工程及设备保护	对已完工程及设备采取的覆盖、包裹、封闭、隔离等必要保护措施所发生的费用

注：本表所列项目应根据工程实际情况计算措施项目费用，需分摊的应合理计算摊销费用。

3.3　工程量清单计价文件的编制

工程量清单计价文件包括招标控制价、投标价、签约合同价和竣工结算价。招标控制价是指招标人根据国家或省级、行业建设主管部门颁发的有关计价依据和办法，以及拟定的招标文件和招标工程量清单，结合工程具体情况编制的招标工程的最高投标限价。投标价是指投标人投标时响应招投标文件要求所报出的对已标价工程量清单汇总后标明的总价。签约合同价是指发承包双方在工程合同中约定的工程造价，即包括了分部分项工程费、措施项目费、其他项目费、规费和税金的合同总金额。竣工结算价是指发承包双方依据国家有关法律、法规和标准规定，按照合同约定确定的，包括在履行合同过程中按合同约定进行的合同价款调整，是承包人按合同约定完成了全部承包工作后，发包人应付给承包人的合同总金额。本书以介绍招标控制价、投标报价的编制为主。

3.3.1　招标控制价的编制

3.3.1.1　有关招标控制价的一般规定

（1）国有资金投资的建设工程招标，招标人必须编制招标控制价。

（2）招标控制价应由具有编制能力的招标人或受其委托具有相应资质的工程造价咨询人编制和复核。

（3）工程造价咨询人接受招标人委托编制招标控制价，不得再就同一工程接受投标人委托编制投标报价。

（4）招标控制价应按照计价规范规定的计价依据编制，不应上调或下浮。

（5）当招标控制价超过批准的概算时，招标人应将其报原概算审批部门审核。

（6）招标人在发布招标文件时应公布招标控制价，同时应将招标控制价及有关资料报送工程所在地或有该工程管理辖权的行业管理部门工程造价管理机构备查。

3.3.1.2　招标工程量清单编制的编制与复核

1. 招标控制价应根据下列依据编制与复核：

（1）计价规范；

（2）国家或省级、行业建设主管部门颁发的计价定额和计价办法；

（3）建设工程设计文件及相关资料；

（4）拟定的招标文件及招标工程量清单；

（5）与建设项目相关的标准、规范、技术资料；

（6）施工现场情况、工程特点及常规施工方案；

（7）工程造价管理机构发布的工程造价信息，当工程造价信息没有发布时，参照市场价；

（8）其他的相关资料。

2. 综合单价中应包括招标文件中划分的应由投标人承担的风险范围及其费用。招标文件中没有明确的，如是工程造价咨询人编制，应提请招标人明确；如是招标人编制，应予明确。

3. 分部分项工程和措施项目中的单价项目，应根据拟定的招标文件和招标工程量清单项目中的特征描述及有关要求确定综合单价计算。

4. 措施项目中的总价项目应根据拟定的招标文件和常规施工方案按以下规定计价：

（1）采用综合单价计价。

（2）措施项目清单中的安全文明施工费应按照国家或省级、行业建设主管部门的规定计价，不得作为竞争性费用。

5. 其他项目费应按下列规定计价：

（1）暂列金额应按招标工程量清单中列出的金额填写。

（2）暂估价中的材料、工程设备单价应按招标工程量清单中列出的单价计入综合单价。

（3）暂估价中的专业工程金额应按招标工程量清单中列出的金额填写。

（4）计日工应按招标工程量清单中列出的项目根据工程特点和有关计价依据确定综合单价计算。

（5）总承包服务费应根据招标工程量清单列出的内容和要求估算。

（6）规费和税金应按计价规范的规定计算，不得作为竞争性费用。

3.3.1.3 招标控制价的投诉与处理

1. 投标人经复核认为招标人公布的招标控制价未按照《计价规范》的规定进行编制的，应当在招标控制价公布后5天内向招投标监督机构和工程造价管理机构投诉。

2. 投诉人投诉时，应当提交由单位盖章和法定代表人或其委托人签名或盖章的书面投诉书，投诉书应包括下列内容：

（1）投诉人与被投诉人的名称、地址及有效联系方式；

（2）投诉的招标工程名称、具体事项及理由；

（3）投诉依据及有关证明材料；

（4）相关请求及主张。

3. 投诉人不得进行虚假、恶意投诉，阻碍投标活动的正常进行。

4. 工程造价管理机构在接到投诉书后应在2个工作日内进行审查，对有下列情况之一的，不予受理：

（1）投诉人不是所投诉招标工程招投标文件的收受人。

（2）投诉书提交的时间不符合“招标控制价公布后5天内”的规定。

（3）投诉书不符合计价规范规定，如没有联系方式等。

（4）投诉事项已进入行政复议或行政诉讼程序的。

5. 工程造价管理机构应在不迟于结束审查的次日将是否受理投诉的决定书面通知投诉人、被投诉人以及负责该工程招投标监督的招标投标管理机构。

6. 工程造价管理机构受理投诉后，应立即对招标控制价进行复查，组织投诉人、被投诉人或其委托的招标控制价编制人等单位人员对投诉问题逐一核对。有关当事人应当予以配合，并保证所提供资料的真实性。

7. 工程造价管理机构应当在受理投诉的10天内完成复查，特殊情况下可适当延长，并作出书面结论通知投诉人、被投诉人及负责该工程招投标监督的招投标管理机构。

8. 当招标控制价复查结论与原公布的招标控制价误差>±3%的，应当责成招标人改正。

9. 招标人根据招标控制价复查结论需要修改公布招标控制价的，其最终公布的时间至招标文件要求提交投标文件截止时间不足15天的，应相应延长投标文件的截止时间。

3.3.1.4　招标控制价的内容和编制程序

招标控制价包括分部分项工程费、措施项目费、其他项目费、规费和税金，招标控制价编制程序可参考图3-33进行。

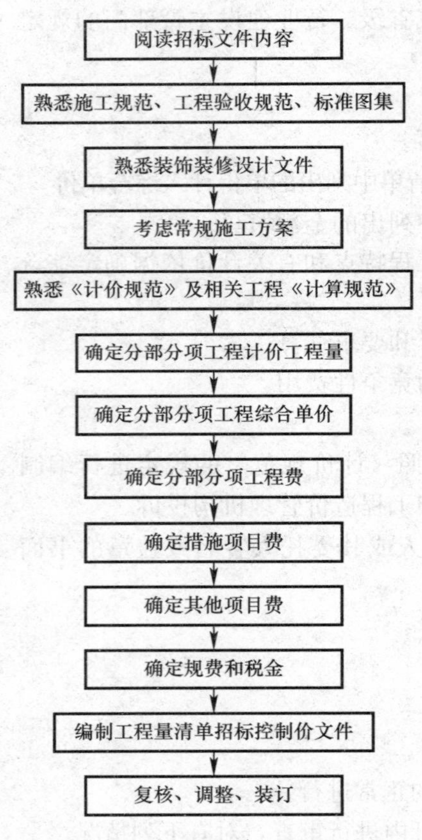

图3-33　招标控制价编制程序

3.3.1.5　分部分项工程费

分部分项工程费是指构成工程实体的费用，应按照清单项目工程量乘以综合单价进行计算。

1. 确定综合单价

(1) 综合单价的定义

综合单价是指完成一个规定清单项目所需的人工费、材料和工程设备费、施工机具使用费和企业管理费、利润以及一定范围内的风险费用。

(2) 综合单价的组成与计算方法

综合单价＝人工费＋材料和工程设备费＋施工机具使用费＋企业管理费＋利润＋一定范围内的风险费用

1) 计算人工费

$\sum$人工费＝人工定额消耗量×人工市场单价

2) 计算材料费

$\sum$材料费＝材料定额消耗量×材料市场单价

3) 计算机械费

$\sum$机械费＝机械定额消耗量×机械市场单价

4) 计算管理费

根据建安工程费用组成，管理费的计算有三种情况：

① 以分部分项工程费为计费基础，管理费＝(人工费＋材料费＋机械费)×管理费费率

② 以人工费与机械费之和为计费基础，管理费＝(人工费＋机械费)×管理费费率

③ 以人工费为计费基础，管理费＝人工费×管理费费率

5) 计算利润

① 以分部分项工程费为计费基础，利润＝(人工费＋材料费＋机械费)×利润率

② 以人工费与机械费之和为计费基础，利润=(人工费+机械费)×利润率

③ 以人工费为计费基础，利润=清单项目人工费×利润率

6）考虑风险因素并计算

风险因素，按一定的原理，采取风险系数来反映，即：

风险费用=(人工费+材料费+机械费+管理费+利润)×风险系数

(3) 综合单价的组价方法

从计价规范中清单项目的项目特征可以看到，一个清单项目是由一个或几个定额分项组成的，因此采用综合单价报价可以参照各省、市、自治区的定额（表3-98），有三种组价方式。

综合单价组价参考定额 **表3-98**

单位：100m²

定额编号				B2-141	B6-101	B6-306	B6-425	B5-223	B5-405
项目				挂贴花岗石	润油粉、刮腻子、漆片、硝基清漆、磨退出亮	乳胶漆抹灰面三遍	刮腻子二遍	豪华装饰木门安装镶板门	木门窗运输运输距离（km以内）
							水泥砂浆混合砂浆墙面		
				砖墙面	单层木门				3
基价（元）				25727.15	8954.61	967.49	309.71	32128.74	402.57
其中	人工费（元）			4085.22	4444.38	573.12	206.64	1957.74	61.32
	材料费（元）			21498.70	4510.23	394.37	103.07	30171.00	—
	机械费（元）			143.23	—	—	—	—	341.25
	名称	单位	单价（元）	数量	数量	数量	数量	数量	数量
人工	普工	工日	42.00	29.290	27.430	3.540	1.280	10.310	1.460
	技工	工日	48.00	59.480	61.490	7.930	2.860	27.640	—
	高级技工	工日	60.00	—	5.680	0.730	0.260	3.300	—
材料	花岗石板	m²	185.00	102.000	—	—	—	—	—
	水泥砂浆1：2.5	m³	226.66	3.930	—	—	—	—	—
	钢筋	kg	4.20	107.600	—	—	—	—	—
	铁件	kg	5.50	34.870	—	—	—	—	—
	铜丝	kg	67.00	7.770	—	—	—	—	—
	白水泥	kg	0.60	—	—	—	30.000	—	—
	滑石粉	kg	0.46	—	—	—	36.500	—	—
	801胶	kg	2.60	—	—	—	10.000	—	—
	防水腻子	kg	1.70	—	—	—		—	—
	膨胀螺栓	套	0.47	—	—	—		—	—
	乳胶漆	kg	5.65	—	—	43.260	—	—	—
	聚醋酸乙烯乳胶漆	kg	15.82	—	—	6.000	—	—	—
	镶板曲木面门	m²	300.00	—	—	—	—	100.000	—
	硝基清漆	kg	20.97	—	49.400	—	—	—	—
	硝基稀释剂	kg	21.9	—	121.200	—	—	—	—
	泡沫塑料	m²	18.83	—	5	—	—	—	—
	零星材料	元	1.00	573.630	—	55.030	42.280	171.000	—

续表

名称		单位	单价（元）	数量	数量	数量	数量	数量	数量
机械	手提砂轮切割机 Φ150	台班	11.37	5.100	—	—	—	—	—
	钢筋调直机 Φ14	台班	26.49	0.050	—	—	—	—	—
	钢筋切断机 Φ40	台班	41.14	0.050	—	—	—	—	—
	交流弧焊机 30kV·A	台班	159.08	0.150	—	—	—	—	—
	灰浆搅拌机 200L	台班	86.57	0.670		—	—	—	—
	载重汽车 6t	台班	467.47	—		—	—	—	0.730

1）直接参考定额组价

当《计价规范》分项工程的工程内容、计量单位及工程量计算规则与《装饰装修工程消耗量定额》（以下简称《消耗量定额》）一致，只与一个定额项目相对应时，参照定额中人、料、机的消耗量计算综合单价，计算结果见表 3-99。

工程量清单综合单价分析表 **表 3-99**

工程名称：××酒店装饰工程　　标段：　　第 1 页　共 3 页

<table>
<tr><td colspan="3">项目编码</td><td colspan="2">020204001001</td><td colspan="2">项目名称</td><td colspan="3">石材墙面</td><td>计量单位</td><td>m²</td></tr>
<tr><td colspan="4">清单综合单价组成明细</td><td colspan="8">清单综合单价组成明细</td></tr>
<tr><td rowspan="2">定额编号</td><td rowspan="2">定额名称</td><td rowspan="2">定额单位</td><td rowspan="2">数量</td><td colspan="4">单价</td><td colspan="4">合价</td></tr>
<tr><td>人工费</td><td>材料费</td><td>机械费</td><td>管理费和利润</td><td>人工费</td><td>材料费</td><td>机械费</td><td>管理费和利润</td></tr>
<tr><td>B2-141</td><td>镶贴挂贴花岗石砖墙面</td><td>100m²</td><td>0.01</td><td>5091.88</td><td>23029</td><td>143.23</td><td>1327.12</td><td>50.92</td><td>230.29</td><td>1.43</td><td>13.27</td></tr>
<tr><td colspan="3">人工单价（元/工日）</td><td colspan="5">小计</td><td>50.92</td><td>230.29</td><td>1.43</td><td>13.27</td></tr>
<tr><td>普工</td><td colspan="2">技工</td><td colspan="5">未计价材料费</td><td colspan="4"></td></tr>
<tr><td>52</td><td colspan="2">60</td><td colspan="5">清单项目综合单价</td><td colspan="4">295.91</td></tr>
<tr><td rowspan="9">材料费明细</td><td colspan="5">主要材料名称、规格、型号</td><td>单位</td><td>数量</td><td>单价（元）</td><td>合价（元）</td><td>暂估单价（元）</td><td>暂估合价（元）</td></tr>
<tr><td colspan="5">花岗石板</td><td>m²</td><td>1.02</td><td>200</td><td>204</td><td></td><td></td></tr>
<tr><td colspan="5">铁件</td><td>kg</td><td>0.3487</td><td>5.5</td><td>1.92</td><td></td><td></td></tr>
<tr><td colspan="5">钢筋</td><td>kg</td><td>1.076</td><td>4.2</td><td>4.52</td><td></td><td></td></tr>
<tr><td colspan="5">铜丝</td><td>kg</td><td>0.0777</td><td>67</td><td>5.21</td><td></td><td></td></tr>
<tr><td colspan="5">零星材料</td><td>元</td><td>5.7363</td><td>1</td><td>5.74</td><td></td><td></td></tr>
<tr><td colspan="7">其他材料费</td><td>—</td><td>8.91</td><td>—</td><td></td></tr>
<tr><td colspan="7">材料费小计</td><td>—</td><td>230.29</td><td>—</td><td></td></tr>
<tr><td colspan="5"></td><td></td><td></td><td></td><td></td><td></td><td></td></tr>
</table>

注：1. 表中数量比例为定额工程量/清单工程量。

2. 人工费＝（普工定额用量×普工单价＋技工定额用量×技工单价）×数量比例＝（29.29×52＋59.48×60）×0.01＝50.92 元/m²。

3. 材料费＝Σ（材料定额用量×材料单价）×数量比例＝（102×200＋34.87×5.5＋107.6×42＋7.77×67＋573.63）×0.01＝230.29 元/m²。

4. 机械费＝Σ（机械定额用量×机械单价）×数量比例＝（11.37×5.100＋26.49×0.050＋41.14×0.05＋159.08×0.15＋86.57×0.67）×0.01＝1.43 元/m²。

5. 管理费＝（人工费＋机械费）×管理费率×数量比例＝（5091.88＋143.23）×20%×0.01＝1047.02 元/m²。

6. 利润＝（人工费＋机械费）×利润率＝（5091.88＋143.23）×5.35%×0.01＝2.801 元/m²。

7. 表中人、料、机单价皆为市场价。

2）参考定额，合并组价

当《计价规范》中清单项目由《消耗量定额》中几个定额分项组成，且单位一致，参照定额中人、料、机的消耗量计算综合单价，见表 3-100。

工程量清单综合单价分析表 **表 3-100**

工程名称：××酒店装饰工程　　标段：　　第 2 页　共 3 页

项目编码		020506001001		项目名称			抹灰面油漆			计量单位	m²
清单综合单价组成明细		清单综合单价组成明细									
定额编号	定额名称	定额单位	数量	单价				合价			
				人工费	材料费	机械费	管理费和利润	人工费	材料费	机械费	管理费和利润
B6-306	抹灰面油漆乳胶漆抹灰面三遍	100m²	0.01	573.12	394.37		137.73	5.73	3.94		1.38
B6-425	涂料、裱糊喷（刷）涂料刮腻子二遍水泥砂浆混合砂浆墙面	100m²	0.01	206.64	103.07		47.57	2.07	1.03		0.48
人工单价（元/工日）			小计					7.8	4.97		1.85
普工	技工	高级技工	未计价材料费								
42	48	60	清单项目综合单价					14.62			
材料费明细	主要材料名称、规格、型号					单位	数量	单价（元）	合价（元）	暂估单价（元）	暂估合价（元）
	零星材料					元	0.9731	1	0.97		
	乳胶漆					kg	0.4326	5.65	2.44		
	聚醋酸乙烯乳液					kg	0.06	15.82	0.95		
	白水泥					kg	0.3	0.6	0.18		
	滑石粉					kg	0.365	0.46	0.17		
	801 胶					kg	0.1	2.6	0.26		
	材料费小计							—	4.97	—	

3）重新计算工程量组价

当《计价规范》分项工程的工程内容、计量单位及工程量计算规则与《消耗量定额》不一致时，参照定额中人、料、机的消耗量计算综合单价，见表 3-101。

工程量清单综合单价分析表 **表 3-101**

工程名称：××酒店装饰工程　　标段：　　第 3 页　共 3 页

项目编码		020401003001		项目名称			实木装饰门			计量单位	樘
清单综合单价组成明细		清单综合单价组成明细									
定额编号	定额名称	定额单位	数量	单价				合价			
				人工费	材料费	机械费	管理费和利润	人工费	材料费	机械费	管理费和利润
B5-223	成品豪华装饰门安装镶板门	100m²	0.0189	1957.74	30171		2012.55	37	570.23		38.04

续表

定额编号	定额名称	定额单位	数量	单价				合价			
				人工费	材料费	机械费	管理费和利润	人工费	材料费	机械费	管理费和利润
B5-405	木门窗运输 运输距离3km以内	100m²	0.0189	61.32		341.25	81.93	1.16		6.45	1.55
B6-101	润油粉、刮腻子、漆片、硝基清漆、磨退出亮单层木门	100m²	0.0189	4444.38	4510.23		1145.73	84	85.24		21.65
人工单价（元/工日）			小计					122.16	655.48	6.45	61.24
普工	技工	高级技工	未计价材料费								
42	48	60	清单项目综合单价					845.33			
材料费明细	主要材料名称、规格、型号					单位	数量	单价（元）	合价（元）	暂估单价（元）	暂估合价（元）
	零星材料					元	17.3321	1	17.33		
	镶板曲木面门					m²	1.89	300	567		
	泡沫塑料δ30					m²	0.0945	13.83	1.31		
	硝基清漆					kg	0.9337	20.97	19.58		
	硝基稀释剂					kg	2.2907	21.94	50.26		
	材料费小计							—	655.48	—	

2. 计算分部分项工程费

分部分项工程费＝分部分项工程清单项目工程量×综合单价

某工程分部分项工程费计算见表3-102。

分部分项工程量清单与计价表 **表3-102**

工程名称：××酒店装饰工程　　　标段：　　　第　页共　页

序号	项目编码	项目名称	项目特征描述	计量单位	工程量	金额（元）		
						综合单价	合价	其中：暂估价
			楼地面工程					
1	020102002001	地面贴600mm×600mm的陶瓷砖	20mm厚水泥砂浆找平层，1∶3水泥砂浆结合层，600mm×600mm陶瓷砖	m²	976	174.58	170390.08	
			…					
			墙面工程					
1	020204003001	墙面砂浆粘贴瓷板（152mm×152mm）	1∶3水泥砂浆打底抹灰，1∶1水泥砂浆镶贴，152mm×152mm瓷板	m²	349	54.62	19062.38	

续表

序号	项目编码	项目名称	项目特征描述	计量单位	工程量	金额（元）		
						综合单价	合价	其中：暂估价
		墙面工程						
2	020506001001	乳胶漆抹灰面三遍	混合砂浆墙面刮腻子两遍，刷格拉丝牌乳胶漆三遍	m^2	2367	14.57	34487.19	
		……						
		天棚工程						
1	020302001001	600mm×600mm圆蘑花铝扣板	龙骨嵌入式铝合金方板不上人型，嵌入式铝合金方板600mm×600mm	m^2	675	172.01	116106.75	
		……						
		本页小计					365741.37	
		合计					2681560	100000

3.3.1.6 措施项目费的编制

1. 不宜计算工程量的措施项目计价

措施项目费的发生和金额的大小与使用时间、施工方法或者两个以上工序相关，与实际完成的实体工程量的多少关系不大，典型的是大中型施工机械、临时设施等，以“项”为单位的方式计价，应包括除规费、税金外的全部费用。按项计价，其价格组成与综合单价相同，见表3-103。

措施项目清单与计价表（一） **表3-103**

工程名称：××酒店装饰工程　　标段：　　第　页共　页

序号	项目名称	计算基础	费率（%）	金额（元）
1	安全文明施工费	人工费＋机械费	9.45	30408.89
2	夜间施工费	人工费＋机械费	0.20	643.57
3	二次搬运费	按施工组织设计	—	3217.87
4	冬雨期施工	人工费＋机械费	0.40	1287.15
5	大型机械设备进出场及安拆费		—	
6	施工排水		—	
7	施工降水		—	
8	地上、地下设施、建筑物的临时保护设施		—	
9	已完工程及设备保护		—	
10	各专业工程的措施项目		—	
	合计			35557.48

注：本表适用于以“项”计价的措施项目。

2. 可以计算工程量的措施项目计价

措施项目清单计价应根据拟建工程的施工组织设计，可以计算工程量的、适宜采用分部分项工程量清单方式的措施项目应采用综合单价计价，见表3-104。

措施项目清单与计价表（二）　　表3-104

工程名称：××酒店装饰工程　　标段：　　第　页共　页

序号	项目编码	项目名称	项目特征描述	计量单位	工程量	金额（元）	
						综合单价	合价
1	B10-3	楼地面旧地毯成品保护	麻袋覆盖花岗石	m^2	1342.77	0.95	1275.63
			……				
9	B8-6	满堂脚手架基本层		m^2	270.00	12.23	3302.10
			……				
本页小计							246578
合计							246578

注：适用于以综合单价形式计价的措施项目。

3. 安全文明施工费计价

根据《中华人民共和国安全生产法》、《中华人民共和国建筑法》、《建筑工程安全生产管理条例》、《安全生产许可证条例》等法律、法规的规定，建设部办公厅印发了《建筑工程安全防护、文明施工措施费及使用管理规定》（建办［2005］89号），将安全文明施工费纳入国家强制性标准管理范围，其费用标准不予竞争。清单计价规范规定，措施项目清单中的安全文明施工费应按国家、行业建设主管部门的规定费用标准计价，招标人不得要求投标人对该项费用进行优惠，投标人也不得将该项费用参与市场竞争。

3.3.1.7　其他项目费的编制

其他项目费包括确定暂列金额、暂估价、计日工和总承包服务费，编制人应为招标人，见表3-105。

其他项目清单与计价汇总表　　表3-105

工程名称：××酒店装饰工程　　标段：　　第　页共　页

序号	项目名称	计量单位	金额（元）	备注
1	暂列金额	项	268000	明细详见表3-106
2	暂估价		300000	
2.1	材料暂估价		—	明细详见表3-107
2.2	专业工程暂估价	项	300000	明细详见表3-108
3	计日工		9000	明细详见表3-109
4	总承包服务费		10000	明细详见表3-110
合计			587000	

注：材料暂估单价进入清单项目综合单价，此处不汇总。

1. 暂列金额

暂列金额（表3-106）可根据工程的复杂程度、设计深度、工程环境条件等特点进行估算，按有关计价规定进行估算确定，一般按分部分项工程费的10%～15%作为参考。

暂列金额明细表 **表 3-106**

工程名称：××酒店装饰工程　　标段：　　第　页 共　页

序号	项目名称	计量单位	暂定金额（元）	备注
1	工程量清单中工程量偏差和设计变更	项	100000	
2	政策性调整和材料价格风险	项	100000	
3	其他	项	68000	
	合计		268000	—

注：此表由招标人填写，也可只列暂定金额总额，投标人应将上述暂列金额计入投标总价中。

2. 暂估价

材料暂估价（见表 3-107、表 3-108）应按工程造价管理机构发布的工程造价信息中的材料单价计算，工程造价信息未发布的材料单价，其单价参考市场价格估算。

专业工程暂估价应分不同的专业，按有关计价规定进行估算。

材料暂估单价表 **表 3-107**

工程名称：××酒店装饰工程　　标段：　　第　页 共　页

序号		计量单位	单价（元）	备注
1	英国棕花岗石	m^2	480	
	…			

注：1. 此表由招标人填写，并在备注栏说明暂估价的材料拟用在哪些清单项目上，投标人应将上述材料暂估单价计入工程量清单综合单价报价中。
2. 材料包括原材料、燃料、构配件以及按规定应计入建筑安装工程造价的设备。

专业工程暂估价表 **表 3-108**

工程名称：××酒店室内装修　　标段：　　第　页 共　页

序号	工程名称	工程内容	金额（元）	备注
1	观光电梯	安装	300000	
	合计		300000	—

注：此表由招标人填写，投标人应将上述专业工程暂估价计入投标总价中。

3. 计日工

计日工包括人工、材料和施工机械（见表 3-109）。人工单价和机械台班单价应按省级、行业建设主管部门或其授权的工程造价管理机构公布的单价计算；材料应按工程造价管理机构发布的材料单价计算，未发布材料单价的材料，其价格应按市场调查确定的单价计算。计日工表中一定要给出暂定数量，并且需要根据经验，尽可能估算一个比较贴近实际的数量。

$$
\begin{aligned}
\text{计日工项目费} &= \text{人工费合价} + \text{材料费合价} + \text{机械费合价} \\
&= \sum(\text{人工综合单价} \times \text{数量}) + \sum(\text{材料综合单价} \times \text{数量}) \\
&\quad + \sum(\text{机械综合单价} \times \text{数量})
\end{aligned}
$$

计日工表 **表 3-109**

工程名称：××酒店装饰工程　　标段：　　第 页共 页

编号	项目名称	单位	暂定数量	综合单价	合价
一	人工				
1	普工	工日	70	60	4200
2	技工	工日	10	80	800
人工小计					5000
二	材料				
1	水泥 42.5	t	1.5	571	856
2	中砂	m^3	10	83.1	830
材料小计					1686
三	施工机械				
1	自升式塔式起重机	台班	4	540	2160
2	灰沙搅拌机（400L）	台班	7	22.	154
施工机械小计					2314
合计					9000

注：此表项目名称、数量由招标人填写，编制招标控制价时，单价由招标人按有关计价规定确定；投标时，单价由投标人自主报价，计入投标总价中。

4. 总承包服务费

发包人必须在招标文件中说明总包的范围以减少后期不必要的纠纷，规范中列出的参考计算标准如下（见表 3-110）：

（1）招标人仅要求对分包的专业工程进行总承包管理和协调时，按分包的专业工程估算造价的 1.5%计算；

（2）招标人要求对分包的专业工程进行总承包管理和协调并同时要求提供配合服务时，根据招标文件中列出的配合服务内容和提出的要求，按分包的专业工程估算造价的 3%～5%计算；

（3）招标人自行供应材料的，按招标人供应材料价值的 1%计算。

总承包服务费计价表 **表 3-110**

工程名称：××酒店装饰工程　　标段：　　第 页共 页

序号	工程名称	项目价值（元）	服务内容	费率（%）	金额（元）
1	发包人发包专业工程	300000	1. 按专业工程承包人的要求提供施工工作面并对施工现场进行统一管理，对竣工资料进行统一整理汇总 2. 为专业工程承包人提供垂直运输机械和焊接电源接入点，并承担垂直运输费和电费	3	9000

续表

序号	工程名称	项目价值（元）	服务内容	费率（%）	金额（元）
2	发包人供应材料	100000	对发包人供应的材料进行验收及保管和使用发放	1	1000
			合计		10000

注：此表由招标人填写，投标人应将上述专业工程暂估价计入投标总价中。

3.3.1.8 规费项目的编制

规费按国家和建设主管部门发布的规费计取办法、标准、公式和规定的费率计取（见表3-111）。

计算公式：规费＝(分部分项工程费＋措施项目费＋其他项目费)×规费费率

3.3.1.9 税金项目的编制

根据各省市、地区税务部门规定的税率，以不同省市、不同地区的建筑装饰装修工程不含税造价为基数计取（见表3-111）。税金与分部分项工程费、措施项目费及其他项目费不同，属于“转嫁税”，具有法定性和强制性，由工程承包人必须及时足额交纳给工程所在地的税务部门。

计算公式：税金＝(分部分项工程费＋措施项目费＋其他项目费＋规费)×综合税率

规费、税金项目清单与计价表 **表3-111**

工程名称：××酒店装饰工程　　标段：　　第　页共　页

序号	项目名称	计算基础	费率（%）	金额（元）
1	规费			301032.67
1.1	工程排污费	人工费＋机械费	1.15	3700.55
1.2	社会保障费	(1)＋(2)＋(3)		285908.68
(1)	养老保险费	人工费＋机械费	8.55	275128.81
(2)	失业保险费	人工费＋机械费	0.85	2735.19
(3)	医疗保险费	人工费＋机械费	2.50	8044.68
1.3	住房公积金	人工费＋机械费	3.35	10779.87
1.4	危险作业意外伤害保险	人工费＋机械费	0.20	643.57
1.5	工程定额测定费	—	—	—
2	税金	分部分项工程费＋措施项目费＋其他项目费＋规费	3.41	131343.93
		合计		432376.60

注：根据建设部、财政部发布的《建筑安装工程费用项目组成》（建标［2013］44号）文的规定，“计算基础”可为“直接费”、“人工费”或“人工费＋机械费”。

3.3.2 投标报价的编制

3.3.2.1 有关招标控制价的一般规定

1. 投标价应由投标人或受其委托具有相应资质的工程造价咨询人编制。

2. 投标人应依据规范所述编制依据自主确定投标报价。

3. 投标报价不得低于成本价。

4. 投标人必须按招标工程量清单填报价格。项目编码、项目名称、项目特征、计量单位、工程量必须与招标工程量清单一致。

5. 投标人的投标标价高于招标控制价的应予废标。

3.3.2.2　招标工程量清单编制的编制与复核

1. 投标报价应根据下列依据编制和复核：

（1）计价规范；

（2）国家或省级、行业建设主管部门颁发的计价办法；

（3）企业定额，国家或省级主管部门颁发的计价定额和计价办法；

（4）招标文件、招标工程量清单及其补充通知、答疑纪要；

（5）建设工程设计文件及相关资料；

（6）施工现场情况、工程特点及投标时拟定的施工组织设计或施工方案；

（7）与建设项目相关的标准、规范等技术资料；

（8）市场价格信息或工程造价管理机构发布的工程造价信息；

（9）其他的相关资料。

2. 综合单价中应包括招标文件中划分的应由投标人承担的风险范围及其费用。招标文件中没有明确的，应提请招标人明确。

3. 分部分项工程和措施项目中的单价项目，应根据招标文件和招标工程量清单项目中的特征描述确定综合单价计算。

4. 措施项目中的总价项目金额应根据招标文件及投标时拟定的施工组织设计或施工方案，按计价规范的规定自主确定。其中安全文明施工费属不竞争费用。

5. 其他项目费应按下列规定报价：

（1）暂列金额应按招标工程量清单中列出的金额填写；

（2）材料、工程设备暂估价应按招标工程量清单中列出的单价计入综合单价；

（3）专业工程暂估价应按招标工程量清单中列出的金额填写；

（4）计日工应按招标工程量清单中列出的项目和数量，自主确定综合单价并计算计日工总额；

（5）总承包服务费应根据招标工程量清单中列出的内容和提出的要求自主确定。

6. 规费和税金应按计价规范的规定确定。

7. 招标工程量清单与计价表中列明的所有需要填写的单价和合价的项目，投标人均应填写且只允许有一个报价。未填写单价和合价的项目，视为此项费用已包含在已标价工程量清单中其他项目的单价和合价之中。当竣工结算时，此项目不得重新组价予以调整。

8. 投标总价应当与分部分项工程费、措施项目费、其他项目费和规费、税金的合计金额一致。

3.3.2.3　投标报价的内容和编制程序

投标报价包括对分部分项工程费、措施项目费、其他项目费、规费和税金的确定，投标报价编制程序可参考图3-34所示。

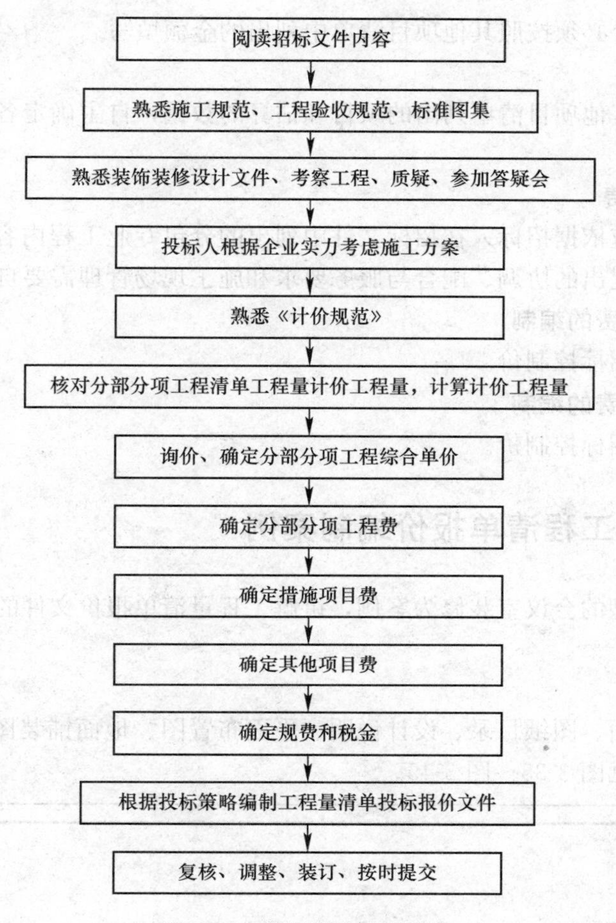

图 3-34　投标报价编制程序

3.3.2.4　分部分项工程费确定

分部分项工程费的确定同招标控制价。注意综合单价中人工、材料、机械单价的询价，除招标文件中已编制的暂估价外，其余单价投标人可根据市场情况自行确定。

3.3.2.5　措施项目费的编制

分部分项工程费的确定方法同招标控制价，包含两部分内容，一为不宜计算工程量的措施项目计价，二为可以计算工程量的措施项目计价，其中安全文明施工费必须按国家或省级、行业建设主管部门的规定确定，不得竞争。不同的是，投标报价中的措施项目费是由投标人编制的，应反映投标人的实力，依据投标人拟定的施工组织设计或施工方案编制，体现竞争性。

3.3.2.6　其他项目费的编制

其他项目费的确定与招标控制价不同。

1. 暂列金额

暂列金额应按照其他项目清单中列出的金额填写，不得变动。

2. 暂估价

暂估价不得变动和更改。暂估价中的材料必须按照暂估单价计入相应清单的综合单价中；专业工程暂估价必须按照其他项目清单中列出的金额填写。

3. 计日工

计日工应按照其他项目清单列出的项目和估算的数量，自主确定各项综合单价并计算费用。

4. 总承包服务费

总承包服务费应依据招标人在招标文件中列出的分包专业工程内容和供应材料、设备情况，按照招标人提出的协调、配合与服务要求和施工现场管理需要自主确定。

3.3.2.7　规费项目费的编制

规费的确定同招标控制价。

3.3.2.8　税金项目费的编制

税金的确定同招标控制价。

3.4　装饰装修工程清单报价编制案例

本节以一个小型的会议室装修为案例，讲解工程量清单报价文件的编制。

3.4.1　施工图纸

施工图纸有封面、图纸目录、设计说明、平面布置图、地面铺装图、顶棚平面图、立面图、节点图等，见图3-35～图3-45。

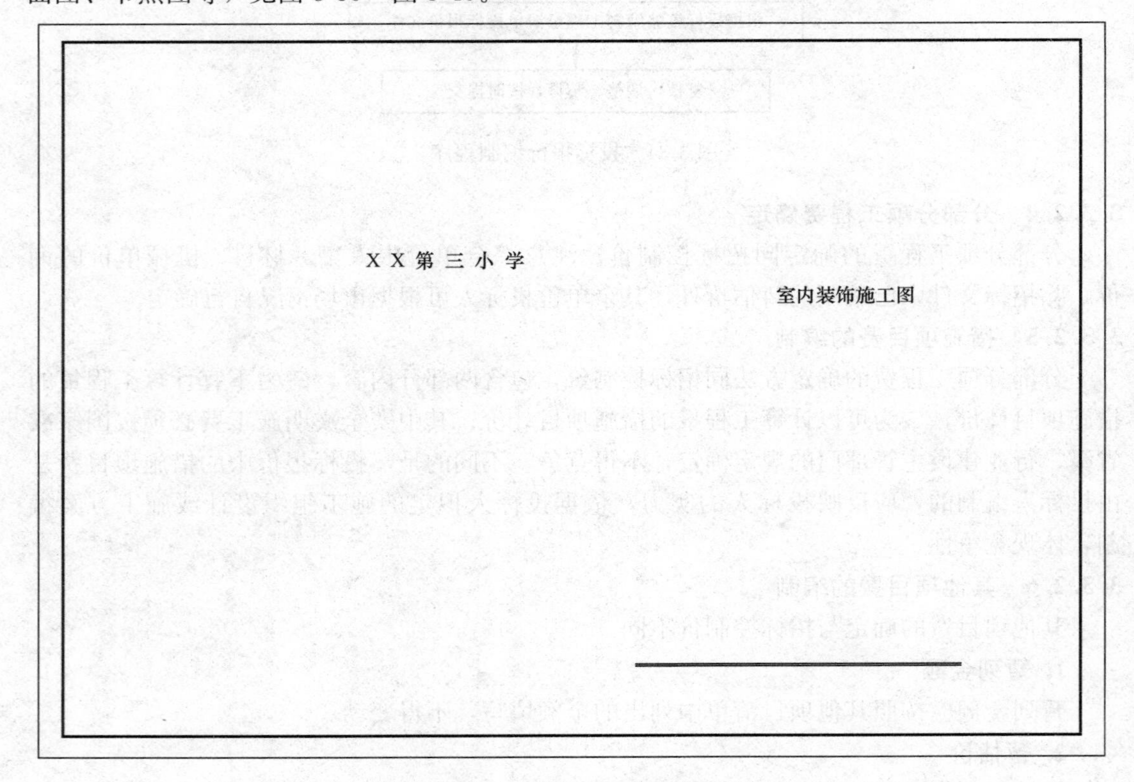

图3-35　××小学会议室装饰工程封面

XX第三小学　　DRAWING INDEX 图纸目录表

INTERIOR 室内装饰

01	图纸目录
02	图纸说明
03	会议室平面图
04	会议室地面图
05	会议室顶面图
06	会议室B/C立面图
07	会议室A/D立面图
08	会议室吊顶1-1剖面图
09	会议室墙面1-1剖面图,墙面2-2剖面图
10	标准节点大样

图 3-36　图纸目录

XX第三小学　　DRAWING EXPLANATION 图纸说明

一.设计依据

1.1 室内精装修设计装饰工程设计任务书

1.2 原建筑土建及设备施工图。

1.3《建筑内部装修设计防火规范》GB50222-95

1.4《民用建筑室内环境污染控制规范》GB-50325-2001

1.5《室内建筑装饰材料有害限量十个标准》。

1.6 建筑装饰工程施工及验收规范GB50210-2001。

二.项目概况

2.1 本装饰工程为室内精装修设计。

本案设计风格:

2.2 设计范围：1.室内精装修设计。

2.3 设计深度：室内装饰方案设计到施工图设计

三.消防防火要求

3.1 本工程消防设施安装均应得到消防处的批复同意，方可施工。

3.2 本工程.建筑规模及性质属普通住宅，依据

《建筑内部装修设计防火规范》装修材料燃烧性能等级

顶棚B1　墙面B2　地面B2　固定家具B2

3.3 所有木基层木芯板均涂覆一级饰面型防火涂料2遍，使之达到燃烧性能等级B1级。

3.4 木装修同电器开关相碰处，按《建筑电器规范》作处理。

3.5 吊顶材料及做法为纸面石膏板及铝塑板安装在钢龙骨上，燃烧性能等级为：A 级

见《建筑内部装修设计防火规范》

3.6 墙面做法为原墙找平处理裱糊墙纸，燃烧性能等级为：B1级

见《建筑内部装修设计防火规范》

3.7 地面块料面层，燃烧性能等级为：B级.见《建筑内部装修设计防火规范》

3.8 固定家具所使有木材均需做防腐防火处理使之燃烧性能等级达到：B1级

见《建筑内部装修设计防火规范》

四.施工说明:

4.1 .地坪:

（1）地面瓷砖

*1：2水泥砂浆加稀释107胶水铺贴、离缝；

*面砖专用粘贴剂粘贴。

*面砖阳角拼缝时,45度拼贴.

*地墙面铺贴时要跟缝。

4.2 墙面

（1）墙纸

*专用腻子批嵌；

*乳胶漆三度（或按选用产品说明书）。

*详见产品说明书

（2）墙面木芯板基层，红樱桃饰面

*木楔打底；

*18mm木芯板基层；

*3mm红樱桃饰面板；

*硝基漆四底两面；

（3）墙面木芯板,灰木纹石材饰面。

*木楔打底；

*18mm木芯板基层；

*木基层防火涂料。

*干粉粘贴剂粘贴灰木纹石

（3）墙面木芯板,12mm厚密度板，墙布饰面。

*木楔打底；

*18mm木芯板基层；

*12mm厚密度板打底；

*布面硬包料；

4.3 吊顶

（1）轻钢龙骨石膏板（水泥板）吊顶。

*50系列轻钢龙骨（吊筋）龙骨间距300mm，双层石膏板；

*贴缝带，腻子批嵌平整；

*乳胶漆三度（按选用产品说明书）；

*?8镀锌全丝螺杆，膨胀螺丝固定;

* 净高大于1500,加反撑

参见中国建材工业出版社出版的《建筑工程设计施工系列图集》

中的建筑装饰装修工程分册

4.4 转角处理

墙面及吊顶如用石膏板，阴角处用纸带护边，

阳角处用金属护角条护边。

4.5 灯具

*所用灯具，造型材质须经过设计及业主认可；

*灯槽选用T4灯管；

4.6 门

*所有实拼门、防盗门由专业厂家生产，造型材质须经设计认可。

4.7 玻璃

*根据不同的用途在玻璃的选用上应采用符合国家规范规定的安全玻璃。

4.8 家具

所有家具均选用现货或有专业厂家生产，造型材质须经设计认可。

4.9 窗

（1）原有土建窗均保留（参见原门窗表）

五.装饰装修材料选用要求:

1.工程所选用材料品种、规格、性能应符合设计要求

及国家现行有关标准的规定。

2.装饰材料的选用应符合室内装饰装修材料有害物质9项强制性国家标准:

a.《室内装饰装修材料人造板及其制品中甲醛释放限量》（GB18580-2001）；

b.《室内装饰装修材料内墙涂料中有害物质限量》

c.《室内装饰装修材料溶剂型木器涂料中有害物质限量》（GB18581-2001）；

d.《室内装饰装修材料黏胶剂中有害物质限量》（GB18583-2001）；

e.《室内装饰装修材料木家具中有害物质限量》（GB18584-2001）；

f.《室内装饰装修材料壁纸中有害物质限量》（GB18585-2001）；

g.《室内装饰有害物质限量》（GB18586-2001）；

h.《室内装饰装修材料地毯、地毯衬垫及地毯胶粘剂中有害物质释放限量》（GB18587-2001）；

i.《建筑材料放射性核素限量》（GB6566-2001）.

3.选用的装修材料必须符合〈民用建筑工程市内环境污染控制规范〉（GB50325-2001）在中的要求，石材、人造板、涂料等

主要材料必须符合相应的室内装饰材料有害物质强制性标准。

4.木材制品:

a.各种木板和饰面板材的含水率控制在12%以内。所有装修用木材均应进行防火、防腐和防虫处理.b.人造板材应控制甲醛含量；c.所有实木封边及木线条除注明饰面外，均应与相关饰面木材相同。

5.木饰面油漆：露木纹的采用哑光面硝基清漆，除注明外均为哑光面硝基清漆；

调和漆采用手感好的手扫漆。墙柜采用染色硝基漆.

6.隐藏工程:

*隐藏工程的施工质量由施工单位负责。

六.其他

1.图纸中尺寸若与现场不符，请以现场实测为准，并及时通知设计单位，以便及时解决。

2.在装饰材料使用中应严格遵守各项规范，确保工程符合各项验收规范。

3.本工程在装修中所用材质应符合国家消防规范的阻燃材料。

4.图纸如前后矛盾以大样详图为准。

5.施工图未尽事宜及图纸存在疑问之处，施工单位应提前提出,由设计师说明。

6.施工厂商必须出具详细施作图并供业主及设计单位确认后方可施工。

7.石材需出具详细施作图并供业主及设计单位确认后方可施工。

8.所有不锈钢需刨沟,材质SUS304、

9.所有隔墙、地坪标注均为完成面标注,顶面标高为相对标高.

七.图纸说明

1.范图中节点做法与本说明所述做法有异者，均以本说明做法为准。

2.墙体与门窗洞口尺寸定位，除标注外，均同原建筑设计。

3.图中尺寸标注标高均以mm(毫米)为单位。

4.凡是图中节点不完善者，由施工单位在施工中完善，在现场完善的施工图纸，包括设计变更，都应由我司任命的施工现场设计授权人签字后方为有效。

图 3-37　设计说明

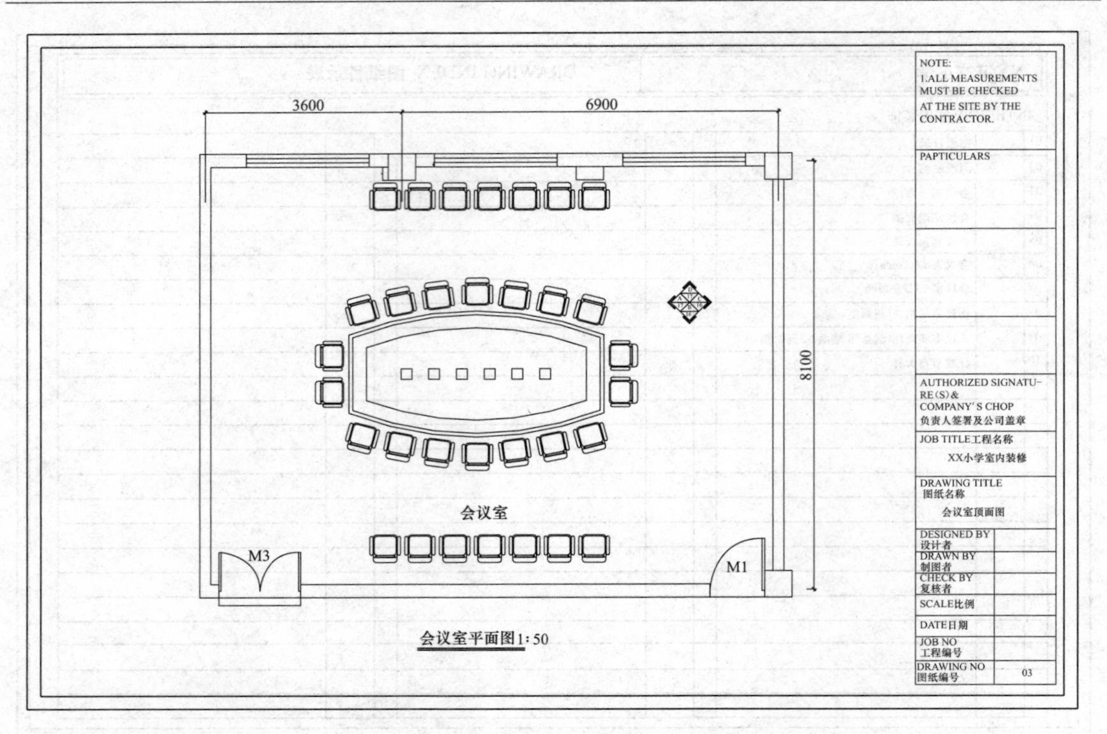

图 3-38　平面图

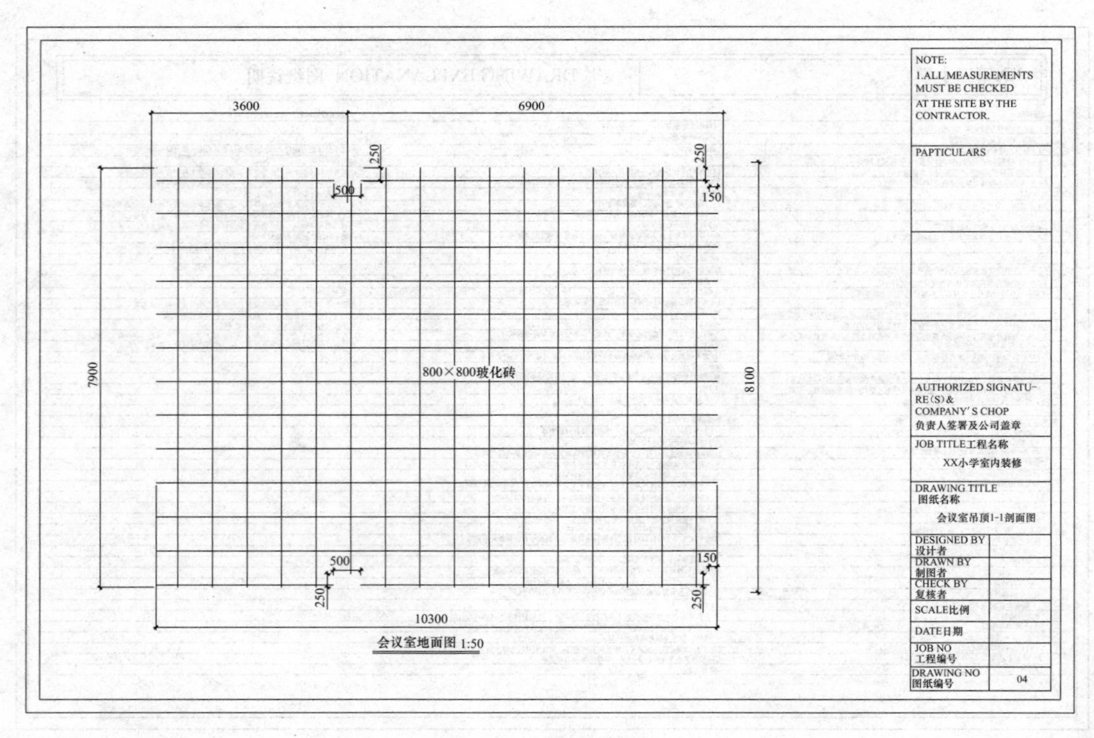

图 3-39　地面铺装图

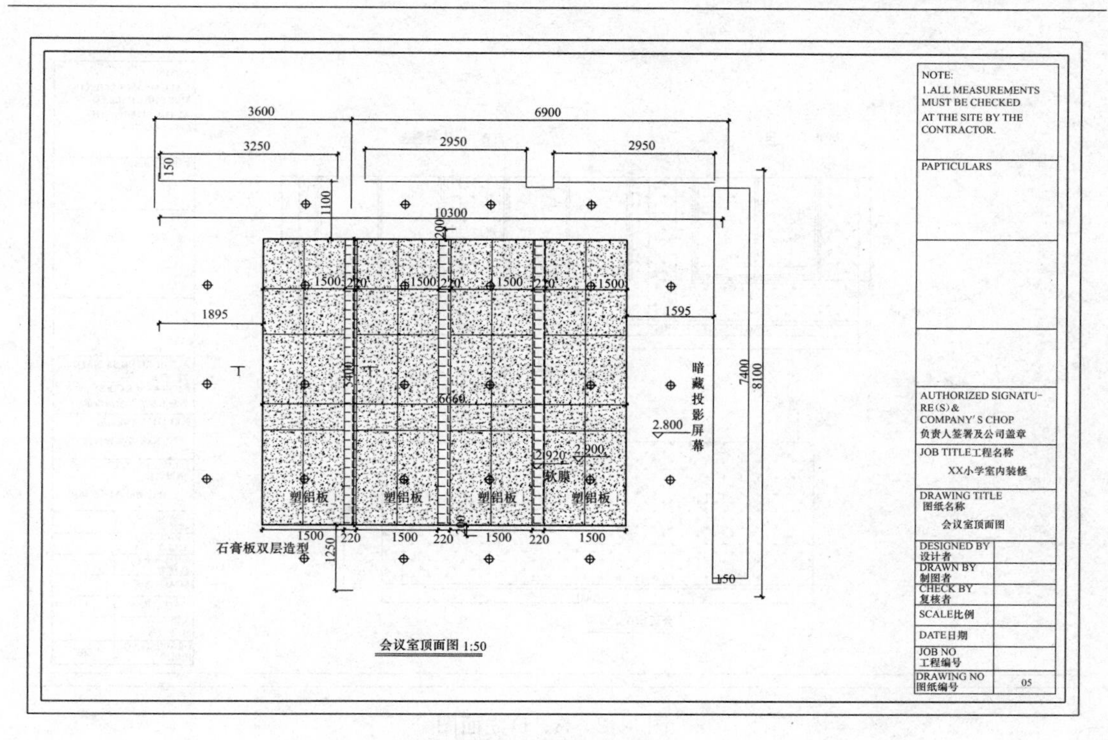

图 3-40 顶棚平面图

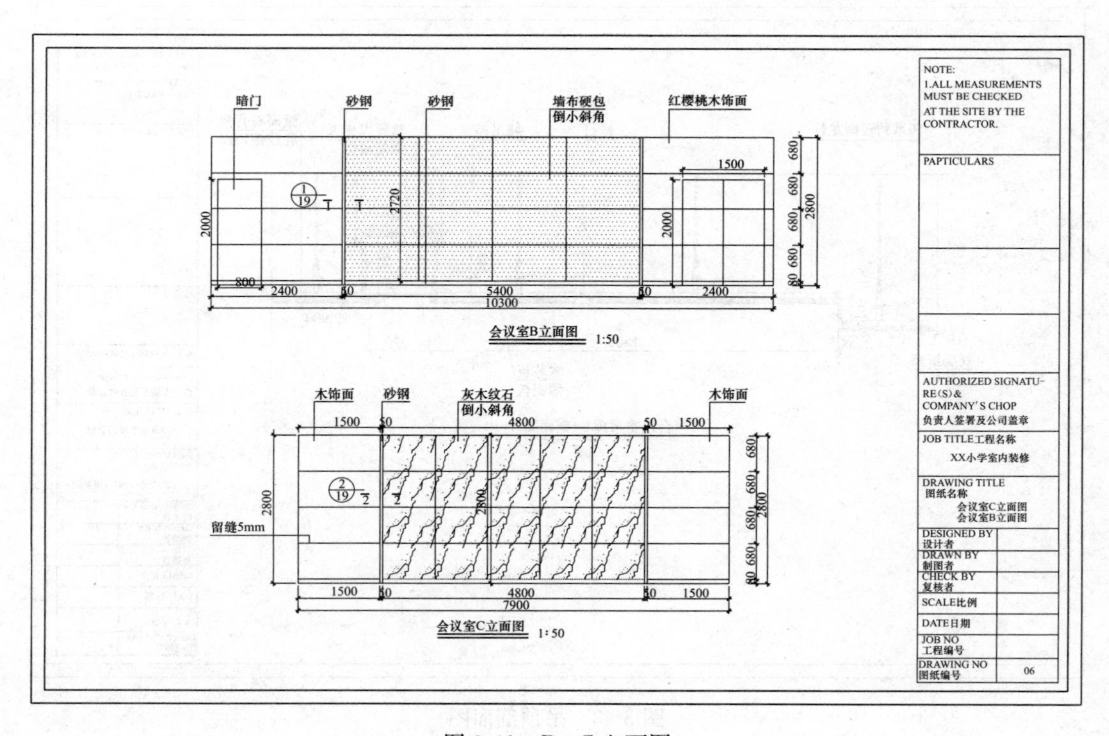

图 3-41 B、C 立面图

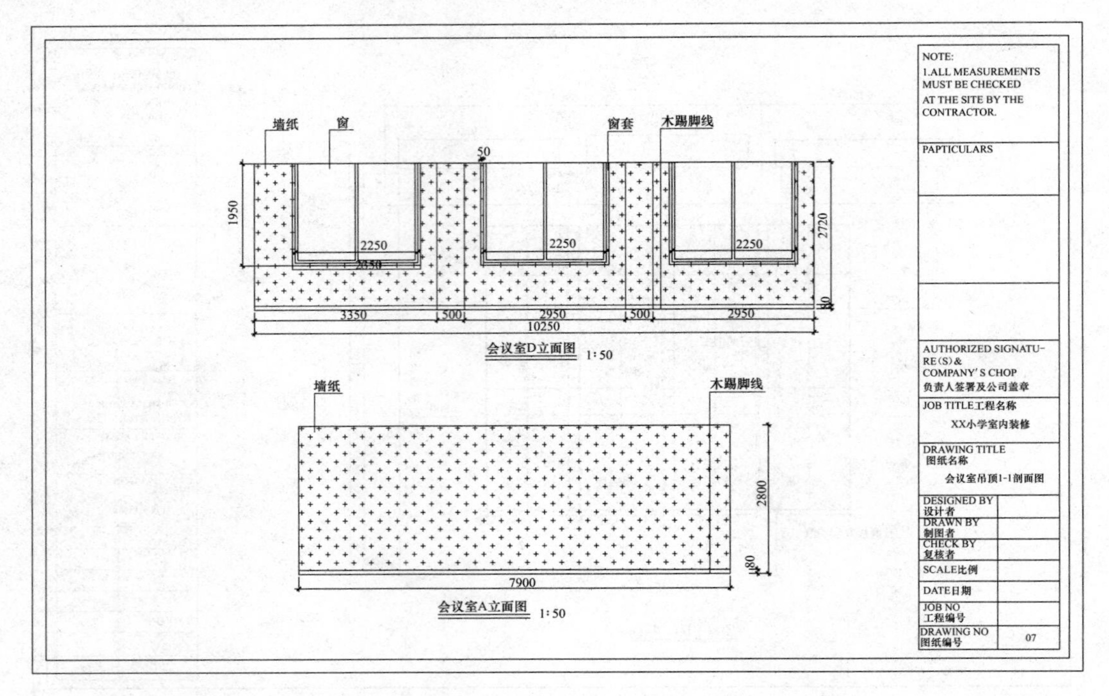

图 3-42 A、D立面图

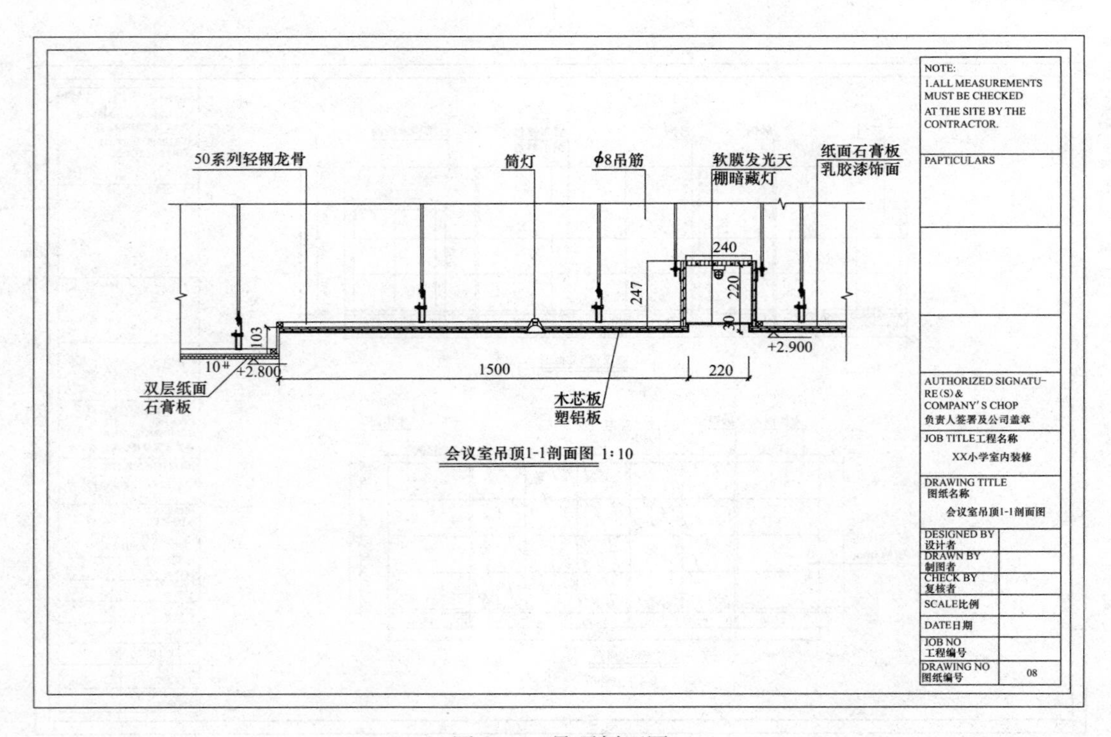

图 3-43 吊顶剖面图

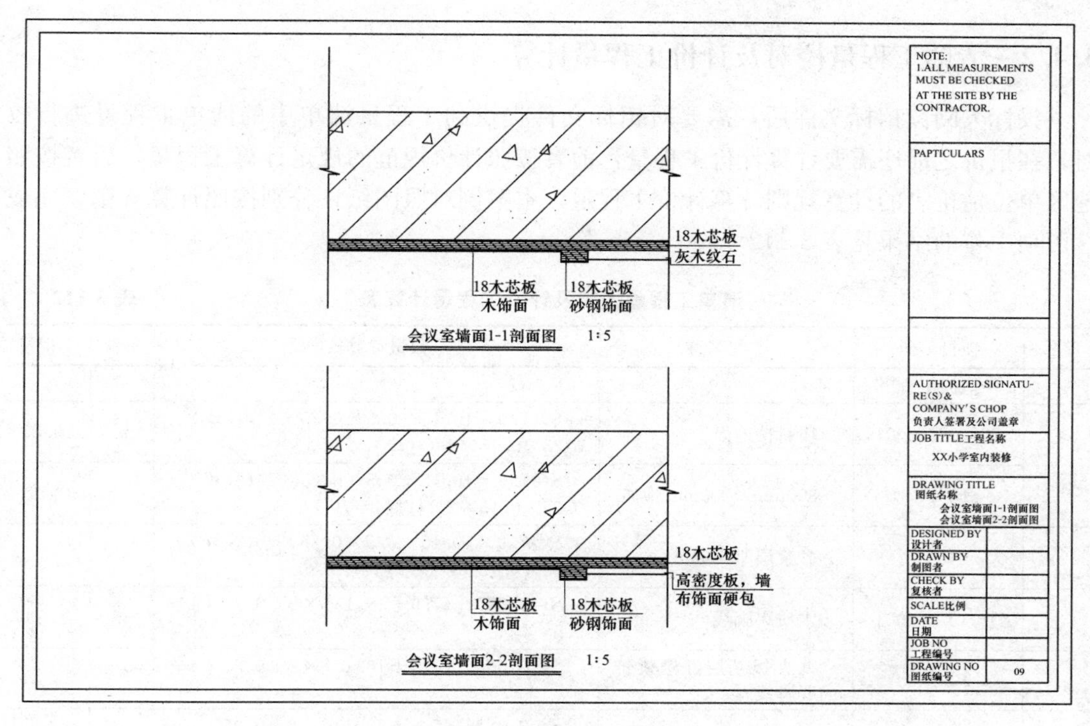

图 3-44 墙面剖面图

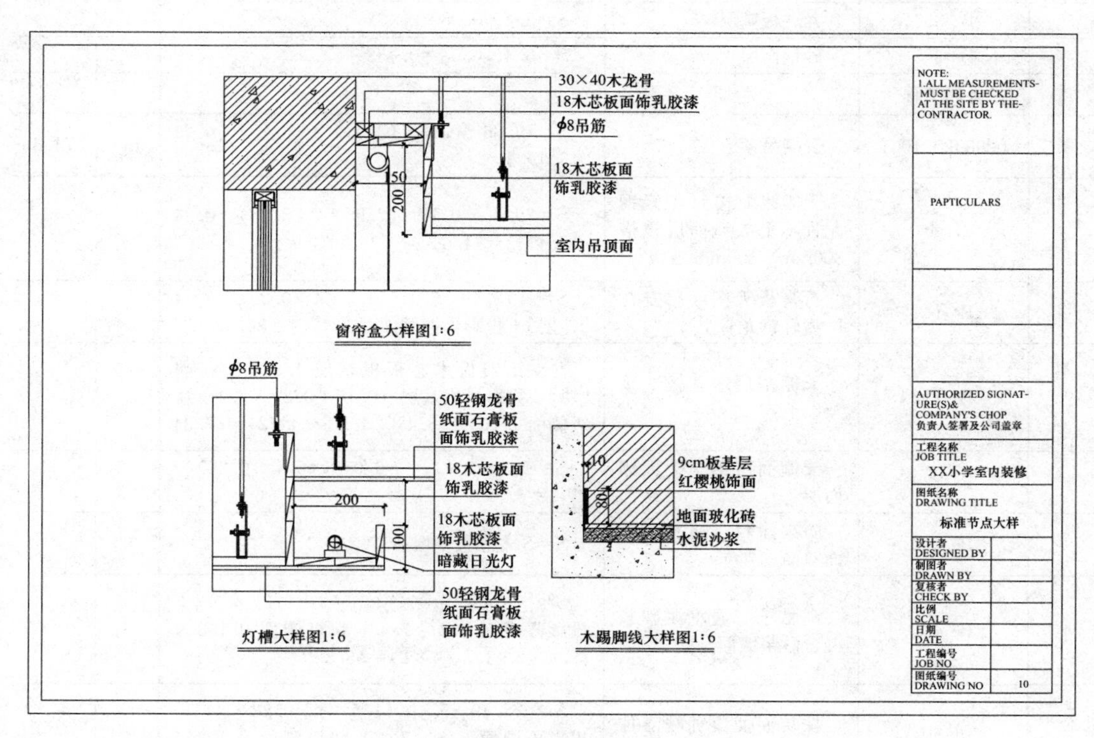

图 3-45 大样图

3.4.2 清单工程量校对及计价工程量计算

投标人阅读招标文件后，需要对招标文件提供的工程量清单中的清单工程量进行校对，在报价之前还需要计算计价工程量，前者按照计价规范的规定计算工程量，后者按照地区单位估价表的计算规则计算计价工程量。本案例对照图纸，分别按照计算规则，完成这两项工作的结果见表3-112。

清单工程量校对及计价工程量计算表　　表3-112

序号	项目编码	工程名称	数量计算式	单位	工程量
一	地面工程				
1	020102002001	块料楼地面	S=7.9×10.15−0.5×0.25×2（柱垛）−0.25×0.15×2（柱垛）	m²	79.86
	B1-142	800mm×800mm地砖	S=7.9×10.15−0.5×0.25×2（柱垛）−0.25×0.15×2（柱垛）=79.86		
	B1-19	砂浆层厚10mm	S=7.9×10.15−0.5×0.25×2（柱垛）−0.25×0.15×2（柱垛）=79.86		
2	020105006001	木质踢脚线	S=0.08×[(7.9+10.15)×2+0.25×4−5.5]	m²	2.53
	B1-253	九夹板基层红樱桃饰面踢脚线	S=0.08×[(7.9+10.15)×2+0.25×4−5.5]=2.528		
	B6-100	木质踢脚线硝基漆	S=0.08×[(7.9+10.15)×2+0.25×4−5.5]=2.528		
3	020105007001	金属踢脚线	S=5.4×0.08	m²	0.43
	B2-337	九夹板基层	S=5.4×0.08=0.432		
	B2-385	砂钢面层	S=5.4×0.08=0.432		
二	天棚工程				
4	020302001001	天棚吊顶	S=79.86−0.15×(2.95×2+3.25)−0.24×5.4×3	m²	74.6
	B4-40	天棚装配式U型轻钢龙骨不上人型面层规格300mm×300mm二级	S=79.86−0.15×(2.95×2+3.25)−0.24×5.4×3=74.6		
	B4-134	石膏板天棚面层安在U型轻钢龙骨上	S=[78.49−5.4×(1.5×4+0.22×3)]×2[层]+投影幕槽侧面0.2×7.4=86.53		
	B4-112	天棚基层木芯板二级及以上	S=铝塑板木芯板板基层1.5×5.4×4[块]+投影槽木基层(0.15+0.2)×7.4+跌级侧面0.103×(5.4×2+1.5×4×2)=37.34		
	B4-129	天棚面层铝塑板天棚面层	S=1.5×5.4×4+0.03×(5.4+0.22)×2×3=33.41		
	B6-202	防火涂料二遍基层板面双面	S=S木芯板基层=37.34		
	B6-425	刮腻子二遍水泥砂浆混合砂浆墙面	S=[78.49−5.4×(1.5×4+0.22×3)]+投影幕槽面0.2×7.4+跌级侧面0.103×(5.4×2+1.5×4×2)=46.35		
	B6-306	抹灰面油漆乳胶漆抹灰面三遍	S=[78.49−5.4×(1.5×4+0.22×3)]+投影幕槽面0.2×7.4+跌级侧面0.103×(5.4×2+1.5×4×2)=46.35		

续表

序号	项目编码	工程名称	数量计算式	单位	工程量
二	天棚工程				
5	020303001001	灯带	S=0.24×5.4×3	m^2	3.89
	B6-202	防火涂料二遍	S=0.24×5.4×3+0.247×(5.4+0.278)×2×3=12.3		
	B4-200 换	天棚灯槽 H=400mm 以内	L=5.4×3=16.2	m	
6	020303002001	送筒灯	26	个	26
	B4-199	天棚筒灯孔	26		
三	墙面工程				
7	020207001001	装饰板墙面	S=5.4×2.72	m^2	14.69
	B2-346	木芯板贴在无龙骨基层面墙面墙裙	S=5.4×2.8=15.12		
	B6-202	防火涂料二遍	S=5.4×2.8=15.12		
	B2-352	密度板铺在板龙骨面墙面墙裙	S=5.4×2.72=14.69		
	B2-395	柱、墙饰面层墙布	S=5.4×2.72=14.69		
8	020207001002	装饰板墙面	S=4.8×2.92	m^2	14.02
	B2-346	木芯板贴在无龙骨基层面墙面墙裙	S=4.8×3=14.4		
	B6-202	防火涂料二遍	S=4.8×3=14.4		
	B2-154	镶贴粘贴花岗岩（干粉型胶粘剂贴）墙面	S=4.8×2.92=14.02		
9	020207001003	装饰板墙面	S=[B立面] 2.4×2.8×2−0.8×2−1.5×2+[C立面] 2.4×2.8×2−0.8×2−1.5×2	m^2	17.68
	B2-346	木芯板贴在无龙骨基层面墙面墙裙	S=[B立面] 2.4×2.8×2−0.8×2−1.5×2+[C立面] 2.4×2.8×2−0.8×2−1.5×2=17.68		
	B6-202	防火涂料二遍	S=[B立面] 2.4×2.8×2−0.8×2−1.5×2+[C立面] 2.4×2.8×2−0.8×2−1.5×2=17.68		
	B2-338	红樱桃板墙面墙裙	S=[B立面] 2.4×2.8×2−0.8×2−1.5×2+[C立面] 2.4×2.8×2−0.8×2−1.5×2=17.68		
	B6-100	润油粉、刮腻子、硝基清漆、磨退出亮其他木材面	S=[B立面] 2.4×2.8×2−0.8×2−1.5×2+[C立面] 2.4×2.8×2−0.8×2−1.5×2=17.68		
四	门窗工程				
10	020408001001	木窗帘盒	L=3.25+2.95×2	m	9.15
	B5-343 换	窗帘盒木芯板双轨明式	L=3.25+2.95×2=9.15		
	B6-425	刮腻子二遍水泥砂浆混合砂浆墙面	S=(0.15+0.2)×(2.95×2+3.25)=3.2	m^2	
	B6-306	抹灰面油漆乳胶漆抹灰面三遍	S=(0.15+0.2)×(2.95×2+3.25)=3.2		
11	020407004001	门窗木贴脸	S=27×0.05	m^2	1.35

续表

序号	项目编码	工程名称	数量计算式	单位	工程量
四	门窗工程				
	B5-329	门窗贴脸宽 60～80mm	L=(2.35+2.15)×2×3=27	m	
	B6-100	润油粉、刮腻子、硝基清漆、磨退出亮其他木材面	S=27×0.05=1.35		
12	020407001001	木门窗套	S=0.083×(2.25+2.15)×2×3	m^2	2.19
	B5-323	门窗套（无骨架）木芯板外贴榉木板	S=0.083×(2.25+2.15)×2×3=2.19		
	B6-100	润油粉、刮腻子、硝基清漆、磨退出亮其他木材面	S=0.083×(2.25+2.15)×2×3=2.19		
13	020401005001	夹板装饰门	1	樘	1
	B5-234 换	实心门装饰夹板门平面拼花	S=0.8×2=1.6		
	B6-97	润油粉、刮腻子、硝基清漆、磨退出亮单层木门	S=0.8×2×0.49（系数）=0.784		
14	020401005002	夹板装饰门	1	樘	1
	B5-234 换	实心门装饰夹板门平面拼花	S=1.5×2=3		
	B6-97	润油粉、刮腻子、硝基清漆、磨退出亮单层木门	S=1.5×2×0.49（系数）=1.47		
五	裱糊工程				
15	020509001001	墙纸裱糊	S=10.25×(2.8+0.2−0.08)−[窗户]2.35×2.15×3+0.25×(2.8+0.2−0.08)×4	m^2	17.69
	B6-425	刮腻子二遍水泥砂浆混合砂浆墙面	S=10.25×(2.8+0.2−0.08)−[窗户]2.35×2.15×3+0.25×(2.8+0.2−0.08)×4=17.69		
	B6-430	墙面贴装饰纸墙纸对花	S=10.25×(2.8+0.2−0.08)−[窗户]2.35×2.15×3+0.25×(2.8+0.2−0.08)×4=17.69		
六	其他工程				
16	020604001001	金属装饰线		m	5.6
	B7-132	木质装饰线条，宽度50mm以内	L=5.4		
	B7-127	压条、装饰线条、金属条、镜面不锈钢装饰线，60mm以内	L=5.4		
	措施项目费				
	B9-1	垂直运输	同地面 79.86	m^2	

3.4.3 投标报价文件的编制

当清单工程量校对完成，答疑结束后，投标方根据企业实力竞争报价，形成投标报价文件。现以××小学会议室装修工程投标报价书作为示例。

××小学会议室装修工程投标报价书

招　标　人：　××学校

工 程 名 称：　××小学会议室装修工程

投标总价(小写)：　68，816.32 元

　　　　(大写)：　陆万捌仟捌佰壹拾陆元叁角贰分

投　标　人：＿＿＿＿＿＿＿＿＿＿

（单位盖章）

法定代表人
或其授权人：＿＿＿＿＿＿＿＿＿＿

（签字或盖章）

编　制　人：＿＿＿＿＿＿＿＿＿＿

（造价人员签字盖专用章）

编 制 时 间：＿＿＿＿＿＿＿＿＿＿

单位工程投标报价汇总表

工程名称：××小学会议室装修工程　　　　标段：　　　　第 1 页 共 1 页

序号	项目名称	金额	其中：暂估价（元）
一	分部分项工程费	58456.55	
1.1	一、地面工程	18866.91	
1.2	二、天棚工程	17408.05	
1.3	三、墙面工程	16309.83	
1.4	四、门窗工程	3748.71	
1.5	五、裱糊工程	1998.79	
1.6	六、其他工程	124.26	
1.6.1	其中：人工费	7369.82	
1.6.2	其中：机械费	194.39	
二	施工措施费合计	1209.23	
2.1	施工技术措施费	320.47	
2.1.1	其中：人工费		
2.1.2	其中：机械费	266.28	
2.2	施工组织措施费	888.76	
2.2.1	安全文明施工费	739.98	
2.2.2	其他组织措施费	148.78	
三	其他项目费		
3.1	其中：人工费		
3.2	其中：机械费		
四	规费	1393.82	
五	安全技术服务费	73.27	
六	税前包干项目		
七	人工费调整	5233.6	
八	税金	2449.85	
九	税后包干项目		
十	设备费		
十一	含税工程造价	68816.32	
合计		68，816.32	0.00

分部分项工程量清单计价表

工程名称：××小学会议室装修工程

序号	项目编码	项目名称	项目特征	计量单位	工程数量	金额（元）		
						综合单价	合价	其中：暂估价
		一、地面工程						
1	020102002001	块料楼地面	30mm 厚水泥砂浆粘贴 800mm×800mm 玻化砖	m^2	79.86	226.72	18105.86	
2	020105006001	木质踢脚线	九夹板基层，红樱桃木饰面，硝基漆	m^2	2.53	235.03	594.63	
3	020105007001	金属踢脚线	九夹板基层，砂钢饰面	m^2	0.43	387.02	166.42	
		分部小计					18866.91	
		二、天棚工程						
4	020302001001	天棚吊顶	轻钢龙骨二级吊顶：四周双面石膏板，中间 18mm 木芯板基层铝塑板饰面；木基层防火涂料；石膏板面乳胶漆，腻子两遍，乳胶漆三遍	m^2	74.6	190.97	14246.36	
5	020303001001	灯带	木芯板基层，木芯板防火处理，木芯板腻子两遍，乳胶漆三遍。发光软膜饰面	m^2	3.89	799.34	3109.43	
6	020303002001	送风口、回风口	筒灯孔	个	26	2.01	52.26	
		分部小计					17408.05	
		三、墙面工程						
7	020207001001	装饰板墙面	布面硬包：18mm 厚木芯板基层，9mm 厚密度板，布面；木基层防火涂料	m^2	14.69	175.04	2571.34	
8	020207001002	装饰板墙面	18mm 厚木芯板基层，干粉剂粘贴灰木纹石材，石材倒小斜角	m^2	14.02	671.29	9411.49	
9	020207001003	装饰板墙面	墙面 18mm 厚木芯板基层。红樱桃木饰面。木基层防火涂料。饰面板硝基漆	m^2	17.68	244.74	4327	
		分部小计					16309.83	
		四、门窗工程						
10	020408001001	木窗帘盒	18mm 木芯板基层；腻子两道，乳胶漆三遍	m	9.15	97.09	888.37	
	本页小计						53473.16	

续表

序号	项目编码	项目名称	项目特征	计量单位	工程数量	金额（元）		
						综合单价	合价	其中：暂估价
11	020407004001	门窗木贴脸	50mm宽红樱桃木贴脸线条，硝基漆饰面	m^2	1.35	466.9	630.32	
12	020407001001	木门窗套	九夹板木芯板基层，红樱桃木饰面，硝基漆	m^2	2.19	301.68	660.68	
13	020401005001	夹板装饰门	双层木芯板基层，靠室外一面红樱桃饰面，硝基漆饰面门尺寸宽800mm×高2000mm	樘	1	545.86	545.86	
14	020401005002	夹板装饰门	双层木芯板基层，靠室外一面红樱桃饰面，硝基漆饰面门尺寸宽1500mm×高2000mm	樘	1	1023.48	1023.48	
		分部小计					3748.71	
		五、裱糊工程						
15	020509001001	墙纸裱糊	腻子两遍，封底漆，裱糊墙纸	m^2	17.69	112.99	1998.79	
		分部小计					1998.79	
		六、其他工程						
16	020604001001	金属装饰线	墙面50mm宽木芯板基层，砂钢条收边	m	5.6	22.19	124.26	
		分部小计					124.26	
本页小计							4983.39	
合计							58456.55	

工程量清单综合单价分析表（一）

工程名称：××小学会议室装修工程

项目编码		020102002001		项目名称		块料楼地面				计量单位	m²
清单综合单价组成明细		清单综合单价组成明细									
定额编号	定额名称	定额单位	数量	单价（元）				合价（元）			
				人工费	材料费	机械费	管理费和利润	人工费	材料费	机械费	管理费和利润
B1-142	陶瓷地砖楼地面周长3200mm以内	100m²	0.7986	1335.96	19302	48.1	1314.34	1066.9	15415	38.41	1049.63
B1-19换	找平层水泥砂浆混凝土或硬基层上厚度20mm实际厚度（mm）：10	100m²	0.7986	229.26	359.12	14.14	68.74	183.09	286.8	11.29	54.9
人工单价（元/工日）		小计						1249.98	15702	49.7	1104.53
普工	技工	未计价材料费									
42	48	清单项目综合单价						226.72			
材料费明细	主要材料名称、规格、型号					单位	数量	单价（元）	合价（元）	暂估单价（元）	暂估合价（元）
	零星材料					元	0.4739	1	0.47		
	陶瓷地面砖 800mm×800mm					m²	1.04	179	186.2		
	其他材料费							—	9.98	—	
	材料费小计							—	196.6	—	

工程量清单综合单价分析表（二）

工程名称：××小学会议室装修工程

项目编码		020105006001		项目名称		木质踢脚线				计量单位	m²
清单综合单价组成明细		清单综合单价组成明细									
定额编号	定额名称	定额单位	数量	单价（元）				合价（元）			
				人工费	材料费	机械费	管理费和利润	人工费	材料费	机械费	管理费和利润
B1-253	木地板、复合地板直线形木踢脚线榉木夹板	100m²	0.0253	1865.4	8702.4	16	848.44	47.19	220.2	0.4	21.47
B6-100	润油粉、刮腻子、硝基清漆、磨退出亮其他木材面	100m²	0.0253	4618.14	6181.8		1270.51	116.84	156.4		32.14
人工单价（元/工日）		小计						164.03	376.6	0.4	53.61

续表

普工	技工	未计价材料费					
42	48	清单项目综合单价		235.03			
材料费明细	主要材料名称、规格、型号	单位	数量	单价（元）	合价（元）	暂估单价（元）	暂估合价（元）
	零星材料	元	2.2674	1	2.27		
	硝基清漆	kg	0.5921	50	29.61		
	硝基稀释剂	kg	1.385	21.94	30.39		
	其他材料费			—	86.58	—	
	材料费小计			—	148.8	—	

工程量清单综合单价分析表（三）

工程名称：××小学会议室装修工程

项目编码		020105007001		项目名称		金属踢脚线				计量单位	m^2
清单综合单价组成明细		清单综合单价组成明细									
定额编号	定额名称	定额单位	数量	单价（元）				合价（元）			
				人工费	材料费	机械费	管理费和利润	人工费	材料费	机械费	管理费和利润
B2-337	柱、墙夹板、卷材基层九夹板其他面	$100m^2$	0.0043	1661.1	2604.1	226.15	523.38	7.14	11.2	0.97	2.25
B2-385	柱、墙饰面层不锈钢面板柱帽、柱脚及其他	$100m^2$	0.0043	1785	29937		1964.9	7.68	128.7		8.45
人工单价（元/工日）		小计						14.82	139.9	0.97	10.7
普工	技工	未计价材料费									
42	48	清单项目综合单价						387.02			

材料费明细	主要材料名称、规格、型号	单位	数量	单价（元）	合价（元）	暂估单价（元）	暂估合价（元）
	零星材料	元	4.1072	1	4.11		
	其他材料费			—	321.3	—	
	材料费小计			—	325.4	—	

工程量清单综合单价分析表（四）

工程名称：××小学会议室装修工程

项目编码		020302001001		项目名称		天棚吊顶			计量单位		m²
清单综合单价组成明细		清单综合单价组成明细									
定额编号	定额名称	定额单位	数量	单价（元）				合价（元）			
				人工费	材料费	机械费	管理费和利润	人工费	材料费	机械费	管理费和利润
B4-40	天棚装配式U形轻钢龙骨不上人型面层规格300mm×300mm二级及以上	100m²	0.746	1130.52	5733.2		536.79	843.37	4277		400.45
B4-134	天棚面层石膏板天棚面层安在U形轻钢龙骨上	100m²	0.8653	569.52	1086.9		174.05	492.81	940.5		150.61
B4-112	天棚基层木芯板二级及以上	100m²	0.3734	696.66	6576.2	8.89	495.4	260.13	2456	3.32	184.98
B4-129	天棚面层铝塑板天棚面层贴在龙骨底	100m²	0.3341	711.9	7550.7		548.84	237.85	2523		183.37
B6-202	防火涂料二遍基层板面双面	100m²	0.3734	548.7	596.92		143.6	204.88	222.9		53.62
B6-425	涂料、裱糊喷（刷）涂料刮腻子二遍水泥砂浆混合砂浆墙面	100m²	0.4635	206.64	103.07		47.57	95.78	47.77		22.05
B6-306	抹灰面油漆乳胶漆抹灰面三遍	100m²	0.4635	573.12	669.07		152.43	265.64	310.1		70.65
人工单价（元/工日）		小计						2400.46	10777	3.32	1065.72
普工	技工	未计价材料费									
42	48	清单项目综合单价						190.97			
材料费明细	主要材料名称、规格、型号				单位	数量	单价（元）	合价（元）	暂估单价（元）	暂估合价（元）	
	零星材料				元	19.6336	1	19.63			
	轻钢大龙骨 $h45$				m	1.8637	6.93	12.92			
	轻钢小龙骨 $h19$				m	2.0041	3.96	7.94			

续表

	主要材料名称、规格、型号	单位	数量	单价（元）	合价（元）	暂估单价（元）	暂估合价（元）
材料费明细	轻钢中龙骨 h19	m	1.7485	3.96	6.92		
	轻钢中龙骨横撑 h19	m	1.9733	3.96	7.81		
	石膏板	m^2	1.2179	8.95	10.9		
	木芯板 δ18	m^2	0.6428	48	30.85		
	铝塑板	m^2	0.4702	71	33.38		
	防火涂料	kg	0.1947	14	2.73		
	其他材料费			—	11.42	—	
	材料费小计			—	144.5	—	

工程量清单综合单价分析表（五）

工程名称：××小学会议室装修工程

项目编码		020303001001		项目名称		灯带				计量单位	m^2
清单综合单价组成明细		清单综合单价组成明细									
定额编号	定额名称	定额单位	数量	单价（元）				合价（元）			
				人工费	材料费	机械费	管理费和利润	人工费	材料费	机械费	管理费和利润
B6-202	防火涂料二遍基层板面双面	$100m^2$	0.123	548.7	596.92		143.6	67.49	73.42		17.66
B4-200换	天棚灯槽明灯带平顶灯带 $H=400$mm 以内	$100m^2$	0.162	1518.72	15455	87.8	1153.77	246.03	2504	14.22	186.91
人工单价（元/工日）		小计						313.52	2577	14.22	204.57
普工	技工	未计价材料费									
42	48	清单项目综合单价						799.34			

	主要材料名称、规格、型号	单位	数量	单价（元）	合价（元）	暂估单价（元）	暂估合价（元）
材料费明细	零星材料	元	3.4458	1	3.45		
	轻钢中龙骨 h19	m	16.4915	3.96	65.31		
	木芯板 δ18	m^2	4.4977	48	215.9		
	防火涂料	kg	1.23	14	17.22		
	发光软膜	m^2	1.4992	240	359.8		
	其他材料费			—	0.83	—	
	材料费小计			—	662.5	—	

工程量清单综合单价分析表（六）

工程名称：××小学会议室装修工程

项目编码		020303002001		项目名称		送风口、回风口				计量单位	个
清单综合单价组成明细		清单综合单价组成明细									
定额编号	定额名称	定额单位	数量	单价（元）				合价（元）			
				人工费	材料费	机械费	管理费和利润	人工费	材料费	机械费	管理费和利润
B4-199	天棚灯槽筒灯孔	10个	2.6	9.54	8	0.17	2.41	24.8	20.8	0.44	6.27
人工单价（元/工日）		小计						24.8	20.8	0.44	6.27
普工	技工	未计价材料费									
42	48	清单项目综合单价						2.01			
材料费明细	主要材料名称、规格、型号					单位	数量	单价（元）	合价（元）	暂估单价（元）	暂估合价（元）
	零星材料					元	0.008	1	0.01		
	其他材料费							—	0.79	—	
	材料费小计							—	0.8	—	

工程量清单综合单价分析表（七）

工程名称：××小学会议室装修工程

项目编码		020207001001		项目名称		装饰板墙面				计量单位	m^2
清单综合单价组成明细		清单综合单价组成明细									
定额编号	定额名称	定额单位	数量	单价（元）				合价（元）			
				人工费	材料费	机械费	管理费和利润	人工费	材料费	机械费	管理费和利润
B2-346	柱、墙夹板、卷材基层木芯板贴在无龙骨基层面墙面墙裙	$100m^2$	0.1512	569.52	5674.3		419.48	86.11	858		63.43
B6-202	防火涂料二遍基层板面双面	$100m^2$	0.1512	548.7	596.92		143.6	82.96	90.25		21.71
B2-352	柱、墙夹板、卷材基层密度板铺在板龙骨面墙面墙裙	$100m^2$	0.1469	854.28	1393.6	29.63	254.43	125.49	204.7	4.35	37.38
B2-395	柱、墙饰面层贴丝绒墙面、墙裙	$100m^2$	0.1469	731.34	5606.9		448.8	107.43	823.7		65.93
人工单价（元/工日）		小计						402	1977	4.35	188.44
普工	技工	未计价材料费									
42	48	清单项目综合单价						175.04			

续表

	主要材料名称、规格、型号	单位	数量	单价（元）	合价（元）	暂估单价（元）	暂估合价（元）
材料费明细	零星材料	元	4.3941	1	4.39		
	防火涂料	kg	0.4004	14	5.61		
	木芯板δ15	m²	1.0807	48	51.87		
	布面料	m²	1.12	45	50.4		
	其他材料费			—	22.28	—	
	材料费小计			—	134.6	—	

工程量清单综合单价分析表（八）

工程名称：××小学会议室装修工程

项目编码	020207001002	项目名称	装饰板墙面	计量单位	m²

定额编号	定额名称	定额单位	数量	单价 人工费	单价 材料费	单价 机械费	单价 管理费和利润	合价 人工费	合价 材料费	合价 机械费	合价 管理费和利润
B2-346	柱、墙夹板、卷材基层木芯板贴在无龙骨基层面墙面墙裙	100m²	0.144	569.52	5674.3		419.48	82.01	817.1		60.41
B6-202	防火涂料二遍基层板面双面	100m²	0.144	548.7	596.92		143.6	79.01	85.96		20.68
B2-154	镶贴粘贴花岗石（干粉型胶粘剂贴）墙面	100m²	0.1402	2717.04	52777	75.56	3391.85	380.93	7399	10.59	475.54
人工单价（元/工日）			小计					541.95	8302	10.59	556.62
普工	技工		未计价材料费								
42	48		清单项目综合单价					671.29			

	主要材料名称、规格、型号	单位	数量	单价（元）	合价（元）	暂估单价（元）	暂估合价（元）
材料费明细	零星材料	元	4.1653	1	4.17		
	防火涂料	kg	0.3995	14	5.59		
	木芯板δ15	m²	1.0785	48	51.77		
	干粉型胶粘剂	kg	6.842	4.49	30.72		
	灰木纹	m²	1.02	480	489.6		
	其他材料费			—	10.33	—	
	材料费小计			—	592.2	—	

工程量清单综合单价分析表（九）

工程名称：××小学会议室装修工程

项目编码		020207001003		项目名称		装饰板墙面				计量单位	m^2
清单综合单价组成明细				清单综合单价组成明细							
定额编号	定额名称	定额单位	数量	单价（元）				合价（元）			
				人工费	材料费	机械费	管理费和利润	人工费	材料费	机械费	管理费和利润
B2-346	柱、墙夹板、卷材基层木芯板贴在无龙骨基层面墙面墙裙	$100m^2$	0.1768	569.52	5674.3		419.48	100.69	1003		74.16
B6-202	防火涂料二遍基层板面双面	$100m^2$	0.1768	548.7	596.92		143.6	97.01	105.5		25.39
B2-338	柱、墙夹板、卷材基层红樱桃板墙面墙裙	$100m^2$	0.1768	854.28	3136.4	98.26	361.64	151.04	554.5	17.37	63.94
B6-100	润油粉、刮腻子、硝基清漆、磨退出亮其他木材面	$100m^2$	0.1768	4618.14	6181.8		1270.51	816.49	1093		224.63
人工单价（元/工日）			小计					1165.23	2756	17.37	388.12
普工	技工	未计价材料费									
42	48	清单项目综合单价						244.74			
材料费明细	主要材料名称、规格、型号					单位	数量	单价（元）	合价（元）	暂估单价（元）	暂估合价（元）
	零星材料					元	8.4417	1	8.44		
	硝基清漆					kg	0.5921	50	29.61		
	硝基稀释剂					kg	1.385	21.94	30.39		
	防火涂料					kg	0.389	14	5.45		
	木芯板 $\delta 15$					m^2	1.05	48	50.4		
	红樱桃板 $\delta 3$					m^2	1.05	24	25.2		
	其他材料费							—	6.41	—	
	材料费小计							—	155.9	—	

工程量清单综合单价分析表（十）

工程名称：××小学会议室装修工程

项目编码		020408001001		项目名称		木窗帘盒				计量单位	m
清单综合单价组成明细		清单综合单价组成明细									
定额编号	定额名称	定额单位	数量	单价（元）				合价（元）			
				人工费	材料费	机械费	管理费和利润	人工费	材料费	机械费	管理费和利润
B5-343换	窗帘盒木芯板双轨明式	100m	0.0915	1822.44	5437.6	976.04	860.4	166.75	497.5	89.31	78.73
B6-425	涂料、裱糊喷（刷）涂料刮腻子二遍水泥砂浆混合砂浆墙面	100m²	0.032	206.64	103.07		47.57	6.61	3.3		1.52
B6-306	抹灰面油漆乳胶漆抹灰面三遍	100m²	0.032	573.12	669.07		152.43	18.34	21.41		4.88
人工单价（元/工日）		小计						191.71	522.3	89.31	85.13
普工	技工	未计价材料费									
42	48	清单项目综合单价						97.09			
材料费明细	主要材料名称、规格、型号					单位	数量	单价（元）	合价（元）	暂估单价（元）	暂估合价（元）
	零星材料					元	18.6526	1	18.65		
	木芯板δ18					m²	0.547	48	26.26		
	其他材料费							—	12.17	—	
	材料费小计							—	57.08	—	

工程量清单综合单价分析表（十一）

工程名称：××小学会议室装修工程

项目编码		020407004001		项目名称		门窗木贴脸				计量单位	m²
清单综合单价组成明细		清单综合单价组成明细									
定额编号	定额名称	定额单位	数量	单价（元）				合价（元）			
				人工费	材料费	机械费	管理费和利润	人工费	材料费	机械费	管理费和利润
B5-329	门窗贴脸宽60～80mm	100m	0.27	94.92	1534.7		101.42	25.63	414.4		27.38
B6-100	润油粉、刮腻子、硝基清漆、磨退出亮其他木材面	100m²	0.0135	4618.14	6181.8		1270.51	62.34	83.45		17.15

续表

人工单价（元/工日）		小计	87.97	497.8		44.54
普工	技工	未计价材料费				
42	48	清单项目综合单价	466.9			

	主要材料名称、规格、型号	单位	数量	单价（元）	合价（元）	暂估单价（元）	暂估合价（元）
材料费明细	零星材料	元	11.8214	1	11.82		
	硝基清漆	kg	0.5921	50	29.61		
	硝基稀释剂	kg	1.385	21.94	30.39		
	其他材料费			—	296.9	—	
	材料费小计			—	368.8	—	

工程量清单综合单价分析表（十二）

工程名称：××小学会议室装修工程

项目编码		020407001001		项目名称		木门窗套				计量单位	m^2
清单综合单价组成明细		清单综合单价组成明细									
定额编号	定额名称	定额单位	数量	单价（元）				合价（元）			
				人工费	材料费	机械费	管理费和利润	人工费	材料费	机械费	管理费和利润
B5-323	门窗套（无骨架）木芯板外贴榉木板	$100m^2$	0.0219	3645.9	12962	45.2	1444.62	79.85	283.9	0.99	31.64
B6-100	润油粉、刮腻子、硝基清漆、磨退出亮其他木材面	$100m^2$	0.0219	4618.14	6181.8		1270.51	101.14	135.4		27.82
人工单价（元/工日）		小计						180.98	419.3	0.99	59.46
普工	技工	未计价材料费									
42	48	清单项目综合单价						301.68			

	主要材料名称、规格、型号	单位	数量	单价（元）	合价（元）	暂估单价（元）	暂估合价（元）
材料费明细	零星材料	元	4.8302	1	4.83		
	硝基清漆	kg	0.5921	50	29.61		
	硝基稀释剂	kg	1.385	21.94	30.39		
	木芯板 $\delta 18$	m^2	1.05	48	50.4		
	其他材料费			—	76.22	—	
	材料费小计			—	191.4	—	

工程量清单综合单价分析表（十三）

工程名称：××小学会议室装修工程

项目编码		020401005001		项目名称		夹板装饰门				计量单位	樘
清单综合单价组成明细		清单综合单价组成明细									
定额编号	定额名称	定额单位	数量	单价（元）				合价（元）			
				人工费	材料费	机械费	管理费和利润	人工费	材料费	机械费	管理费和利润
B5-234换	实心门装饰夹板门平面拼花	100m²	0.016	5339.22	16628	59.28	1988.2	85.43	266.1	0.95	31.81
B6-97	润油粉、刮腻子、硝基清漆、磨退出亮单层木门	100m²	0.0078	6394.02	12264		1957.29	50.13	96.15		15.35
人工单价（元/工日）		小计						135.56	362.2	0.95	47.16
普工	技工	未计价材料费									
42	48	清单项目综合单价						545.86			
材料费明细	主要材料名称、规格、型号					单位	数量	单价（元）	合价（元）	暂估单价（元）	暂估合价（元）
	零星材料					元	22.2461	1	22.25		
	硝基清漆					kg	0.9207	50	46.04		
	硝基稀释剂					kg	2.1544	21.94	47.27		
	木芯板 δ18					m²	3.52	48	169		
	其他材料费							—	77.72	—	
	材料费小计							—	362.2	—	

工程量清单综合单价分析表（十四）

工程名称：××小学会议室装修工程

项目编码		020401005002		项目名称		夹板装饰门				计量单位	樘
清单综合单价组成明细		清单综合单价组成明细									
定额编号	定额名称	定额单位	数量	单价（元）				合价（元）			
				人工费	材料费	机械费	管理费和利润	人工费	材料费	机械费	管理费和利润
B5-234换	实心门装饰夹板门平面拼花	100m²	0.03	5339.22	16628	59.28	1988.2	160.18	498.8	1.78	59.65
B6-97	润油粉、刮腻子、硝基清漆、磨退出亮单层木门	100m²	0.0147	6394.02	12264		1957.29	93.99	180.3		28.77

续表

人工单价（元/工日）		小计						254.17	679.1	1.78	88.42
普工	技工	未计价材料费									
42	48	清单项目综合单价						1023.48			
材料费明细	主要材料名称、规格、型号					单位	数量	单价（元）	合价（元）	暂估单价（元）	暂估合价（元）
	零星材料					元	41.7114	1	41.71		
	硝基清漆					kg	1.7262	50	86.31		
	硝基稀释剂					kg	4.0396	21.94	88.63		
	木芯板 δ18					m^2	6.6	48	316.8		
	其他材料费							—	145.7	—	
	材料费小计							—	679.1	—	

工程量清单综合单价分析表（十五）

工程名称：××小学会议室装修工程

项目编码		020509001001		项目名称		墙纸裱糊				计量单位	m^2
清单综合单价组成明细		清单综合单价组成明细									
定额编号	定额名称	定额单位	数量	单价（元）				合价（元）			
				人工费	材料费	机械费	管理费和利润	人工费	材料费	机械费	管理费和利润
B6-425	涂料、裱糊 喷（刷）涂料 刮腻子二遍水泥砂浆混合砂浆墙面	100m²	0.1769	206.64	103.07		47.57	36.55	18.23		8.42
B6-430	涂料、裱糊 裱糊墙面贴装饰纸墙纸对花	100m²	0.1769	1024.2	9216.1		701.49	181.18	1630		124.09
人工单价（元/工日）		小计						217.74	1649		132.51
普工	技工	未计价材料费									
42	48	清单项目综合单价						112.99			
材料费明细	主要材料名称、规格、型号					单位	数量	单价（元）	合价（元）	暂估单价（元）	暂估合价（元）
	零星材料					元	4.7222	1	4.72		
	墙纸					m^2	1.1579	75	86.84		
	其他材料费							—	1.63	—	
	材料费小计							—	93.19	—	

工程量清单综合单价分析表（十六）

工程名称：××小学会议室装修工程

项目编码		020604001001		项目名称		金属装饰线				计量单位	m
清单综合单价组成明细		清单综合单价组成明细									
定额编号	定额名称	定额单位	数量	单价（元）				合价（元）			
				人工费	材料费	机械费	管理费和利润	人工费	材料费	机械费	管理费和利润
B7-132	压条、装饰线条木质装饰线条宽度50mm以内	100m	0.056	155.4	283.03		46.77	8.7	15.85		2.62
B7-127	压条、装饰线条金属条镜面不锈钢装饰线60mm以内	100m	0.056	289.44	1315.1		129.27	16.21	73.65		7.24
人工单价（元/工日）		小计						24.91	89.5		9.86
	技工	未计价材料费									
	48	清单项目综合单价						22.19			
材料费明细	主要材料名称、规格、型号				单位	数量		单价（元）	合价（元）	暂估单价（元）	暂估合价（元）
	零星材料				元	0.3328		1	0.33		
	其他材料费							—	15.65	—	
	材料费小计							—	15.98	—	

措施项目清单计价表（一）

工程名称：××小学会议室装修工程

序号	项目名称	基数说明	费率（%）	金额（元）
1	安全防护费			418.93
1.1	装饰工程	装饰装修工程人工预算价＋装饰装修工程机械费（人工预算价）	5.35	418.93
2	文明施工与环境保护费			164.44
2.1	装饰工程	装饰装修工程人工预算价＋装饰装修工程机械费（人工预算价）	2.1	164.44
3	临时设施费			156.61
3.1	装饰工程	装饰装修工程人工预算价＋装饰装修工程机械费（人工预算价）	2	156.61
4	夜间施工			15.66
4.1	装饰工程	装饰装修工程人工预算价＋装饰装修工程机械费（人工预算价）	0.2	15.66

续表

序号	项目名称	基数说明	费率（%）	金额（元）
5	冬雨期施工增加费			31.32
5.1	装饰工程	装饰装修工程人工预算价＋装饰装修工程机械费（人工预算价）	0.4	31.32
6	生产工具用具使用费			90.05
6.1	装饰工程	装饰装修工程人工预算价＋装饰装修工程机械费（人工预算价）	1.15	90.05
7	工程定位、点交、场地清理			11.75
7.1	装饰工程	装饰装修工程人工预算价＋装饰装修工程机械费（人工预算价）	0.15	11.75
合计				888.76

措施项目清单计价表（二）

工程名称：××小学会议室装修工程

序号	项目编码	项目名称	项目特征	计量单位	工程量	金额（元）	
						综合单价	合价
1	1.1	脚手架		项	1		
2	1.2	垂直运输费		项	1	320.47	320.47
3	1.3	大型机械设备进出场及安拆费		项	1		
4	1.4	已完工程及设备保护费		项	1		
5	1.5	地上、地下设施、建筑物临时保护设施费		项	1		
6	1.6	其他		项	1		
本页小计							320.47
合计							320.47

规费、税金项目清单与计价表

工程名称：××小学会议室装修工程

序号	项目名称	计算基础	费率（%）	金额（元）
1	规费	工程排污费＋社会保障金＋住房公积金＋危险作业意外伤害保险＋园林规费		1393.82
1.1	工程排污费	以直接费为基数＋以人工机械和为基数		90.05
1.1.1	以人工机械和为基数	规费基数（人工机械预算价之和）	1.15	90.05
1.2	社会保障金	养老保险金＋失业保险金＋医疗保险金＋工伤保险金＋生育保险金		1025.79
1.2.1	养老保险金	以直接费为基数＋以人工机械和为基数		669.51
1.2.1.1	以人工机械和为基数	规费基数（人工机械预算价之和）	8.55	669.51
1.2.2	失业保险金	以直接费为基数＋以人工机械和为基数		66.56
1.2.2.1	以人工机械和为基数	规费基数（人工机械预算价之和）	0.85	66.56
1.2.3	医疗保险金	以直接费为基数＋以人工机械和为基数		195.76
1.2.3.1	以人工机械和为基数	规费基数（人工机械预算价之和）	2.5	195.76
1.2.4	工伤保险金	以直接费为基数＋以人工机械和为基数		62.64
1.2.4.1	以人工机械和为基数	规费基数（人工机械预算价之和）	0.8	62.64
1.2.5	生育保险金	以直接费为基数＋以人工机械和为基数		31.32
1.2.5.1	以人工机械和为基数	规费基数（人工机械预算价之和）	0.4	31.32
1.3	住房公积金	以直接费为基数＋以人工机械和为基数		262.32
1.3.1	以人工机械和为基数	规费基数（人工机械预算价之和）	3.35	262.32
1.4	危险作业意外伤害保险	以直接费为基数＋以人工机械和为基数		15.66
1.4.1	以人工机械和为基数	规费基数（人工机械预算价之和）	0.2	15.66
2	税金	分部分项工程费＋施工措施费合计＋其他项目费＋规费＋安全技术服务费＋税前包干项目＋人工费调整—税后包干人工费调整	3.6914	2449.85
		合计		3843.67

单位工程人材机分析表

工程名称：××小学会议室装修工程

序号	名称及规格	单位	数量	市场价（元）	合计（元）
一	人工				
1	普工	工日	43.6958	56	2446.96
2	技工	工日	103.9954	86	8943.6
3	高级技工	工日	9.0476	129	1167.14
	小计				12557.7
二	材料				
1	白水泥	kg	28.3976	0.6	17.04
2	水泥 32.5	kg	1170.2886	0.45	526.63

续表

序号	名称及规格	单位	数量	市场价（元）	合计（元）
二	材料				
3	中（粗）砂	m^3	3.0676	91	279.15
4	滑石粉	kg	24.5427	0.46	11.29
5	轻钢大龙骨 $h45$	m	139.032	6.93	963.49
6	轻钢小龙骨 $h19$	m	149.5059	3.96	592.04
7	轻钢中龙骨 $h19$	m	194.5901	3.96	770.58
8	轻钢龙骨	m	5.2	3.96	20.59
9	轻钢中龙骨横撑 $h19$	m	147.2082	3.96	582.94
10	灰木纹	m^2	14.3004	480	6864.19
11	石膏板	m^2	90.8565	8.95	813.17
12	铝塑板	m^2	35.0805	71	2490.72
13	陶瓷地面砖 800mm×800mm	m^2	83.0544	179	14866.74
14	乳胶漆	kg	21.4353	12	257.22
15	铁钉	kg	0.2161	6.92	1.5
16	射钉	百个	1.1563	32.67	37.78
17	泡沫塑料 $\delta30$	m^2	0.2826	13.83	3.91
18	布面料	m^2	16.4528	45	740.38
19	墙纸	m^2	20.4833	75	1536.25
20	水	m^3	0.7774	3.15	2.45
21	围条硬木	m^3	0.0129	1300	16.77
22	一等枋材	m^3	0.05	1800	90
23	榉木线条 20mm×10mm	m	24.9539	2.84	70.87
24	50mm 宽木芯板 50mm×18mm	m	5.88	2.4	14.11
25	半圆线 10mm×5mm	m	11.2586	0.5	5.63
26	阳角线 30mm×40mm	m	12.6212	5.35	67.52
27	阴角线 25mm×10mm	m	5.8333	2.4	14
28	装饰木条 80mm	m	28.62	14	400.68
29	杉木锯材	m^3	0.0526	1800	94.68
30	胶合板 $\delta3$	m^2	0.238	9.62	2.29
31	胶合板 $\delta9$	m^2	3.1295	19.94	62.4
32	红樱桃木板 $\delta3$	m^2	8.608	24	206.59
33	红樱桃板 $\delta3$	m^2	2.6565	24	63.76
34	红樱桃板 $\delta3$	m^2	18.564	24	445.54
35	中密度板 $\delta12$	m^2	15.4245	10.43	160.88
36	木芯板 $\delta15$	m^2	49.56	48	2378.88
37	木芯板 $\delta18$	m^2	82.8726	48	3977.88
38	吊筋	kg	24.618	4.2	103.4
39	方钢管 25mm×25mm×2.5mm	m	4.5655	20.62	94.14
40	酚醛清漆	kg	1.2383	11.76	14.56
41	硝基清漆	kg	16.7092	50	835.46

续表

序号	名称及规格	单位	数量	市场价（元）	合计（元）
二	材料				
42	硝基稀释剂	kg	39.0879	21.94	857.59
43	贴缝纸带	m	7.345	0.11	0.81
44	油漆溶剂油	kg	4.4043	6.53	28.76
45	聚醋酸乙烯乳液	kg	6.9221	15.82	109.51
46	乳胶	kg	11.6911	8.01	93.65
47	干粉型胶粘剂	kg	95.9248	4.49	430.7
48	胶粘剂	kg	0.4301	13.39	5.76
49	801胶	kg	6.724	2.6	17.48
50	XY401胶	kg	15.3636	18.48	283.92
51	万能胶	kg	3.9812	21.87	87.07
52	玻璃胶（350g）	支	0.3771	13.9	5.24
53	防火涂料	kg	37.6708	14	527.39
54	发光软膜	m^2	5.832	240	1399.68
55	素水泥浆	m^3	0.0799	481.95	38.51
56	零星材料	元	2142.391	1	2142.39
	小计				46846.6
三	配比材料				
1	水泥砂浆 1∶3	m^3	2.5997	290.06	754.07
2	水泥浆	m^3	0.0799	677.85	54.16
	小计				808.23
四	机械				
1	其他机械费	元	14.6656	1	14.67
2	单筒快速电动卷扬机带塔 20kN	台班	1.8524	143.75	266.28
3	手提砂轮切割机 ϕ150	台班	1.7779	11.37	20.21
4	安拆费及场外运费	元	11.9196	1	11.92
5	电	kW·h	73.9083	0.93	68.73
6	大修理费	元	1.9493	1	1.95
7	经常修理费	元	5.5663	1	5.57
8	人工	工日	1.2039	86	103.54
9	折旧费	元	13.5856	1	13.59
	小计				506.46
					59910.76

第4章　预算编制过程中常见问题与编制技巧

4.1　预算编制过程中常见的问题

4.1.1　未深入掌握定额计价与清单计价的区别与联系

对于初学者而言，往往将定额计价与清单计价混淆，编制预算时常常出现一些错误，只有理清两者的区别与联系才能够正确编制两种模式下的施工图预算和投标报价。

清单计价与定额计价是产生在不同历史年代的计价模式。定额计价是计划经济的产物，产生在新中国成立之初，一直沿用至今，是一种传统的计价模式。清单计价是市场经济的产物，产生在2003年，是以国家标准推行的新的计价模式。

定额计价法，亦称工料单价法，是指根据招标文件，按照省级建设行政主管部门发布的建设工程计价定额中的工程量计算规则，同时参照省级建设行政主管部门发布的人工工日单价、机械台班单价、材料和设备价格信息及同期市场价格，计算出直接工程费，按《××省建设工程措施项目计价办法》规定的计算方法计算措施费，再按《××省建设工程费用定额》计算出其他项目费、管理费、利润、规费和税金，汇总确定建筑安装工程造价的计价方法，也是我国传统的工程造价计价方法。

工程量清单计价法，亦称综合单价法，是指建设工程招标投标中，招标人按照国家统一的《建设工程工程量清单计价规范》GB 50500—2013规定，提供工程数量清单，由投标人依据工程量清单计算所需的全部费用，包括分部分项工程费、措施项目费、其他项目费、规费和税金，投标人自主报价，并按照经评审合理低价中标的工程造价计价模式。两者的区别见表4-1，相同点及联系见表4-2。

定额计价与清单计价的区别　　　　表4-1

不同点	定额计价	清单计价
定价理念	政府定价	企业自主报价 竞争形成价格
计价依据	政府建设行政主管部门发布的《消耗量（计价）定额》和《地区单位估价表》	国家标准《建设工程工程量清单计价规范》以及《企业定额》
费用内容	（1）直接工程费 （2）管理费 （3）利润 （4）措施项目费 （5）其他项目费 （6）规费 （7）税金	（1）分部分项工程费 （2）措施项目费 （3）其他项目费 （4）规费 （5）税金

续表

不同点	定额计价	清单计价
单价形式	直接工程费单价： 含人工费 材料费 机械费	综合单价： 含人工费 材料和工程设备费 施工机具使用费 企业管理费 利润和风险费
列项方式	只列定额项	既要列清单项、又要列定额项
工程量计算	只计算定额量	既要计算清单量、还要计算定额量
算量依据不同	定额计算规则	定额计算规则和清单规范中专业分项计算规则
预算编制步骤	(1) 读图 (2) 列项 (3) 算量 (4) 套价 (5) 计费	(1) 读图及读清单 (2) 清单组价—包含列清单项、列定额项、算定额量、计算综合单价 (3) 计费
表格形式	主要表格是： (1) 建安工程费用汇总表 (2) 直接工程费计算表 (3) 措施项目费汇总表 (4) 措施项目明细表 (5) 其他项目计价表	主要表格是： (1) 单位工程招标控制价汇总表 (2) 分部分项工程量清单与计价表 (3) 措施项目清单与计价表 (4) 综合单价分析表 (5) 措施项目分析表
实际操作上	(1) 投标人计算工程量，结果多样 (2) 投标人都套用统一的预算基价，结果在价格上几乎没有差异 (3) 按统一规定取费 (4) 现行“定额预算”，其项目一般是按照施工工序进行设置的，包括的工程内容一般是单一的，据此规定了相应的工程量计算规则	(1) 统一由招标人提供工程量清单，实现了同等条件下的公平竞争，在这种模式下，投标人也须计算工程量，但目的是发现差异，以利报价 (2) 自主报价，竞争的差异体现在价格上 (3) 以企业实际情况取费，有利于将竞争放在明处 (4) 工程量清单项目的划分，一般是以一个“综合实体”考虑的，一般包括了多项其他工作内容，据此也规定了相应工程量计算规则

定额计价与清单计价的相同点及联系　　**表 4-2**

相同点	定额计价	清单计价
使用施工图和工程量计算规则和核定工程量	√	√
需要使用定额确定实体消耗量	√	√
需要有一个社会平均水平的取费标准	√	√
材料价格可以随市场变化，但人工和机械台班价在一定时期内仍然要采用政府指导价	√	√
有相对统一的计费程序和计价格式	√	√

续表

联系
（1）计价模式上：两种计价模式都是建立在“定额”的平台上。实行清单计价不能取消定额，更应加强定额的应用
（2）工程计量上：目前无论是定额计价还是清单计价，“定额”始终是计价过程中最权威的参考，清单计价中计价工程量的计算离不开定额。定额规定的人、料、机消耗量对招、投标人工程招标报价都具有指导意义
（3）在工程计价上：无论是“直接工程费”，还是“分部分项工程费”，它们中的“人工费、材料费、机械费”实质上都一样，都是用“定额量”套用定额价（清单计价人、料、机是市场价，定额计价调整价差）产生的

4.1.2 不能正确识读施工图纸

要想又快又准地完成一份施工图预算的编制，首先必须具备较强的识图能力，看不懂图纸，预算是无法完成的。对于初学者而言，如果不能尽快熟悉施工图纸所表达的总体要求，熟悉装饰装修图纸的平面图、立面图、剖面图、节点大样图所表示的内容以及标准图集的查阅，理解施工图纸中各个构件的尺寸以及图纸中各个尺寸的关系，就会降低工作效率，影响预算编制的质量。

4.1.3 不能正确列项

无论是定额计价模式还是清单计价模式，列项是算量的基础，也是计价的基础。对于初学者而言，刚开始列项非常困难，原因就是：（1）识图能力弱，找不准分项工程，不会拆项和并项；（2）定额不熟悉、计价规范不熟悉，无从下手或者漏项或者多算；（3）清单计价与定额计价的有关规则混淆，列项容易出错，定额计价模式、清单计价模式列项不同点见表 4-3；（4）对招标文件的规定没有仔细阅读理解以至于漏项、错项；（5）对省、市、自治区造价相关文件理解不透也容易出现错项。

清单计价与定额计价模式列项区别　　表 4-3

不同点	定额模式	清单模式
列项依据	消耗量定额、招标文件、答疑纪要	计价规范、招标文件、答疑纪要
列项主体	投标人	招标人编制，投标人核对

4.1.4 不能正确计算工程量、套用定额及计取费用

无论是定额计价模式还是清单计价模式，不能正确算量的原因就是：（1）计算规则不熟悉，定额章节说明被忽略，如一玻一纱门刷油漆没有调整系数；（2）图纸识读能力弱，对各构件之间的关系缺乏想象力，无法正确算量。如踢脚线，算量时往往漏掉了柱侧的工程量，因为立面图上看不到全部，只有对应平面图才能看清整个踢脚线设计情况；（3）粗心大意，计算数据错误。

工程量计算完成后要进行定额套价，由于定额项目繁多，如果对定额项目包含内容理解不透彻，套用结果容易出错。

直接工程费计算完成后，要根据各省、市、自治区颁发的费用定额计取除直接工程费以外的其他的一些费用，如果对文件精神理解不深，计费也会出错。如管理费、规费等，其中规费是不可竞争费用，不能降低或减少。

4.1.5　不能正确完成综合单价组价

清单报价中综合单价的计算，需要通过定额分项组价来计算。根据清单项目的特征描述，一个清单项目可由一个或多个定额项目构成，如果对组价定额项目不熟悉，选用不同的定额项目进行报价，其结果是完全不同的。

4.2　编制施工图预算的经验与技巧

4.2.1　提高编制预算能力的经验

1. 提高识图能力

提高识图能力的方法有很多，对于初学者最有效的方法是多去工地，把施工图纸上表示的内容对照工程实体逐一确认，这种直观的学习效果很明显，不仅能够快速掌握图纸上的内容，而且对于预算列项也有帮助，列项时可以做到心中有数。

2. 反复翻阅定额并熟记于心

消耗量定额全面反映了分项工程的人工、材料、机械的使用情况，反映了分部分项工程的构造、施工工艺、施工内容等情况，地区单位估价表还反映了分项工程人、料、机的单价以及分项工程的单价，另外，定额的总说明、各章节说明都能够帮助我们准确确定分项工程的基价，而且工程量计算规则还能够帮助我们正确计算工程量，越熟悉定额，编制施工图预算就越快，也越能找到一些算量计价的规律。

3. 善于学习与总结并且不耻下问

对于初学者来说，多找一些已经中标的报价文件反复研究，学习别人的列项方法、算量技巧，然后自己列项算量，再与别人的文件核对，找到区别，总结经验，这样就能快速提高预算编制能力。另外，同行中有很多有经验的师傅，应该做到不耻下问，解决了每个不懂的问题就逐渐变得有经验了，预算也会越做越好。

4.2.2　做合格预算员的经验与技巧

预算员不仅要能编制出一份预算文件，还应具备多方面的能力，除了编制预算，还有工程结算、竣工结算、审计、工程造价鉴定等方面的工作。因此，需要不断总结实际操作过程中的经验与技巧。

1. 仔细收集各种工程需要的资料

（1）收集施工图纸、答疑、工程变更等资料

收集施工图纸及变更洽商资料，是编制工程预结算的重要基础。装饰装修工程可变性因素较多，部分工作内容施工图又无法表示，如厨房瓷砖墙角处装饰阳角线，往往预算没有考虑到这项费用，或者容易被编制人忽视，因此，预算员需要跟踪工程，准备好工程签证，以利于竣工结算。

（2）收集施工组织方案

施工组织方案是计算措施项目费的基础，有的施工企业开工前没有编制施工方案，或

者编了施工方案，但没有和建设单位取得实质上的联系，在施工过程中发生了额外的费用，需要双方协商解决，预算员收集的资料为以后竣工结算提供了依据。

(3) 收集人工、材料市场价

平时对厂商资料多积累，在投标过程中，预算员要勤于善于询价，这样才能做到报价合理、合适。在施工过程中，人工、材料价格是在不断变化的，结算时会有一些价差调整，预算员要熟悉合同，根据合同上对材料采购的约定进行调价准备。

(4) 收集同类型工程的资料

收集同类型的工程资料，尤其是类似工程中标的资料，资料中的一些数据，如相同的分项工程的报价，总承包服务费、管理费等都可作为编制新项目投标报价的参考资料。

(5) 收集招标人的想法

详细问询招标人的发包意图，并为招标人出谋划策，对图纸中不必要的功能进行取舍，对重复的投资进行删减，对优化设计方案提出建议，这样利于后期工程索赔。

(6) 收集与报价相关的预算文件、法律法规等

与报价相关的文件，如计价规范、消耗量定额、取费标准、建筑工程招标投标法、建筑工程施工发包与承包计价管理办法、建筑工程施工合同法等，这些直接关系到工程价款的计算、调整以及纠纷处理。一个合格的预算员的工作可能从工程投资到投产甚至延续到工程维护这一整个过程。研究透彻合同条款，仔细核算，可以控制工程成本。

2. 熟悉施工图纸

装饰装修施工图纸是编制施工图预算的重要依据，因此熟悉图纸至关重要，并且要仔细阅读理解各专业设计说明。一个合格的预算员只有把设计师的意图通过数字表达弄清楚，才能对整个工程做到胸有成竹，预算时才能做到不漏项、不错项，准确列项、算量，工程结算时合理调项、调量、调价。

一般的装饰装修工程图纸常常含有标准图集的内容，因此，熟悉标准图集，熟知施工图中一些常规做法，对于正确列项算量很有帮助。

算量时注意各个图纸之间的关系，尽量不要出现看错构件尺寸、计算数据错误。

算量时必须按照一定的顺序进行。常用的方法有施工顺序计算、定额项目的顺序计算、按先横后竖顺序计算、按照编号顺序计算、按照定位轴线编号计算，无论哪种计算，我们都要有针对性，通过分析图纸，找到适合本套图纸的计算顺序，这样就可以做到项目思路清晰明了。

对于一些没有施工图或图纸不全的小型零星工程，验收时应进行测量，预算员应该深入施工现场参加测量，以取得调整工程预算的依据，从而成功取得工程索赔款。

3. 准确套用定额子目

(1) 注意套用的项目名称和内容与施工图纸标准是否要求一致，其次要注意定额包含的工作内容，避免重复套用项目费用。

(2) 对于实际使用材料与定额不同时，在定额允许换算的范围内，按照定额材料库里对应的材料换算其定额材料及单价。

(3) 有些项目在定额中找不到，根据工程项目的具体情况，可以编制补充定额。

(4) 清单报价组价定额选择一定要恰当，避免报价错误。

4. 其他经验和技巧

（1）系统地管理预算资料

对于数量巨大的预算资料，要求预算员系统地进行管理。比如用多个文件盒，分类编号。一号是公司文件盒；二号为合同文件、招标文件、答疑文件、投标书、中标通知书及在合同签订前的所有双方来往的文字文件及公司对合同的分析文件；三号是分包的一系列文件资料；另外，还有变更洽商资料盒、对应洽商资料编号的预算资料盒、内部结算盒、施工期间甲乙双方来往的非变更洽商文件盒等。每一个盒中都要有手写目录，在工程完工后再行打印出来。对于双方来往的文件资料盒，要有台账，记录发文日期及签字等资料。

资料的整理与否，对预算人员影响很大。整齐的资料可以使预算人员在最短的时间内找到需要的资料，在第一时间完成任务，并且给人耳目一新的感觉。

（2）进行结算造价分析

每做一次预算最好作一次经济指标分析，以便为以后类似的项目作参考，来核查工程量及施工图预算的准确性。比如，在完成某项工程之后，把所有权重的材料单独分析出来，计算单方用量及单方成本并制作成表格形式。在以后的工作中，如遇到相同的工程，则可以根据此工程材料单价及目前市场单价很快计算出新工程的造价，准确率极高。对于结构形式等相近的工程，也可以根据这些造价分析计算出总造价。在实际工作中，多多积累这样的造价分析，在以后的工作中，不管是投标还是结算审核，都能做到准确与快速。

（3）总结适合自己的经验和技巧

不同工程的复杂性使编制施工图预算的工作充满了挑战，不同的预算员为快速完成任务总结了不同的经验和技巧，只有找到规律，记住自己使用的简便方法，才能提高预算的速度。

参 考 文 献

［1］《建设工程工程量清单计价规范》GB 50500—2013. 北京：中国计划出版社，2013
［2］《建筑工程建筑面积计算规范》GB/T 50353—2005. 北京：中国计划出版社，2005
［3］《建筑安装工程费用项目组成》（建标［2013］44 号）
［4］《房屋建筑制图统一标准》GB/T 50001—2001. 北京：中国建筑工业出版社，2011
［5］《建筑装饰装修工程设计制图标准》BDJ/T 13-123-2010